中国林业政策演进(1949—2020)

吴水荣　张旭峰　余洋婷　孟贵　郭同方　著

中国林业出版社
China Forestry Publishing House

图书在版编目（CIP）数据

中国林业政策演进：1949—2020/吴水荣等著．—北京：中国林业出版社，2022.11
ISBN 978-7-5219-2010-9

Ⅰ．①中… Ⅱ．①吴… Ⅲ．①林业政策-研究-中国-1949-2020 Ⅳ．①F326.20

中国版本图书馆 CIP 数据核字（2022）第 238920 号

责任编辑：贾麦娥

出版发行	中国林业出版社（100009，北京市西城区刘海胡同 7 号，电话 83143562）
电子邮箱	cfphzbs@163.com
网　　址	www.forestry.gov.cn/lycb.html
印　　刷	北京中科印刷有限公司
版　　次	2022 年 11 月第 1 版
印　　次	2022 年 11 月第 1 次印刷
开　　本	710mm×1000mm　1/16
印　　张	16.5
字　　数	313 千字
定　　价	88.00 元

前　言

"生态兴则文明兴，生态衰则文明衰"。中华文明源远流长，绵延数千载，蕴含着丰富的生态文化。为促进中华民族的永续发展，党的十八大把生态文明建设纳入中国特色社会主义事业"五位一体"总体布局。林业是生态建设和保护的主体，是建设美丽中国的核心元素，是实现人与自然和谐共生的主阵地，在生态文明建设中具有主体地位。

自 1949 年中华人民共和国成立以来，在中国共产党的领导下，一代代林业人心怀"替山河妆成锦绣，把国土绘成丹青"的愿景，无私奉献、不懈努力。至今，70 余载的心血，铸就了中国林业事业举世瞩目的成就！森林总面积和蓄积量持续 30 余年保持"双增长"，人工林面积世界第一，成为全球森林资源增长最多的国家。林业产业体系发展壮大，总产值在 70 余年间增幅超过 10000 倍，成为规模最大的绿色经济体。林业生态体系愈趋完善，森林生态系统服务功能与价值显著增强。生态文化塑造不断增强，"绿水青山就是金山银山"的绿色发展理念深入人心。

在这建国 70 年、建党 100 年、党的二十大隆重召开的伟大历史节点，中华民族正以不可阻挡的步伐迈向伟大复兴之路。习近平总书记"绿水青山就是金山银山""山水林田湖是一个生命共同体"等一系列重要科学论断，赋予了林业前所未有的新使命，指明了林业的发展方向，也对林业事业发展提出了新思想新要求。林业发展成为实现"3060"双碳目标的重要途径，是进一步推进生态文明建设的核心驱动，是中华民族伟大复兴愿景的重要组成部分。

"明镜所以照形，古事所以知今"。过去七十载林业发展取得的巨大成就与林业政策引导和支持密不可分。为进一步促进林业事业高质量发展，推动生态文明建设迈上新台阶，本书回顾了中国林业政策 70 余年（1949—2020）的变迁历程，探究其演化规律，以期进一步完善新时代中国林业政策体系，有益于林业治理体系现代化建设。具体而言，本书从国际林业政策发展演变、中国林业发展的自然与社会经济背景等出发，从资源、产业、生态等维度分析 70 年来中国林业发展概况，回顾中国林业管理体系结构及变迁。并选取 1949—2020 年国家层面出台的 2571 份林业政策文件文本作为研究样本，采用政策文献计量等方法，借助 Python、Ucinet 等软件，从林业政策发文数量与政策力度、政策发布主体演进、政策主题领域演进、政策绩效分析等方面对 70 年来中国林业政策的演化规律开展深入研究，展望未来林业政策演进趋势。

本书是中国林业科学研究院林业科技信息研究所吴水荣研究员的科研团队在承担中央级公益性科研院所基本科研业务费专项资金资助项目"绿水青山就是金山银山有效实现途径研究"（CAFYBB2020MC002）、国家自然科学基金面上项目（31270681）等项目期间完成的一项重要成果。吴水荣研究员是本著作内容与结构的设计者，对全书进行了修改完善和统稿，其研究团队成员：北京工业大学经济与管理学院张旭峰博士、陕西省林木种苗与退耕还林工程管理中心余洋婷、中国科学院地理科学与资源研究所孟贵、中国林业科学研究院林业科技信息研究所郭同方作为核心成员参与了本书的设计、研究以及撰文工作。衷心感谢刘璨研究员、王登举研究员、于法稳研究员等对本书及所涉研究提出的宝贵意见，感谢中国林业科学研究院林业科技信息研究所的平台支撑，感谢中国林业出版社编辑在本书出版过程中给予的大力支持与帮助。另外，该书涵盖内容时间跨度长、政策敏感性强、文件数据量大，虽编著过程战战兢兢、呕心沥血，但由于著者水平与精力有限，疏漏之处，还望读者海涵并提出宝贵意见。

最后，本书着手于中华人民共和国成立 70 周年之际（2019），完稿于中国共产党建党百年之时（2021），出版于中国共产党二十大召开之秋（2022）。生逢于盛世，著书于佳期，何其幸哉！谨以此书，献礼祖国。

著者
2022 年
于北京玉泉山下

概　要

中华人民共和国成立 70 余年来，林业建设与发展取得了举世瞩目的巨大成就，走出了一条中国式林业发展道路。林业建设取得的成就与国家林业政策这根"指挥棒"密不可分。为进一步促进林业高质量发展，本专著回顾了中国林业政策 70 余年（1949—2020）的变迁历程，探究其演化规律，以期进一步完善新时代中国林业政策体系，推动林业治理体系现代化建设。

本专著首先运用林业年鉴与文献回顾、数据分析与可视化等方法，总结梳理了新中国成立 70 年来林业发展建设取得的成就及林业管理体系的历史变迁；其次，运用文献计量、社会网络分析、聚类分析等方法，揭示不同发展阶段林业政策发布主体及其网络结构特征与演化路径，并进一步分析了林业政策主题领域及其演进；最后运用计量经济学模型，基于国家和省级层面的时间序列数据，实证分析了林业政策对我国林业经济发展以及森林资源保育的作用。得出主要结论如下：

第一，林业事业发展的基石从单一森林生态系统逐渐扩展到森林、草原、湿地、荒漠四大生态系统，整体呈现生态系统健康状况向好、质量不断提升、功能稳步增强的良好发展局面。具体来说，新中国成立初森林覆盖率仅约 10%，蓄积量约 75 亿立方米。到 2021 年，森林覆盖率已达到 24.02%，蓄积量达到 194.93 亿立方米；草地面积 2.65 亿公顷，草原综合植被盖度 50.32%；湿地面积 2346.93 万公顷；沙化土地扩展的态势得到遏制，沙化和荒漠化土地面积持续 10 余年呈现"双缩减"；已建成各类自然保护区 2750 个，占全国陆域国土面积的 15%，90.5% 的陆地生态系统类型、85% 的野生动植物种类、65% 的高等植物群落受到保护。森林、草原、湿地生态系统年提供生态系统服务：涵养水源量 8038.53 亿立方米、固土量 117.20 亿吨、保肥量 7.72 亿吨、吸收大气污染物量 0.75 亿吨、滞尘量 102.57 亿吨、释氧量 9.34 亿吨、植被养分固持量 0.49 亿吨。"绿水青山就是金山银山"的发展理念得到深入落实，林业产业总产值从 1952 年的 7.28 亿元增至 2020 年的 8.12 万亿元，增幅超过 10000 倍，成为规模最大的绿色经济体；森林、草原、湿地资源生态产品总价值量更是达到每年 28.58 万亿元。在全球森林破坏、环境退化的国际背景下，我国林业发展呈现出"风景这边独好"的大好局面。

第二，国家林业管理部门在1949年后的70年里数次变迁，前期较为频繁，后期逐渐稳定。其变迁历程基本与中国社会经济体制改革过程相适应，宏观调控职能不断凸显，直接市场干预逐渐弱化；核心工作职责从经济生产逐步转向生态建设，从单一森林生态系统转变为"多个生态系统一个生物多样性"；以"独立"管理林业事务为主，但近年来不断向自然资源统筹管理体系融入；林业管理结构整体保持"条块结合"不变，但从"条条为主"转变为"以块为主"。纵向体系基本稳定，依托于国家行政区划层级从中央向地方、基层不断延伸，从上到下的政策传导机制非常成熟，占有主导地位；从下到上的政策反馈机制与从外到内的建言献策机制逐步发展。行政主官的政治维度相对稳定，在一定程度上稳定地保障了林业在国家宏观决策中的相对重要性。此外，与国际林业管理体系的比较表明，在当前可持续发展的全球背景下，林业资源管理呈现出向自然资源整体管理整合或向生态管理融入的趋势。

第三，林业政策的发布数量整体呈现波动上升后逐渐下降的趋势，并逐渐趋于稳定。其中，涉林法律和行政法规的年均发布数量略有提升，中共中央、国务院发布的条例、规定等政策力度较高文件的年均发布数量基本保持不变，各部委发布的规章和通知类文件的年均发布数量大幅提升，中共中央、国务院发布的通知类文件的年均发布数量则呈现先上升后下降的趋势。政策工具的使用以规制型工具为主导，但使用频率呈下降趋势，而经济激励型、信息公开型和社会参与型工具使用频率则呈上升趋势。这一定程度表明，林业政策形成了自上而下的政策执行路径，中共中央、国务院通过决定、意见等政策力度较大的文本形式发布林业政策，对林业工作进行权威、持续的宏观指导，各部委则将国家的宏观指导转化为具体、执行效力强的行动方案。此外，政府更加倾向于使用规制型政策工具，经济激励型政策工具的使用倾向较低，信息公开型和社会参与型工具的使用不足，且存在一定的内部结构失衡现象，但这种失衡正在不断减缓。

第四，林业政策的发布主体则具有多元性和主导型并存的特征。国家林业主管部门、国务院、全国人民代表大会和全国绿化委员会是独立发文的主要部门。国家林业行政主管部门、财政部、国家发展与改革委员会、国家农业行政主管部门是林业政策联合发布的重要主导者，其中国家林业行政主管部门一直是制定林业政策的权威主体。林业政策发布主体合作网络整体从以国家林业行政主管部门为核心的松散态势向以国家林业行政主管部门为网络核心、多部门局部核心均衡的态势演化，网络中各主体之间的合作深度呈现逐渐下降的趋势。这一定程度表明，近些年来国家林业行政主管部门主导、多部门协同推进，成为推动林业发展进而促进生态文明建设的主要形式。在林业发展外部性愈发凸显、生态环境问题日益复杂的形势下，部门之间相互依赖、彼此合作运用资源是当前解决生态环境问题、推进生态文明建设的有效方式。

第五，林业政策的主题领域广泛而深入，其演化与国家经济社会发展战略目标的演变具有高度一致性。其中，国土绿化、野生动物保护、森林防灾减灾和应急管理、林地保护管理、林业改革等在70余年中一直是重点内容。林业政策发展定位呈现出从"提供生产要素，直接促进国民经济发展"，到"森林资源利用与保护兼顾，以促进林业可持续发展"，再到"以提供生态服务与产品为主导"的演化趋势，林业在生态和民生中的定位不断凸显。在整个林业发展过程中，国家不断加强林业规范化建设和林业法制建设，为林业发展提供了有力保障。

第六，林业政策的效力表现为先平稳增长后快速提升的发展趋势，特别是在党的十八大以后，政策效力增长速度明显加快；从政策效力各维度的量化结果来看，政策措施始终保持在较高水平，其次是政策目标和政策力度，最后是政策反馈。这一定程度表明，党和政府对林业发展的重视程度不断提高，逐步强化政策对林业发展和生态文明建设的促进作用，同时也反映了国家较为关注林业政策内容的完备性及可行性，对林业政策实施的结果较为重视，而对政策实施过程的监督与反馈的关注程度相对较弱。

第七，从林业政策的绩效来看，基于国家层面的时间序列数据分析表明，1949—2020年中国林业政策对林业产值增长具有显著的正向驱动作用，在其他投入要素不变的情况下，林业政策效力每提高1%，林业产值增长0.4721%；对森林资源数量增长也产生了正向促进作用，但效果不显著；对森林资源质量提升表现为不显著的负向影响，背后的原因可能在于，林业在新中国成立后相当长的一段时期内处在服务于经济建设和国民经济发展的地位相关，以及受国家林业政策方针的阶段性调整带来的影响，使得国家对森林资源重视程度、保护力度存在显著差异有关。总之，1949—2020年林业政策效力的提高扩大了其他要素在林业行业的投入，优化了中国林业产业结构并助力林业产业快速发展。

第八，基于省级层面的面板数据分析结果显示，1998—2020年中国林业政策对森林资源数量增长、质量提升以及林业经济发展均起到了非常显著的正向促进作用。其中，林业政策对林业产值增长影响最为显著，其次是对森林资源数量增加和质量提升的影响。在保持其他投入要素不变的情况下，林业政策效力每提高 1%，林业产值增加 4.8891%、活立木蓄积量增加 0.2770%、乔木林单位面积蓄积量增加 0.1485%。同时，在林业政策效力的各维度中，政策力度对森林资源数量增长和质量提升以及林业经济发展的影响效果最好，其次分别是政策反馈、政策措施和政策目标。总体上看，1998 年以来由于国家逐步重视了森林生态服务功能与价值，对森林资源的保护程度逐步提升，森林管理与经营水平不断提高，使得中国林业政策对林业生态建设和产业发展均起到了显著的促进作用。

未来林业政策需继续坚持以习近平新时代中国特色社会主义思想和习近平生态文明思想为指导，对标建设中国式现代化的具体要求，遵循"创新、协调、绿色、开放、共享"的新发展理念，践行"绿水青山就是金山银山"理念，推动林草资源生态产品价值实现。按照山水林田湖草沙是一个生命共同体的理念，坚持系统观念，完善林业政策体系，全力推动林业事业高质量发展，促进林业治理体系和治理能力的现代化。具体而言，随着生态文明建设纳入"五位一体"总体布局，林业发展愈益成为事关社会发展全局的核心议题，林业事业未来发展长期向好的基本面不会变。随着我国全面深化改革的不断推进，以及新一轮机构改革的逐渐完成，林业管理体系基本稳定，未来林业发展将在中共中央和国务院的宏观指导下发挥国家林业主管部门的主体地位的同时，坚持系统观念，保持全国人大、全国绿化委员会对林业问题的持续关注，积极协同财政部、国家发展和改革委员会、国家农业行政主管部门等以获取关键支持，广泛联系自然资源、生态环境等其他相关部门以最大程度形成林业发展"合力"。在保持当前林业管理体系高效的"自上而下"纵向体系的同时，需强化"自下而上"的反馈体系和"自外而内"的建言献策体系建设。在政策主题上，将继续保持与国家经济社会发展战略目标的高度一致性。聚焦国土绿化、野生动物保护、森林防灾减灾和应急管理、林地保护管理、林业改革等传统重点领域的同时，与时俱进地关注林业在自然保护地/国家公园、乡村振兴、应对气候变化领域的作用。充分发挥林业政策作为"看得见的手"对林业发展的积极促进作用，注重提升林业政策效力，借助林业政策对林业产业发展和林草资源保护与修复的作用与贡献，推动"绿水青山就是金山银山"的转化，以实现"生态美、百姓富"的有机统一。

Summary

Since the founding of the People's Republic of China (PRC) in 1949, forestry development of China has made greatand noticeable achievements across the world, and has embarked on a Chinese-style forestry development path. The achievements of forestry development are inseparable from the guidance and regulation of forestry policies. In order to further promote the high-quality development of forestry, this book reviewed the evolution of China's forestry policy since 1949 and explored the evolution mechanism, for further improving the forestry policy system of China and promoting the modernization of forestry governance system in the future.

In this book, the methods including forestry yearbooks and literature review, data analysis and visualization were first used to summarize the achievements of China's forestry development and to sort out the changes of forestry management systems since 1949. Second, the methods of bibliometrics, social network analysis, clustering analysis were employed to reveal the characteristics of network structure and the evolution path of the cooperation networks of forestry policy-making authorities. And the forestry policy theme areas and their evolution were further analyzed as well. Third, econometric models were developed with the time-series data at the national and provincial levels, to empirically analyzed the effect of forestry policy on the development of forestry economy and forest resources. The major conclusions are listed below.

First, the foundation of forestry development has gradually expanded from the single forest ecosystem to the four major terrestrial ecosystems of forests, grasslands, wetlands, and deserts. Overall, ecosystem health has improved, ecosystem quality has been continuously developed, and ecosystem functions have been steadily enhanced. Specifically, in 1949 the forest coverage rate was only around 10%, and the stock volume was about 7.5 billion cubic meters. However, by 2021, the forest coverage rate has reached 24.02% and the stock volume has reached 19.493 billion cubic meters; the grassland area is 265 million hectares, and the grassland vegetation coverage is 50.32%; the wetland area is 23.4693 million hectares; the area of desertification land has shown "double reduction" for more than ten years; 2,750 nature reserves have been developed, accounting for 15% of the national land, while 90.5% of terrestrial ecosystem annually types, 85% of wild and plants, and 65 % of higher plant communities are well-protected. Forest, grassland, and wetland ecosystems annually provide ecosystem services: 803.853 billion cubic meters of water conservation, 11.72 billion tons of soil protection, 772 million tons of fertilizer retention, 75 million tons of air purification, 10.257 billion tons of dust retention, 934 million tons of oxygen supply, and 49 million tons of vegetation nutrient protection. As the development concept of "lucid waters and lush mountains are invaluable assets" has been thoroughly implemented, the total output value of the forestry industry has increased from 728 million yuan in 1952 to 8.12 trillion yuan in 2020, with an increase of more than 10,000 times. And the total value of ecological products of the forest, grassland, and wetland resources has reached 28.58 trillion yuan per year. Under the international background of deforestation and environmental degradation, China's forestry development overperformed most of the countries across the world.

Second, the national forestry management departments of China have changed several times in the past 70 years, with frequent changes in the early period and gradually being stable in the later period. The process of its change is basically in line with the process of China's socio-economic system reform, the function of macro-control is increasingly prominent while the direct market intervention is gradually weakened. The core responsibilities have gradually shifted from economic production to ecological construction, from a single forest ecosystem to "multi-ecosystems and one biodiversity". It mainly manages forestry affairs "independently", but in recent years it has been integrated into the overall management system of natural resources. The forestry management structure in China maintains the combination of vertical and horizontal administration, but it has changed from vertical one as the major to horizontal as the major. The vertical system is basically stable with the continuous extension of the national administrative department from the central government to the local and grassroots level. The policy transmission mechanism from the top to the bottom is very mature and taking a dominant position. At the same time the feedback mechanism from bottom to top and the suggestion mechanism from outside to inside, are gradually developed. The political dimension of the chief executive is relatively stable, which ensures the relative importance of forestry in national macro decision-making to a certain extent. In addition, the comparison with the international forestry management system shows that in the current global context of sustainable development, forest resources management trends to be integrated into natural resources management or ecological management.

Third, the number of forestry policies shows a trend of gradual decline after a fluctuation in the wave, and it gradually tends to be stable in the recent years. In specific, the number of forestry laws and administrative regulations has increased slightly. The number of guidance documents with greater policy effectiveness issued by the CPC (Communist Party of China) Central Committee and the State Council is generally stable. The number of notification documents issued by related ministries has increased significantly, while the average annual number of notification documents issued by the Central Committee of the CPC and the State Council has shown a trend of rising first and then falling. The use of policy instruments is dominated by regulatory instruments, while their frequency is on the decline. The frequencies of the use of policy instruments of economic incentives, information disclosure, and social participation are on the rise. To a certain extent, this shows that the forestry policies have formed a top-down implementation path. The CPC Central Committee and the State Council issued forestry policies with strong policy effectiveness such as decisions and opinions, to provide authoritative and continuous macro-level guidance and regulation on forestry development. The related ministries broke down the macro guidance and regulations into specific action plans with strong executability. In addition, the government is more intent to use regulatory policy instruments rather than the policy instruments of economic incentive, information disclosure, and social participation.

Forth, the main body of forestry policy-making authorities is diversified but dominant. The state forestry administrative department, the State Council, the National People's Congress, and National Afforestation Environmental Protection Commission are the main authorities that independently issue documents. The state forestry administrative department, the ministry of finance, the national development and Reform Commission, and the state agricultural administrative department are the important leaders of the joint policy-making authorities of forestry policies; among which the national forestry administrative department has always been the authoritative subject of forestry policy formulation. The cooperation network of policy-making authorities had evolved from a loose situation with the state forestry administrative department as the core to an equilibrium situation with the state forestry administrative department as the network core and multiple departments as the local core, the cooperation depth of the main bodies among the network shows a declining trend. To a certain extent, this shows that in recent years, the national forestry administrative department leading with multi-departmental coordination has become the main form of promoting forestry development and ecological civilization construction. Under the situation that the externalities of forestry development are becoming more and more prominent and the ecological and environmental issues are more and more complex, the interdependence among departments and the cooperation and utilization of resources are the effective ways to solve the ecological and environmental issues and promote ecological civilization construction.

Fifth, the theme areas of forestry policies are very wide, and their evolution is highly consistent with the evolution of national economic and social development. Among them, land afforestation, wildlife conservation, forest disaster control and emergency management, forestland conservation, and forestry reform have been the highlights for more than 70 years. The development orientation of forestry policies presents an evolutionary trend from "providing factors of production for directly promoting the development of the national economy" to "considering both the utilization and protection of forest resources to promote the sustainable development of forestry", and then to "providing ecological services and products as the leading role". The role forestry plays in ecology and people's livelihood is constantly highlighted. Throughout the process of forestry development, China has continuously strengthened the construction of forestry standardization and forestry legal system, providing a strong guarantee for forestry development.

Sixth, the effectiveness of forestry policies showed a trend of being steady and then rapid growth. Especially after the 18th National Congress of the CPC, the growth rate of policy effectiveness has been significantly accelerated. From the quantitative results of multiple dimensions of policy effectiveness, policy measures have always been maintained at a relatively high level, followed by policy objectives and policy strength, and finally policy feedback. To a certain extent, it shows that the central government has been paying more and more attention to forestry development, and gradually strengthening the role of policies in promoting forestry development and ecological civilization construction. Meanwhile, it reflects that the government pays more attention to the completeness and feasibility of the contents of forestry policies, and more emphasis has been placed on the results of policy implementation, while less attention to the supervision and feedback of the policy implementation process.

Seventh, from the perspective of performance, according to the analysis results based on the time series data at national level, forestry policies from 1949 to 2020 significantly promoted the growth of China's forestry industry output value. Under the condition of keeping other input factors unchanged, the forestry industry output value would increase by 0.4721% for a 1% increase in the effectiveness of forestry policy. Forestry policy had a positive effect on the growth of forest resources, while the effect was not significant. Forestry policy also had an insignificantly negative effect on the improvement of forest quality. During this period, it is related to the role forestry plays to facilitate economic development, as well as the significant differences in the importance and protection of forest resources impacted by the periodic adjustment of national forestry policy. Overall, the improvement of the effectiveness of forestry policy from 1949 to 2020 has expanded the investment of other factors in the forestry industry, optimized the structure of China's forestry industry, and facilitated the rapid development of the forestry industry.

Eighth, the panel-data-based analysis at provincial level indicates that forestry policy have played a very significant positive role in promoting the growth of forest resources, the improvement of quality, and the development of forestry economy from 1998 to 2020. Among them, the forestry policy has the most significant impact on the increase in forestry output value, followed by the impact on the increase in the quantity and quality of forest resources. Keeping other input factors constant, for every 1% increase in forestry policy effectiveness, forestry output value would increase by 4.8891%, the living stock would increase by 0.2770%, and living forest stock per unit area would increase by 0.1485%. At the same time, among the dimensions of forestry policy effectiveness, policy strength has the best impact on the growth and quality of forest resources and the development of forestry economy, followed by policy feedback, policy measures, and policy objectives. In short, due to the country's gradual emphasis on the ecological service and value of forestry since 1998, the protection intensity of forest resources has gradually increased, and the level of forest management has also continued to improve, which makes China's forestry policy have played a significant role in promoting both ecological and industrial development of forestry.

目 录

前 言
概 要

第1章 1949年以来中国林业发展历程 (1)
1.1 林草资源发展 (1)
1.2 林业产业发展 (7)
1.3 林业生态建设 (18)
1.4 林业投资 (21)
1.5 林业灾害 (22)
1.6 小结 (24)

第2章 中国林业管理体系变迁 (25)
2.1 国家林业管理部门及其变迁分析 (25)
2.2 全国林业管理纵向体系分析 (28)
2.3 国家林业部门行政主官的政治维度 (30)
2.4 美国林业管理体系简述与比较 (31)
2.5 德国林业管理体系简述与比较 (32)
2.6 小结 (33)

第3章 林业政策演进特征 (34)
3.1 林业政策演化阶段划分及其特点 (34)
3.2 林业政策数量演进趋势 (36)
3.3 政策发布形式演进分析 (37)
3.4 政策工具演进分析 (39)
3.5 小结 (41)

第4章 林业政策发布主体合作网络演化分析 (43)
4.1 林业政策发布主体演化分析 (43)
4.2 林业政策发布主体合作网络演化分析 (48)
4.3 林业政策发布主体角色演化分析 (54)

4.4 小结……(58)

第5章 林业政策主题领域演化分析……(61)
5.1 林业政策主题词聚类分析……(61)
5.2 林业政策主题领域演化分析……(63)
5.3 小结……(74)

第6章 1949—2020年中国林业政策效力测度与演进分析……(76)
6.1 1949—2020年中国林业政策效力测度……(76)
6.2 中国林业政策演进特征分析……(79)
6.3 小结……(85)

第7章 1949—2020年基于国家层面时间序列数据的林业政策绩效分析……(86)
7.1 模型选择与变量设计……(86)
7.2 数据检验……(90)
7.3 回归结果与分析……(92)
7.4 小结……(94)

第8章 1998—2020年基于省级面板数据的林业政策绩效分析……(96)
8.1 模型选择与变量设计……(96)
8.2 数据检验……(97)
8.3 回归分析结果……(98)
8.4 小结……(106)

第9章 结论与展望……(108)
9.1 主要结论……(108)
9.2 未来政策展望……(111)
9.3 未来研究展望……(111)

参考文献……(113)

附录 1949—2020年政策文件清单……(122)

第1章 1949年以来中国林业发展历程

林业是一项重要的基础产业,更是十分重要的公益事业。作为生态建设的主体和生态文明建设的主要承担者,肩负着建设和保护修复森林生态系统、保护和恢复湿地生态系统、治理和改善荒漠生态系统、保护和合理利用草原生态系统、建立以国家公园为主体的自然保护地体系,以及维护生物多样性、应对气候变化、促进生态文明的重要职责。新中国成立70年来,中国林业发展取得了巨大成就,特别是从20世纪90年代至今,森林覆盖率、森林面积和森林蓄积量均实现持续增长,逐步由森林生态赤字转向森林生态盈余,创造了举世瞩目的"绿色奇迹",为世界增绿贡献了独特且重要的"中国力量"。在实现了第一个百年奋斗目标、迈向第二个百年奋斗目标之际,系统梳理中华人民共和国成立以来的林业发展历程,总结演进规律,有助于推动林草事业高质量发展。本章结合我国国情、林情,主要从林草资源、林业产业、生态建设、林业投资、林业灾害5个方面概述中国林业发展历程。

1.1 林草资源发展

新中国成立70余年,中国林草资源取得了长足发展。截至2021年,中国林地、草地、湿地总面积6.05亿公顷,林草覆盖面积5.29亿公顷,林草覆盖率55.11%,林草植被总生物量234.86亿吨、总碳储量114.43亿吨,年碳汇量12.80亿吨(国家林业和草原局,2022)。

1.1.1 森林资源发展

全国森林资源总量显著增加,森林覆盖率从1949年中华人民共和国成立之初仅10%左右[①],增加到2021年的24.02%。到2021年,中国森林面积达到2.31亿公顷,居世界第五位;森林蓄积量194.93亿立方米,居世界第六位。

---

① 由于"中华民国"时期缺乏科学的全国森林资源清查,1949年新中国成立初森林本底数据不清;关于森林覆盖率存在8.6%、8.9%、12.5%等多个不一致的数据;图1-1中是基于宁吉喆等主编《辉煌70年:新中国经济社会发展成就1949—2019》中的数据,12.5%。

从历次森林资源清查结果来看,相比于第一次全国森林资源清查(1973—1976年),第九次森林资源清查(2014—2018年)结果表明,30余年间森林覆盖率增加了10.26个百分点,年均增长率达到1.77%;森林面积增加9858.62万公顷,增幅达181%;森林蓄积量增加175.60亿立方米,增长超过1倍。连续30余年,中国森林面积和森林蓄积量保持"双增长"。尤其是,中国人工林稳步发展,面积达到0.88亿公顷,居世界第一位。

中国森林资源数量的增长具有阶段性。具体而言,森林资源在新中国成立之后的30余年里相对稳定,而在20世纪80年代至今森林资源快速增加(图1-1)。新中国成立之初,由于之前近百年里战乱频发,政权更迭,社会管理多次陷入混乱,森林资源受到多次破坏(如军阀混战造成森林的毁坏、日军侵华时期过度采伐东北森林资源等),且未得到有效修复。至1949年新中国成立之初,中国森林覆盖率仅10%左右。新中国成立后,中央政府高度重视国民经济发展,林业成为经济建设的重要组成部分;于1950年初即召开第一次全国林业业务会议并确立了"普遍护林、重点造林,合理采伐和利用"的林业建设总方针,此后的一段时间里,中国森林资源得到了一定的保护与恢复(胡鞍钢 等,2014),特别是在此后30余年的时间里,中国森林覆盖率基本保持在12%左右,没有出现森林覆盖率继续下滑的现象。但需要指出的是,在这一阶段森林覆盖率没有出现明显增长,这与新中国成立初期确定的"普遍护林、重点造林,合理采伐和利用"的林业建设总方针并不十分吻合。这主要是由于,新中国成立初期经济建设"底子薄、盘子小",急迫需要大量采伐木材为充分恢复和发展经济提供生产要素。但从另一个角度也反映了新中国成立初期"造林"和"护林"力度较大,从而在满足经济

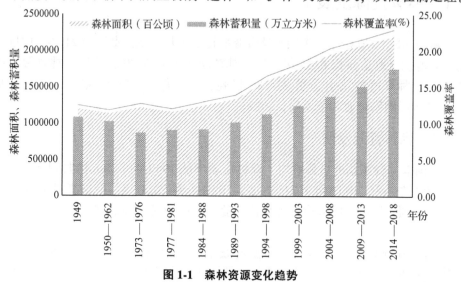

图1-1 森林资源变化趋势

建设需求而大量采伐木材的情况下依然维持了森林覆盖率的相对稳定。自20世纪80年代初，对森林资源的保护与修复得到进一步的重视，中国森林覆盖率快速增长，从第二次森林资源清查（1977—1981年）的12%增长到第九次森林资源清查（2014—2018年）的22.96%，年均增长率达到1.77%；森林面积达到2.20亿公顷，森林蓄积量达到175.60亿立方米。

中国森林资源质量的演变同样具有明显的阶段性。以乔木林单位面积蓄积量来看，2021年达到95.02立方米/公顷，但相比于德国（326立方米/公顷）等林业发达国家仍有较大的提升空间（吴水荣，2015）。从时间尺度来看，新中国成立后30余年的时间里，森林活立木蓄积量和乔木林单位面积蓄积量均出现一定程度的下降，这与新中国成立初大量的木材采伐利用造成大径级材减少是紧密相关的，尽管新中国成立后30余年里通过造林护林虽基本维持了森林覆盖率的稳定，但也使得中幼林比例增加、总体质量下降。20世纪80年代之后至今，森林活立木蓄积呈现稳步快速增加的趋势，但乔木林单位面积蓄积量变化相对较缓，到第九次全国森林资源清查（2014—2018年）达到94.83立方米/公顷，仍低于新中国成立初期水平（图1-2）。这一定程度说明，近几十年来的活立木蓄积量增加主要是通过增加森林面积的"扩绿"途径来实现的，而在未来通过森林经营的"提质"途径增加单位面积蓄积量仍有很大空间。同时，乔木林单位面积蓄积量增加缓慢的态势也从另一个角度说明，前期因大规模人工造林增加森林资源总量使得中幼林比例过高、森林龄组结构不合理，给后期森林资源质量提升带来了负的"滞后效应"，未来森林质量精准提升任重而道远。同时，这对森林经营也提供了有益的启示，在实现科学绿化"扩绿"的同时，亟须加强对现有中幼林和退化林的精

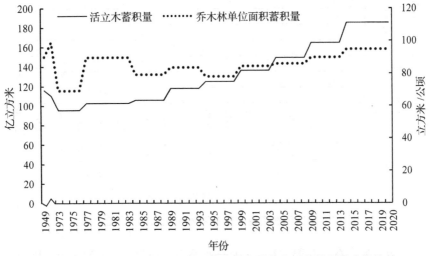

图1-2　1949—2020年活立木蓄积量和乔木林单位面积蓄积量变化趋势

准提升经营,从面积扩张转变为提高单位面积的生产力,从提高蓄积量转变为提高木材质量和价值量,重视天然更新或人工辅助天然更新,采用近自然多目标经营等现代森林经营理念不断提升森林质量和生态系统韧性。

从林分起源来看,天然林是中国森林资源的主体。从全国森林资源清查结果来看,天然林面积占森林总面积的比例保持在64%~80%之间,蓄积量占比保持在80%~98%之间。长期以来,天然林资源总面积和总蓄积量绝对值均呈现增长趋势,但在森林资源总量中的占比均呈现下降趋势,相反人工林面积和蓄积量的占比不断增加,分别从第一次森林资源清查(1973—1976年)的20%和2%增加到第九次森林资源清查(2014—2018年)的36%和20%(图1-3),这主要是由于中国大规模人工造林使得人工林面积增长明显快于天然林。从单位面积蓄积量来看,人工林单位面积蓄积量呈现连续显著增长,从第一次森林资源清查(1973—1976年)的6.96立方米/公顷增长到第九次森林资源清查(2014—2018年)的43.13立方米/公顷,单位面积蓄积量增加了5.2倍,而天然林单位面积蓄积量则是从86.33立方米/公顷到100.47立方米/公顷,增长16%,增幅相对较小。相对于结构简单的人工林,天然林有益于生物多样性保护、地表碳存储、土壤保持、水源涵养的生态系统服务,但人工林具有木材生产方面的优势(Hua et al., 2022)。根据统计,2016—2018年,连续3年全国木材采伐量的98%来自人工林。

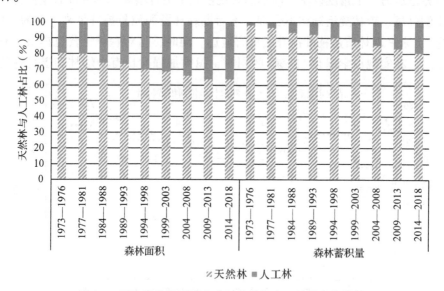

图1-3 历次森林资源清查中天然林与人工林的变化趋势

从林分结构来看,在第七次(2004—2008年)到第九次(2014—2018年)森林资源清查期间,中国森林资源仍然是纯林为主,面积占比约60%。但从变化趋势来看,两次(第七次、第九次)清查期间,纯林面积占比有所下降,从62.59%下降到58.07%,混交林则从37.41%增加到41.93%,林分结构逐渐优化,2021年混交林占比达到42.97%,但与《全国森林经营规划(2016—2050)》中所要求的到2020年混交林面积比例达到45%以上仍有一定的差距,未来亟须加强从单种纯林模式向多树种混交模式的发展,通过针叶纯林下套种乡土阔叶树种逐步诱导形成近自然的混交林,从而提高森林生物多样性,增强森林生态系统韧性。

从树种构成来看,呈现不断优化的趋势。在第五次(1993—1998年)到第九次(2014—2018年)森林资源清查期间,阔叶混交林、针阔混交林和针叶混交林的面积占比显著增加,分别增加了7.19倍、5.02倍和3.55倍;与此同时,马尾松、云杉、杉木和云南松的面积占比下降,分别减少了56%、13%、8%和7%,而桉树、柏木、杨树、油松、冷杉和落叶松的面积占比增加,分别增加了7.97倍、60%、31%、12%、7%和4%(图1-4)。树种结构的变化为从单一木材生产转向多目标经营(物质产品供给+生态服务),兼顾短周期速生材与长周期高价值木材生产,为维持森林连续覆盖、生物多样性、地力与长期生产力奠定了基础。

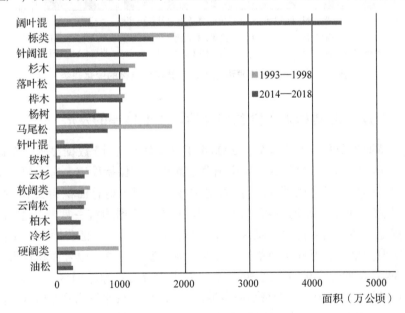

图1-4 1993—2018年树种变化趋势

从森林主导功能分类看,商品林的比例不断下降,而生态公益林的比例逐渐上升(图1-5),二者呈现"此消彼长"的态势。具体而言,商品林与公益林的面积占比从1973年的93%:7%演变为2018年的46%:54%,中国森林主导功能分类呈现从商品林占绝对主导地位逐渐演变为生态公益林为主的演变趋势。这与中国林业发展从以木材生产为目标向以生态建设为中心的发展战略转变相一致。

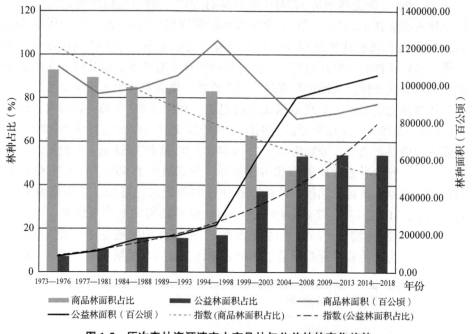

图 1-5　历次森林资源清查中商品林与公益林的变化趋势

1.1.2　草原、湿地和荒漠资源与自然保护地体系的发展

全国草原资源总量基本稳定。2006 年《中国草业统计》数据显示，全国草地总面积 3.86 亿公顷，之后 10 余年全国草地面积基本保持稳定，有小幅下降；到最近一次（2017 年）《中国草业统计》数据显示，全国草地总面积为 3.78 亿公顷。2021 年国家林业和草原局以第三次全国国土调查数据为统一底板，整合森林、草原、湿地等各类监测资源，结果显示：草地面积为 2.65 亿公顷，其中高寒草甸、高寒典型草原、温性典型草原、温性荒漠、温性荒漠草原等面积较大，合计占 75.63%；草原综合植被盖度 50.32%，其中内蒙古高原草原区 51.29%、西北山地盆地草原区 38.91%、青藏高原草原区 53.63%、东北华北平原山地丘陵草原区 74.10%、南方山地丘陵草原区 81.44%。草地生物量 16.00 亿吨，植被碳储量 7.20 亿吨。鲜草年总产量 5.95 亿吨，折合干草年总产量 1.92 亿吨。单位面积干草产量 0.73 吨/公顷。

全国湿地资源总量稳步提升。第一次（1995—2003 年）全国湿地资源清查结果显示，全国湿地面积共 3848.55 万公顷；而最近一次即第二次（2009—2013

年)全国湿地资源清查则上升为5360.26万公顷,增幅39.28%;2021年,全国湿地面积达到5629.38万公顷(国家林业和草原局,2022)。全国有63处国际重要湿地,总范围面积732.54万公顷,湿地面积372.75万公顷。

全国国土荒漠化势头得到有效遏制。第一次(1994年)全国荒漠化资源清查结果显示,全国荒漠化面积262万平方千米;在其后20年间全国荒漠化面积基本维持稳定,2005年公布的第三次全国荒漠化和沙化监测结果显示全国荒漠化土地面积263.62万平方千米,占国土总面积的27.46%;到最近一次——第五次(2014年)全国荒漠化资源清查结果为261万平方千米。

全国自然保护地建设蓬勃发展,构建以国家公园为主体的自然保护地体系。2015年以来,陆续启动三江源、东北虎豹、大熊猫、祁连山、海南热带雨林、武夷山、神农架、香格里拉普达措、钱江源和南山等10个国家公园体制试点。到2021年,国家正式设立了三江源、大熊猫、东北虎豹、海南热带雨林、武夷山等第一批国家公园,范围涉及青海、四川、吉林、海南、福建等10个省份,保护面积达23万平方千米,涵盖近30%的陆域国家重点保护野生动植物种类。根据统计,2021年全国已建成各类自然保护区2750个,占全国陆域国土面积的15%,90.5%的陆地生态系统类型、85%的野生动植物种类、65%的高等植物群落受到保护。

1.2 林业产业发展

1.2.1 林业产业规模与结构

新中国成立70余年,林业产业体系逐渐发展壮大。尤其是1978年改革开放以来,林业生产总值呈现持续高速增长的态势。按当年价格来看,林业总产值从1949年的23.90亿元增长到2020年的81719.14亿元,增长了近3419倍;而按照不变价格来算,林业总产值从1949年的24.14亿元增长到2020年的12583.33亿元,增长了近521倍,林业产业产值的年均增长速度超过了同期GDP的增长速度。

从林业产业对经济建设的贡献程度来看,林业总产值占GDP的比重在过去70余年保持在2%~9%之间。具体来看,1949年林业总产值占GDP的比重为3.55%,后于1953—1963年迅速攀升至4%以上,一度高达5.3%(1960年);但其后迅速回落保持低位直至2000年左右,其中一度占比低至2.4%(1996年、1997年),只有个别年份占比超过4%。在2000年之后,林业总产值占GDP的比重快速增加,到2019年、2020年林业总产值对GDP的贡献已经超过8%(图1-6)。

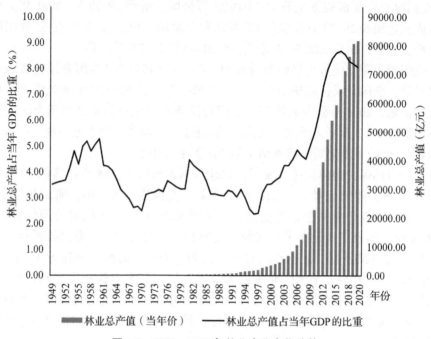

图 1-6　1949—2020 年林业产业变化趋势

同时，中国林业产业结构不断优化，工业化进程明显加快，特色产业迅速发展。总体来看，林业一、二、三产业产值都呈现增长趋势，但第二、第三产业产值的增长速度更快，林业第一产业占比逐步降低，产业转型升级成效显著。1998年林业第一、二、三产业占比分别为 69.8%、26.3%、4.0%，第一产业在林业总产值中占有绝对主导地位；到 2010 年左右以木材加工、家具制造和纸制品制造为主的第二产业迅猛发展，占比达到 52.1%；2010 年以后，依托自然资源禀赋优势，以森林旅游为主的第三产业发展迅速，形成了以经济林产品、木材加工制造、森林旅游为优势的第一、二、三产业格局，到 2019 年第一、二、三产业占比分别为 31.3%、44.8%、23.9%，产业结构较为合理(图 1-7)。

从各个产业内部结构来看，林业第一产业主要由林木育种和育苗、营造林、木材和竹林采运、花卉及其他观赏植物种植、林业系统非林产业、陆生野生动物繁育与利用、湿地产业和经济林产品的种植与采集业组成。其中，近 10 余年来，经济林产品的种植与采集产业占绝对主导地位，占比一直保持大于 50%；花卉及其他观赏植物种植产业也占据较大比例，一直稳定在 10% 左右；变化较为明显的是，木材和竹林采运这一传统林业产业在第一产业中占比逐渐减少，从 2006 年的 13.89% 下降至 2020 年的 5.09%；除此以外的其他产业占比则相对比较稳定(图 1-8)。

第1章 1949年以来中国林业发展历程

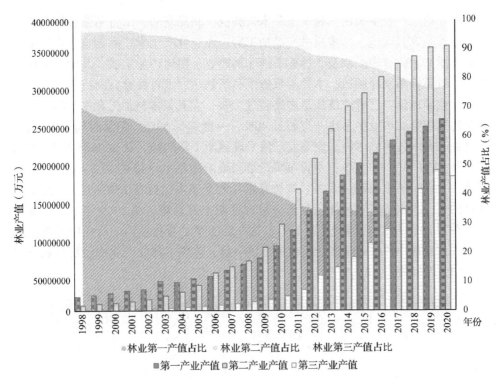

图1-7 1998—2020年林业产业构成及其变化趋势

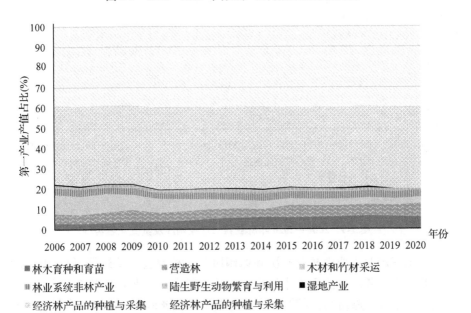

图1-8 2006—2020年林业第一产业构成及其变化趋势

林业第二产业主要由木材加工和木竹藤棕苇制品制造、木竹苇浆造纸和纸制品、木竹藤家具制造、非木质林产品加工制造业、林产化学产品制造、木质工艺品和木质文教体育用品制造、林业系统非林产业、湿地产业组成。其中，木材加工和木竹藤棕苇制品制造、木竹苇浆造纸和纸制品、木竹藤家具制造在第二产业中占据主导地位，三者产值加总占比超过75%；尤其是木材加工和木竹藤棕苇制品制造业在第二产业中占比一直超过40%，一度达到53%。但从时间尺度来看，木材加工和木竹藤棕苇制品制造业产值呈现逐渐下降趋势，从2006年的53.52%下降到2020年的38.16%；木竹苇浆造纸和纸制品基本保持在10%~20%，略有波动，个别年份小幅超过20%；木竹藤家具制造基本保持在15%~18%；而值得注意的是，非木质林产品加工制造业呈现逐渐上升趋势，从2006年的7.64%逐年上升到2020年的16.44%（图1-9），这一定程度上与林业第一产业中反映出来的经济林和花卉种植采集产业的快速发展一致，体现了林业产业中经济林和花卉产业的蓬勃发展。

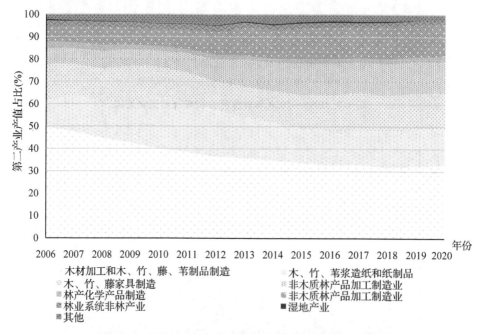

图1-9　2006—2020年林业第二产业构成及其变化趋势

林业第三产业主要由林业旅游和休闲服务、林业公共管理及其他组织服务、林业专业技术服务、林业系统非林产业、湿地产业、林业生态服务、林业生产服务组成。其中林业旅游与休闲服务产业占据绝对主导地位，占比一直保持在65%以上，一度高达85%。从时间尺度来看，林业旅游与休闲服务产业在近10余年来逐渐增长，从2006年占比67.65%上升到2020年82.74%；而林业系统非林产业占比则显著下降，从2006年占比36.94%下降到2020年6.89%（图1-10）。这充分反映了林业第三产业不断剥离非林业务、向林业主业聚焦的态势。除此之外，其他产业占比相对较小但相对稳定。值得指出的是，林业生态服务业和林业生产服务业逐渐兴起，前者主要和林业的生态产品价值转化不断增强有关，而后者则和国家大力推动加快发展生产性服务业的政策导向相一致。

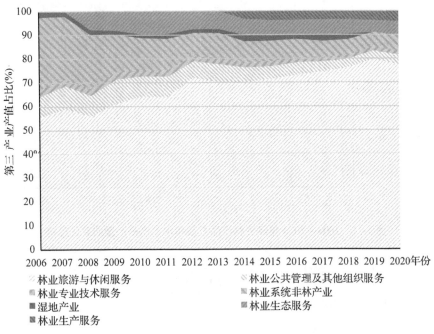

图1-10　2006—2020年林业第三产业构成及其变化趋势

1.2.2　经济林产业

经济林产业作为林业第一产业的主导性产业，在第一产业产值中占据着"半壁江山"。由于2004年之前的经济林产品细分数据尚未获得，同时分产品的产值数据也未可得，在此我们基于其2004年之后产量数据做初步分析。主要的经济林产品包括水果、干果、木本油料、森林食品、森林药材、林产饮料产品、林产工业原料、林产调料产品。从产量来看，水果产量在经济林产品总产量中占据绝对主要地位。自2004年至2020年，水果产量在经济林产品总产量的占比一直保持在80%以上，甚至在个别年份超过90%。但从时间尺度上来看，水果产量占比有一定下降，从2004年的91.90%下降到2020年的81.85%（图1-11）。而在非水果经济林产品中，干果产量占比较高且快速增长；木本油料在近10年增长很快；

其他非水果经济林产品产量一直保持比较稳定。此外，经济林产品中的木本油料和林产工业原料较晚于其他产品纳入统计，一定程度上体现了中国经济林产品不断丰富多元化的历程（图1-12）。

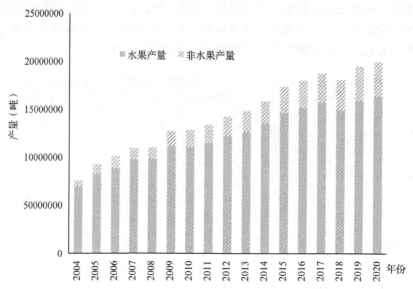

图1-11　2004—2020年经济林产品总量和水果产品产量的变化趋势

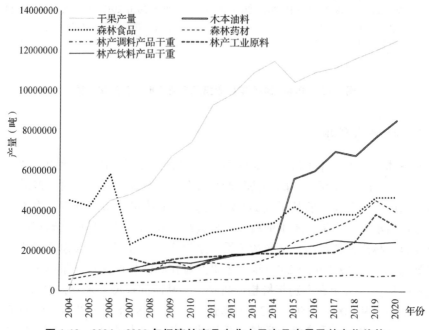

图1-12　2004—2020年经济林产品中非水果产品产量及其变化趋势

1.2.3 木材加工制造和林化产业

木材加工制造和林化产业既是林业第二产业的传统产业，也是林业支柱产业。木材、锯材和竹材是三种主要的木材原材料形式，其产量在新中国成立后至今均不断增长。具体而言，木材产量从1949年的567万立方米增长到2020年的1.03亿立方米，增长约18倍；锯材产量从1952年的1151.4万立方米增长到2020年的7592.57万立方米，增长约6.5倍；竹材产量从1952年的2710万根增长到2020年的32.43亿根，增长显著，约120倍。人造板和木竹地板是主要的木材加工制造产品，其产量在新中国成立后至今仍不断增长。人造板从1952年的4.5万立方米增长到2020年的3.25亿立方米，增长约7232倍；木竹地板产量从1996年的2293.7万立方米增长到2020年的7.73亿立方米，增长约33.68倍；松香是主要的林化产品，产量从1952年的7.81万吨增长到2020年的103.33万吨，增长13.24倍。

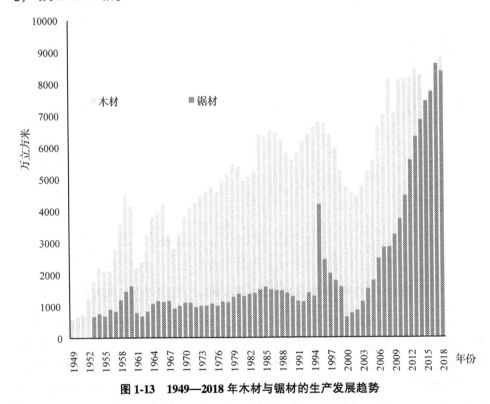

图1-13　1949—2018年木材与锯材的生产发展趋势

综合来看，竹材作为木材原材料增长最为迅速，达到120倍，这一定程度反映了中国竹藤产业的蓬勃发展趋势。而人造板和木竹地板的产量增幅远远大于木材和锯材产量增幅,一方面反映了中国林业产业转型的过程:由第一产业向第二产业转型发展;另一方面也反映了中国林产品国际贸易的扩大,人造板和木竹地板产业原材料来源逐渐国际化,受国内木材产量的约束逐渐减弱。此外,从时间尺度上造板、木竹地板和松香均在2000年之后飞速发展,但在2015年左右呈现下降趋势。这与2001年中国加入世贸组织逐渐成为"世界工厂"的趋势基本一致;而2015年前后的下降趋势,则主要受国际地缘政治导致的逆全球化、国际产业链调整、劳动力成本、制造业环保压力等因素的影响而导致出口下降,这从一个视角反映了以习近平同志为核心的党中央提出"加快形成以国内大循环为主体、国内国际双循环相互促进的新发展格局"的战略思想充分考虑了中国当前发展阶段、环境、条件的变化。

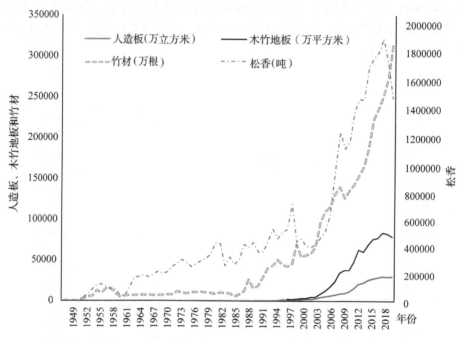

图1-14　1949—2018年竹材及主要木材工业产品的生产发展趋势

从木材供给来源单位来看,近二十年来,村及村以下各级组织和农民个体逐渐成为木材的主要供给来源,占比从约40%扩大到70%左右;而国有林场和事业单位则逐渐退出木材供给市场,占比从35%左右缩小到不足5%。这和中国开展集体林权制度改革、国有林场改革的导向基本一致。通过集体林权制度改革,释放"制度红利",充分激发林农自主开展森林经营的积极性,成为木材生产的主力军;而国有林场则定位于保护森林生态,促进人与自然和谐共生,不再承担木材生产的主要责任。

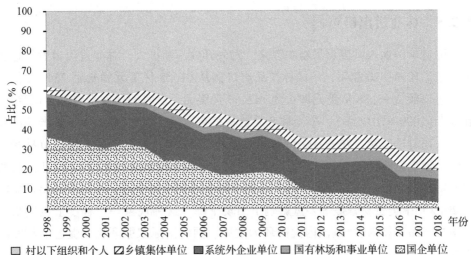

图 1-15　1998—2018 年木材生产单位的变化趋势

1.2.4　森林旅游产业

林业旅游与休闲服务是林业第三产业的支柱，在近 10 余年快速发展。从 2009 年到 2020 年，产值从 965.23 亿元增长到 1.33 万亿元，增长了 13.80 倍；旅游人次从 7.66 亿增长到 31.68 亿，增长了 4.13 倍；人均花费从 126 元增长到 420 元，增长了 3.33 倍。同时，林业旅游和休闲服务业对其他产业产值产生了 0.7~2.6 倍的直接带动效应。根据前述林业产业结构调整的趋势，林业旅游与休闲服务业将会伴随着第三产业的壮大而继续发展壮大。

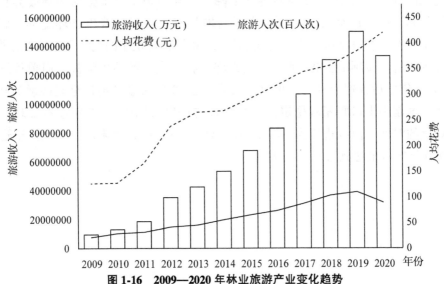

图 1-16　2009—2020 年林业旅游产业变化趋势

1.2.5　林业进出口贸易

随着中国加入世界贸易组织以来，对外开放不断扩大。林业进出口贸易也日渐繁荣。1999—2020 年，中国林产品出口额从 61.25 亿美元增长到 764.70 亿美元，进口额从 95.88 亿美元增长到 742.46 亿美元。从时间尺度来看进出口贸易，在前期(1999—2012 年)，中国林产品贸易存在逆差；但在 2013 年，林产品出口额首次超过进口额，并一直保持贸易顺差至 2020 年。但林产品进出口贸易受国际经济形势影响比较大，其中进口贸易受 2008 年全球经济危机和 2019 年前后的中美贸易摩擦影响最为明显，林产品进口额均出现明显回落；而林产品出口额则在 2019 年中美贸易摩擦等多重影响下出现下降，这种现象一定程度上也反映了中国林产品贸易构建"以国内大循环为主体、国内国际双循环相互促进的新发展格局"的必要性。

从林产品进出口结构来看(图 1-17)，近 20 年来中国林产品进出口"大进大出，两头在外"的特征非常明显。具体而言，原木、锯材、单板和废纸 4 种初级林产品的进口占据绝对主导地位，进口量对出口量的平均倍数分别达到 3529 倍、51 倍、3 倍、374660 倍；而木制品和家具两种制成品的出口则占据绝对主导地位，出口量对进口量的平均倍数分别达到 25 倍、97 倍；纤维板的进出口则以 2005 年左右实现了进出口比的对调，由以进口为主转变为以出口为主，在近年来出口远远大于进口(2020 年达到出口为进口的 10 倍)。

从进口端来看，近 20 年来原木和锯材的进口基本呈现持续上升的趋势；而废纸的进口则从 2015 年左右逐渐下降，这与中国不断加强对固体废弃物进口的管制，以及造纸行业环保压力不断增强有关；而随着生态环境部、商务部、国家发展和改革委员会、海关总署 2020 年联合发布的《关于全面禁止进口固体废物有关事项的公告》实施，废纸将从林业进口产品中消失。而单板进口从 2010 年之后快速上升。从出口端来看，近 20 年来家具出口呈现持续上升的趋势，木制品出口则相对稳定；而纤维板的进出口则于 2005 年左右实现了进出口比的对调，由以进口为主转变为以出口为主，在近年来出口远远大于进口(2020 年出口量达到进口量的 10 倍)。

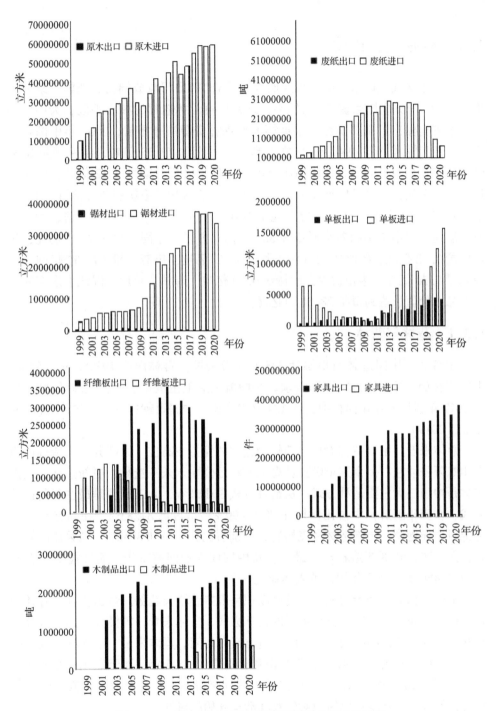

图1-17　1999—2020年主要林产品进出口量变化趋势

1.3 林业生态建设

自新中国成立以来，中国林业始终秉承着"替山河妆成锦绣，把国土绘成丹青"的信念，以重点生态工程为抓手，以大规模营林造林为核心手段，为中国国土生态安全做出了重要贡献。根据第七次森林资源清查报告，2004年中国森林生态系统年涵养水源4947.66亿立方米，年固土量70.35亿吨，年保肥量3.64亿吨，年积累营养物质量1676.63万吨，年吸收大气污染物0.32亿吨，年滞尘量50.01亿吨，年提供负氧离子1.68×10^{27}个，森林生态系统服务总价值为12.52亿元；其后10余年一直比较稳定地维持在这一水平；到2021年中国森林、草原、湿地生态系统年涵养水源量8038.53亿立方米，年固土量117.20亿吨，年保肥量7.72亿吨，年吸收大气污染物量0.75亿吨，年滞尘量102.57亿吨，年释氧量9.34亿吨，年植被养分固持量0.49亿吨。森林、草原、湿地生态空间生态产品总价值量达到每年28.58万亿元。

1.3.1 造林与营林

70年来，中国造林面积累计33370.4万公顷，营林面积19228.89万公顷，中国森林面积增加2192462万公顷。美国航天局卫星数据表明，全球从2000年到2017年新增的绿化面积中，约1/4来自中国，中国贡献比例居全球首位(Chen et al.，2019)

总体来看，中国造林面积长期较为稳定的保持在高位，大部分年份造林面积在400万公顷左右，个别年份甚至高达800万公顷。人工造林、更新造林、飞播造林是中国三大主要造林方式。从造林方式占比来看，人工造林是最主要的造林方式，在历年新造林中占比保持在70%~99%，总占比81.83%，在新造林中占有绝对主导地位；更新造林和飞播造林分别占比9.65%和8.52%。从采用时间来看，人工造林和更新造林出现最早，新中国成立初即被采用；而飞播造林直至1959年才开始大面积使用，纳入林业统计。

中国营林活动开始较晚，但营林面积呈现持续增长趋势。封山育林、森林抚育、退化林修复、人工更新是主要的营林方式。整体来看，规模开展此类营林活动并纳入林业统计的时间，远远晚于造林活动时间。具体来说，纳入林业统计的森林抚育最早开始于1991年，而封山育林则要到2006年，至于退化林修复和人工更新更是2020年纳入统计。虽然纳入统计年份不一定完全对等于其实际开展年份，但该年份基本可以体现对应营林活动开始的时期。

以上营造林工作的演进，一定程度反映了中国国土绿化的路径发展。表现为，新中国成立初期以"造林扩绿"为主要途径，但随着国土绿化进程的推进，可造林地逐渐减少，新造林成本也不断升高，于是20世纪90年代转变为"营林提质"为主要途径；尤其，在近10年来，年营林面积已大幅超过造林面积，成为推进国土绿化的绝对主力；但同时，积极发掘利用可用造林地，如国家林业和草原局提出的"见缝插'绿'"，以继续保持大面积新增绿化、提高国土森林覆盖率。

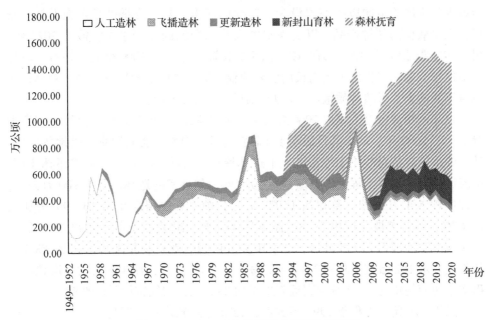

图 1-18　1949—2020 年营造林面积变化趋势

1.3.2　重点生态工程

为改善生态环境、保障国家生态安全，中国自20世纪70年代末即以重点林业生态工程为抓手，持续推动林业生态建设，产生了重大生态、经济和社会效益。具体而言，目前中国已实施天然林资源保护工程、退耕还林还草工程、京津风沙源治理工程、三北及长江流域等重点防护林体系工程、野生动植物保护及自然保护区建设工程、速生丰产用材林基地工程、石漠化治理工程、国家储备林建设工程等林业重点生态工程。林业在重点生态工程的投资呈现增长趋势，1979—1995年实际完成的投资只有41.75亿元，而1998年仅一年完成的投资就达到44.17亿元，之后林业投资额更是翻几番增长，2000年单年投资突破100亿元，2017年快速攀升至718亿元峰值，和1996年相比增长了50余倍。

中国开展最早的林业生态工程是1979年开始实施的三北防护林工程，其与1989年开始实施的长江流域防护林体系工程为核心，囊括沿海防护林体系工程、珠江流域防护林体系工程、太行山绿化工程、林业血防工程，共同构成了三北及长江流域等重点防护林体系工程。截至 2020 年，合计实施造林面积超 5000 万公顷，国家总投资金额超过 650 亿元。三北及长江流域等重点防护林体系工程基本覆盖了中国主要生态脆弱地区，形成了中国林业生态体系建设的基本格局。

天然林资源保护工程于 1998 年开始试点，2000 年全面启动，是中国林业发展以木材生产为主向以生态建设为主转变的标志，其主要举措是实施天然林禁伐、大幅减少商品材产品，以实现中国天然林资源的休养生息。截至 2020 年，累计实施造林面积 1300 多万公顷，国家总投资金额超过 3000 亿元。通过天然林资源保护工程，工程区范围内长期以来的森林资源过度消耗得以遏制，森林资源总量不断增加，天然林质量显著提升（刘世荣 等，2021）。

京津风沙源治理工程以 2000 年左右京津区域愈趋严重的沙尘暴气象灾害为背景，于 2000 年启动，其目的在于扭转沙尘暴等自然灾害威胁京津等地的局面。其主要举措包括对沙化土地实施人工造林种草、封沙育林育草、退耕还林还草、小流域综合治理、工程固沙等。截至 2020 年，累计实施造林面积约 900 万公顷，工程固沙 5.1 万公顷，草地治理 979.7 万公顷，森林覆盖率由 10.59% 增加到 18.67%，综合植被盖度由 39.8% 提高到 45.5%，国家总投资金额约 450 亿元。京津风沙源治理工程成效显著，北京市大气可吸入颗粒物年平均浓度从 2000 年的每立方米 162 微克下降到 2019 年的每立方米 68 微克，沙尘天气发生次数从工程实施初期的年均 13 次减少到近年来年均 2~3 次，空气质量明显改善。

退耕还林还草工程于 1999 年试点、2002 年正式启动，其旨在改变不合理的土地利用和耕作方式，减少水土流失。主要举措是将具备条件的坡耕地、严重沙化耕地、严重污染耕地等停止耕种，因地制宜地造林种草，恢复植被。截至 2020 年，累计造林面积约 3000 万公顷，国家总投资金额超 4000 亿元。退耕还林还草工程涉及全国 25 个省（自治区、直辖市）和新疆生产建设兵团的 2435 个县，成效显著。据国家林业和草原局测算，退耕还林还草贡献了全球绿色净增长面积的 4% 以上，生态效益总价值量为 1.38 万亿元/年（国家林业和草原局，2020）。

全国野生动植物保护及自然保护区建设工程从 2001 年开始实施，旨在形成一个以自然保护区和重要湿地为主体的自然保护网络，实现野生动植物资源的可持续发展，保护生物多样性。此后于 2006 年，湿地保护与修复单列，单独开始实施全国湿地保护工程。截至 2020 年，国家总投资金额约 14 亿元。已建成各类自然保护区 2750 个，占全国陆域国土面积的 15%，90.5% 的陆地生态系统类型、85% 的野生动植物种类、65% 的高等植物群落受到保护。

速生丰产林工程于 2002 年启动，主要布局于 400 毫米等雨量线以东、地势比较平缓、立地条件好、自然条件适宜发展速丰林的地区。其目的在于通过人工林定向快速培育，能够较快地增加森林资源和木材的有效供给，以缓解社会经济高速发展与生态环境保护压力加大并存带来的日益加剧的木材供需矛盾。其主要举措包括使用良种壮苗实现集约化经营以缩短培育周期提高木材产量。截至2020年，累计造林约180万公顷，国家总投资金额约60亿元。速生丰产林工程涉及产能是每年提供木材约1.3亿立方米，可以较好地缓解中国的木材供需矛盾。

以上六大生态工程，除三北防护林工程启动较早外，其他工程启动时间均在2000年左右，这与1998年特大洪涝灾害的发生具有一定关系，林业的生态重要性进一步得到重视。此后，于2008年启动石漠化治理工程试点，通过固土保水，涵养水源，坚持优先恢复林草植被，重建石漠化土地森林生态系统。到2020年，治理岩溶土地面积不少于5万平方千米，治理石漠化面积不少于2万平方千米，林草植被建设与保护面积195万公顷，林草植被覆盖度提高2个百分点以上，区域水土流失量持续减少，基本遏制石漠化土地扩展态势，岩溶生态系统逐步趋于稳定。

国家储备林工程于2018年启动，其旨在满足经济社会发展和人民美好生活对优质木材的需要。主要举措包括开展人工林集约栽培、现有林改培、抚育及补植补造，以营造和培育工业原料林、乡土树种、珍稀树种和大径级用材林等多功能森林。通过国家储备林工程的实施，有助于实现森林质量精准提高，推进林业供给侧结构性改革。国家储备林工程预期将取得显著的成效：到2035年，完成国家储备林2000万公顷的建设目标，且年平均蓄积量净增2亿立方米，年均增加乡土珍稀树种和大径材蓄积量6300万立方米，从而一般用材能够实现基本自给。

总体来看，中国林业重点生态工程建设以森林资源提质增量为抓手，对减缓气象灾害、水利灾害、土地荒漠化、生物多样性损失等产生了积极的作用，同时提升了木材产量和质量，为社会经济发展提供了生产要素和民生保障，推动了社会的可持续发展。

1.4 林业投资[①]

林业投资是林业发展的主要经济动力。整体来看，中国林业总投资额在2011—2020年期间持续增长，从2632.61亿元增长到4716.82亿元，增幅1.79倍。

从投资来源结构来看，林业投资的主要来源是中央财政资金、地方财政资

---

① 由于林业投资的统计口径和方式在2011年发生变更，故为了保持数据分析的科学有效性，此处仅分析2011年及之后的林业投资情况。

金、自筹资金、国内贷款、外资、其他社会资金。根据2016—2018年比较完备的统计数据来看，政府财政资金、自筹资金是林业投资的主要来源，总占比达到61.21%。具体来看，政府财政资金占比最高，达到47.43%；随后是自筹资金，在总投资中占比29.83%；其他社会资金占比13.77%；而国内贷款占比8.58%；占比最低的是外资，仅为0.39%，这与张旭峰等（2015）中的分析基本一致，由于国际资金的不确定性，中国林业发展主要依靠国内投资。而从时间尺度来看，在政府财政资金中，地方投资在2016年首次"追平"中央投资，其后持续保持较快增长，到2020年地方投资达到1701.19亿元，远超于同期中央投资1178.41亿元。这反映了中国地方政府持续增强的财政实力和对林业发展的重视。

从林业投资的用途来看，主要分布在生态建设与保护、林业支撑与保障、林业产业发展三个领域。2011年以来，林业投资的主要领域是生态建设与保护，在总投资中的占比达到52.97%，其次是林业产业发展领域，占比37.35%，最后是林业支撑与保障，占比9.68%。细分来看，生态建设与保护的投资比较集中，主要是营造林活动占比较高，平均为66.71%；而林业产业发展领域的投资则相对比较分散，木竹制品加工制造、林下经济、林业旅游休闲康养、工业原料林、特色经济林、木竹家具制造和花卉分别占比15.44%、13.64%、9.91%、8.36%、7.23%、6.34%、6.18%，合计67.10%；而林业支撑和保障领域的投资则主要是林木种苗、棚户区改造、森林防火与森林公安和林区公益性基础设施建设，占比分别为22.02%、16.38%、13.97%、12.14%，合计64.50%。虽然在生态建设与保护领域的林业投资持续占据主导地位，但其占比逐渐下降，从2011年的61.28%持续下降到2018年的45.61%；而在林业产业发展领域的林业投资占比则不断上升，从2011年的24.58%持续上升到2018年的41.33%，逐渐与生态建设与保护领域的投资持平，这一定程度是林业部门实现"生态美与经济富"协调发展在投资层面的体现。

1.5　林业灾害

森林灾害对森林生态系统、林业可持续发展和生态文明建设带来不利影响。因此，系统分析中国森林灾害发生情况，有利于采取针对性的政策措施。从统计数据来看，中国森林资源受有害生物灾害影响最为严重。具体来说，中国森林有害生物灾害总面积在近20年来波动上升，面积从1998年的700万公顷增长到2020年的1200多万公顷。其中，轻度灾害面积逐年上升，而中重度灾害发生面积不断减少。同时，森林病害、虫害、鼠害是主要的森林有害生物灾害，以虫害发生面积最大，其次是病害和鼠害，但从2012年开始森林病害和鼠害发生率的增速要远远大于森林虫害。此外，病害、虫害和鼠害发生率在空间存在显著差异，西南、华中地区森林病害最为严重；华东、华北地区虫害最为严重；西北、东北地区鼠害最为严重。在不同年份，森林有害生物灾害面积发生最大的地区在西北地区，最小区域在东南沿海，且灾害面积大小在省际的差距不断扩大。总的来说，中国森林有害生物灾害面积逐年增加，但防控形势仍较为严峻（孟贵 等，2022）。

开展森林有害生物防治是中国林业的重点工作，是提高林业治理能力、维护国家生态安全的实际举措。总的来说，中国森林有害生物防治工作取得了长足进步。近20年来森林有害生物防治率达到68%。其中，森林虫害防治率持续保持相对较高位置，平均防治率达到70%，2019年高达86.43%；森林病害防治也保持持续高位，平均防治率达到71%，2020年高达80.43%；而森林鼠害防治率呈现先降低后增长的趋势，平均防治率为63%，整体防治率低于虫害和病害（图1-19）。此外，中国森林防火工作取得显著成效，森林火灾发生面积和次数除个别年份外整体呈现下降趋势，从1998年的27424公顷下降到2020年的8526公顷。

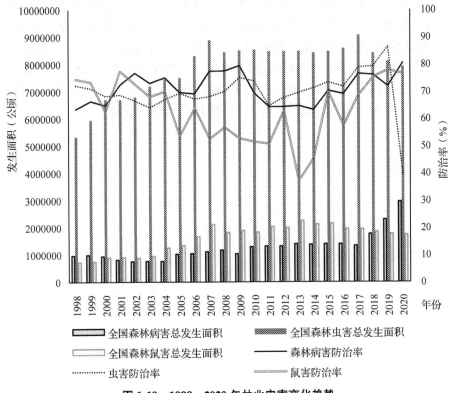

图1-19　1998—2020年林业灾害变化趋势

1.6 小结

过去70年来，中国林业建设与发展取得了显著成就。全国森林资源面积、蓄积量显著增加，湿地资源面积稳步提升，草原面积基本稳定，土地荒漠化的势头得到有效遏制，自然保护区建设蓬勃发展；林业产业体系逐渐发展壮大，产业结构不断优化，特色产业迅速崛起，为国民经济发展做出了重要贡献；以重点生态工程为抓手、大规模营林造林为核心手段，生态系统服务能力与价值不断提升，有力地保障了中国国土生态安全；林业投资总额不断增长，"生态美与经济富"的投资结构不断协调；林业灾害防治卓有成效。

未来，林业建设与发展当继续坚持"埋头苦干、久久为功"的精神，在继续关注森林资源总量增加的同时，通过开展近自然经营、天然林保护与修复，着力于森林质量精准提升，并推动湿地、草原、自然保护区、荒漠防治等事业高质量发展。聚焦经济林与花卉种植与采集业、木竹加工制造业、林业旅游与休闲服务业等主要林业产业，关注非木质林产品加工制造业、林业生态服务业和林业生产服务业等新兴产业，继续加快林业第二、第三产业发展，推动林业产业转型升级。持续推进林业重点生态工程建设，着重探索统筹山水林田湖草沙系统治理。不断加大林业投资力度，积极推动地方财政，引导社会资本进入林业领域，完善林业绿色金融体系。科学判别林业灾害发生机理和时空分布，采用差别化防治措施，继续加大对以森林病虫害和火灾为主的林业灾害防治力度。

第2章 中国林业管理体系变迁

如第一章所述，1949年以来中国林业发展取得了巨大的成就，这显然与林业管理体系是密不可分的。在新中国成立初期以计划经济为主（1949—1979年）的经济体制下，木材作为重要的经济生产要素，严格地执行国家生产与调配计划；而改革开放以后，市场调节逐渐发挥主要作用，但由于森林资源的生态外部性，林业行业仍然受到较为严格的政府宏观调控，包括通过行政许可采取一定程度的部分管制。显然，70年来，林业管理体系对林业发展发挥着"精神中枢"式的核心作用。

林业管理体系是实现林业综合治理的基础和载体。具体而言，国家林业管理部门是林业管理体系的核心中枢，事关林业治理体系的顶层设计；全国林业管理纵向体系则是林业管理体系的主要脉络，是顶层设计实现的制度通道所在；而国家级林业管理部门行政主官是部门集体决策的人格化，是国家宏观层面林业事业安排与博弈的代表。这三个方面可以充分体现中国林业管理体系的主要特征。

因此，本章从国家林业管理部门及其变迁、国家林业管理纵向体系、国家林业部门行政主官的政治维度等主要内容展开分析，旨在全面揭示1949年以来中国林业管理体系的变迁概况。同时，考虑到中国现行国家林业管理部门性质为自然资源部管理的国家局，从管理体系相似性角度出发，兼顾对欧美林业发达国家的代表性，选择美国、德国林业管理体系进行简要对比，在中国国内历史经验的基础上寻求国际借鉴，以期为中国林业治理体系现代化建设提供有益参考。

2.1 国家林业管理部门及其变迁分析

从1949年至今，国家林业管理部门在中央、国务院数次机构改革中几经变迁。结合国家宏观制度安排与林业部门变迁的自身特点，参考戴凡（2010）、曹子娟等（2018）、潘丹等（2019）、余洋婷（2020）、张忠潮等（2010）、张旭峰等（2015）、刘璨（2020）等从政策变迁历程、制度背景、演进特征规律、林权制度变迁等视角对新中国成立后林业政策的变迁发展过程的探讨，及樊宝敏（2009）对新中国成立后国家林业管理部门的变迁简述，本章从以下几个方面分阶段进行深入总结探讨：林业部为主的时期(1949—1970年)、农林部时期(1970—1978年)、单列林业总局与恢复为林业部时期(1978—1998年)、林业局时期(1998—2018年)以及林业和草原局时期(2018年至今)。

2.1.1　林业部为主的时期(1949—1970年)

1949年新中国成立之始，中央人民政府林垦部是国家级林业管理部门，管理全国林业经营和林政工作。但1951年末，垦务工作即剥离至农业部管理，林垦部改名为中央人民政府林业部，只单独负责林业工作，统一领导全国国营木材生产和木材管理工作(北大法宝网，2020)。在该阶段林业建设总方针为"普遍护林，重点造林，合理采伐和合理利用"。这是由当时的国情林情所决定的，经过清朝末年和"中华民国"时期的数十年战乱，森林生态系统亟待保护，但同时新中国刚成立，百废待兴，社会经济建设需要大量森林产品(中国林业网，2020)。因此，为进一步满足社会发展对木材日渐蓬勃的需求，并兼顾林业"采""育"工作，1956年林业部的森林工业相关职能被剥离并单独组建森林工业部负责专门管理木材的采伐、加工、运销和林产化学等工作，并保留林业部以继续负责剩余的其他工作。在此期间，中国森林工业得到迅速发展。到1958年，森林工业部重新合并到林业部直至1970年，在该时期提出"林业建设以营林为基础，采育结合"的工作方针，并初步确立中央集体领导下的"条块结合，以条条为主"的林业管理体制(胡鞍钢，2014)。在该阶段(1949—1970年)组建的林业相关部门——林垦部、林业部、森林工业部均是国家最高行政机关(政务院、国务院)的组成部门，行政级别为正部级。

2.1.2　农林部时期(1970—1978年)

1970年林业部被撤销后，与农业部、水产部合并组建农林部，统一管理原农业部、林业部、水产部工作。全国林业工作不再被国务院单列直接管理，而是仅由农林部下属一个普通局管理，原林业部所直属的事业单位、企业等均层层下放至地方，林业工作的全国统筹性受到极大制约。且其时适逢"文革"时期，各行政部门基本行政职能很不稳定。这导致包括森林资源保育在内的林业工作受到很大冲击。在该阶段(1970—1978年)，林业管理部门仅是农业部下属局，行政级别为正司局级。

2.1.3　单列林业总局与恢复为林业部时期(1978—1998年)

1978年，"文革"结束，为恢复林业管理工作正常化，组建国家林业总局，统一管理造林、育林和森工工作；经国家林业总局过渡，于1979年撤销农林部，恢复设立林业部；并恢复被下放的原林业部直属单位、企业、地方各级林业管理部门。此后一直到 1998 年，林业部在后续多次国家机构改革中保持独立部委，管理体系相对稳定。但主要职责任务数次变迁，前期(1982 年)重点是"动员全国人民植树造林，绿化祖国，保护和合理利用森林资源"(国务院办公厅，2021)；中期(1988 年)则强调职能转变："加强林业行政管理和监督的职能；加强行业管理的职能；加强宏观调控和间接管理的职能"(国务院办公厅，2021)，后期(1994 年)则明确"要把林业行政管理工作转变到统筹规划、掌握政策、信息引导、组织协调、健全法制、提供服务和监督检查上来；要加强林业生态环境建设组织管理、林业行政执法管理、林业行业管理和森林资源管理"(罗干，2021)。在这个过程中，林业部门逐渐从计划经济体制向市场经济体制转变，其变迁的过程与社会主义市场经济体制不断发展完善的要求相适应，也是中国行政部门的体制改革与市场经济体制建设相协调的过程。同时，在这一时期，林业的生态功能开始初步成为经济功能之外的第二功能得到重视。在该阶段(1978—1998 年)，林业管理部门恢复独立，林业部为国务院组成部门，行政级别为正部级。

2.1.4　国家林业局时期(1998—2018 年)

1998 年国务院机构改革，大幅撤销负责行业管理的部委，林业部组建为国家林业局，主要负责管理全国林业工作，并对武警森林部队有一定领导权，直至 2018 年 3 月。其间，国家林业局主要职责任务从以森林生态系统为主，即"负责植树造林，封山育林，护林防火，加强林木行业管理，制订林业规划和规章"，扩展到森林、湿地、荒漠生态系统和生物多样性，即"加强保护和合理开发森林、湿地、荒漠和陆生野生动植物资源，优化配置林业资源，促进林业可持续发展"(国务院办公厅，2020；中共中央、国务院，2021)。在该时期，林业工作的重心发生了根本性转变：生态与经济功能并重，生态优先。中央明确"林业是一项重要的公益事业和基础产业，承担着生态建设和林产品供给的重要任务"，为全国林业发展确定了主基调(中共中央、国务院，2021)。

值得注意的是，在这一时期，林业工作得到中共中央高度重视。于 2009 年召开新中国成立后首次中央林业工作会议，系统研究林业改革发展问题，充分强调集体林权制度改革任务(中共中央、国务院，2021)。更重要的是，2012 年生态文明建设纳入"五位一体"顶层设计，"绿水青山就是金山银山""山水林田湖是一个生命共同体"等理念深入人心，保护森林和生态成为建设生态文明的根基，林业事业成为国家发展宏大愿景的重要组成部分。作为生态修复和建设的主要力量与维护国家生态安全最重要的基础设施——国有林场与国有林区改革成为中央林业工作的又一个重点，通过政事分开、事企分开，推动林业发展新模式由木材生产为主转变为生态修复和建设为主、由利用森林获取经济利益为主转变为保护森林提供生态服务为主(王勇,2021)。在这一时期(1998—2018年),国家林业管理部门由前一时期的国务院组成部门变更为国务院直属机构,行政级别从正部级变更为副部级。

2.1.5 林业和草原局时期(2018年至今)

2018年,国家林业局撤销后,组建国家林业和草原局,整合原国家林业局的职责,农业部的草原监督管理职责,以及相关部委的自然保护区、风景名胜区、自然遗产、地质公园等管理职责(周振超,2009)。统筹了森林、草原、湿地、荒漠的监督管理,有利于加大生态系统保护力度和加快自然保护地体系的建设。此次变更将森林与草原、湿地、荒漠化等其他陆地生态系统的管理从政府机构上相融合,主要职能进一步向"资源生态"转变,共同服务于国家生态文明建设大局。在此时期(2018年至今),国家林业管理部门仍属于国家局,但由国务院直属机构变更为国务院部委(自然资源部)管理,行政级别仍是副部级。

总体来看,在国家宏观治理体系层面,虽然在早期有与农业等部门短暂合并的历史,林业管理部门仍是以"独立"管理林业事务为主;近年来,随着"山水林田湖是一个生命共同体"理念的不断落实,国家林业管理部门在国家治理体系现代化改革中不断向自然资源统一管理体系融入。从工作职责与重心的角度来看,经历了以单一森林生态系统为主到"森林、草原、湿地、荒漠四大生态系统和陆地生物多样性管理"的转变,从"以木材利用为核心的林产工业"的经济重心不断向"以生态系统管理为主的生态系统服务"的生态重心转变。另外,随着社会主义建设的不断推进,尤其是1978年后中国特色社会主义制度的不断改革完善,国家林业管理部门的机构安排相对更加稳定,与社会主义市场经济的发展更加相协调,宏观调控的管理职能不断凸显,企业职能不断剥离,对市场的直接干预基本消失。

2.2 全国林业管理纵向体系分析

林业管理的纵向体系,是国家林业政策在基层得以实现的通道。一般是从上文所述的国家级林业管理部门起,经各层级的林业管理机构节点,最后至最基层行政单位的林业部门为止。其中的层级,基本与各个时期的国家行政区划纵向层级结构相一致;而节点则基本是相应层级的行政区划政府所下属的林业管理部门。

1949年至今，国家行政区划层级制度几经变迁，如"地区改市"，"公社改乡镇"等，但行政区划层级的结构，即"国家级—省级—市/地区级—县级—乡镇级"，基本保持稳定。同时，由于林业在国民经济发展中的重要作用，每级行政区划一般均设有相应层级的林业管理部门，如新中国成立初期就将林业管理深入到乡镇一级，在区公所(约近似于后期的乡镇级)设立林业委员，管理林业政务(胡鞍钢，2014)。尤其是21世纪以来，伴随着中国特色社会主义制度愈趋完善，国家行政区划制度相对更为稳定；与之对应，林业行政管理纵向体系也基本稳定于"国家级—省级—市级—县级—乡镇级"的五级层次，而每级均设有负责该区划范围内林业政务的林业管理部门。值得注意的是，2018年国务院机构改革后，地方政府在随后的相应机构改革中具有了一定的自主权，根据当地林情、经济社会发展实际，或仍由本级政府直接管理林业部门，或与国家级机构改革趋势一致，将林业部门纳入同级自然资源部门管理。

从各级林业管理单位的行政管理体制而言，"条块结合"的制度形式基本不变，每级林业管理单位均接受双重领导：本级政府和上级林业管理部门。但逐渐从新中国成立初期的"以条条为主"转变为"以块为主"，也就是各级林业部门的行政关系隶属于本级政府，而同时上级林业管理部门对其有业务管理、指导关系。相类似，其对下级林业部门有业务管理、指导关系。因此，每级林业管理部门均是在本级政府领导下，实现上级林业部门的业务要求；其一般结合当地林业实际，并向下级林业部门分解、传递业务要求，并有业务考核权利。由此，国家的宏观林业管理以此实现从上至下的纵向传递。这种"条块结合"的制度，是一种具有中国特色的行政管理体系(高尚全，1984)，新中国成立初期的"条条为主"有助于通过中央干预实现高效采集利用全国木材资源，支持国家重点工程建设，这对于新中国成立初期经济的快速发展有重要意义，但导致地方政府积极性不高、条块分割问题严重。改革开放后的"以块为主"是对前一时期的调整，也是对社会主义市场经济改革的适应，有利于调动地方发展林业的积极性，促进林业相关生产要素的横向流通。

通过上述林业管理的纵向体系，国家林业政策不断向下分解、传达，最终得以落实于"田间地头"，这形成了当前最主要的林业政策纵向通道。同时，近些年，自下而上的林业政策反馈机制亦在逐渐发展，如政策出台前的征求意见机制；自外而内的政策建议机制也在逐渐采用，如由管理体系之外的专家形成的咨询委员会对政策制定的建言献策机制。但目前以上两种机制尚处于发展期，暂没有明确的制度规范以保障实施，更多的是由政策发布部门根据政策重要性、影响力等因素相机决定。

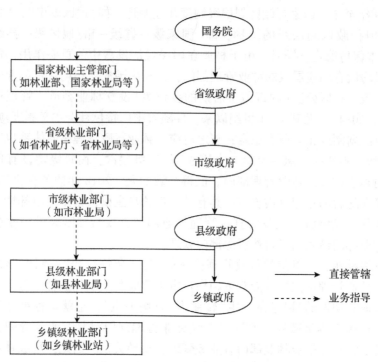

图 2-1　从中央到地方的林业管理纵向体系简图

2.3　国家林业部门行政主官的政治维度

根据宪法规定，中国共产党领导是中国特色社会主义建设最本质的特征；在中国共产党的领导下，开展与参政党多党合作和政治协商，是中国现行的政治制度（中华人民共和国全国人民代表大会，2021）。部门行政主官作为国家级林业部门决策体系的最核心成员，其政治维度一定程度上也是国家林业管理体系的内涵之一。因此，以政治身份和任后（国家林业部门主官任后）职务为主要指标进行简要分析。具体而言，政治身份的归纳主要考虑了其政党归属及是否中共中央候补委员以上职务，任后职务则主要考虑了其卸任国家林业部门行政主官后职务变化。此外，由于国家林业和草原局时期（2018—）尚处于初始阶段，数据较少，暂不进行分析。

从政治身份而言，林业部时期（1949—1970 年），行政主官政治身份均为民主党派成员。农林部时期（1970—1978 年）为"文化大革命"时期，由军事机构管制。单列国家林业总局与恢复为林业部时期（1978—1998 年）的大部分时间里，行政主官具有中国共产党中央候补委员或中央委员的政治身份。国家林业局时期

(1998—2018年)，与前一时期基本类似，一半以上的时间里，行政主官具有中国共产党中央候补委员或中央委员的政治身份。

从任后职务而言，林业部时期(1949—1970年)，行政主官转任于人民团体、全国人大常委会等，担任同等级别职务，这或与这一时期行政主官的民主党派政治身份有关。而单列国家林业总局与恢复为林业部时期(1978—1998年)，绝大部分的行政主官转任于中顾委、地方党委、或其他部委，担任同等级别职务。国家林业局时期(1998—2018年)，部分行政主官转任于其他部委等，担任同等级别职务；另外部分行政主官任后转任全国政协等机构。

从以上两个指标来看，在国家林业部门变迁过程中，大部分时期行政主官均处于国家决策核心圈层，任后职务基本平级。整体来看，行政主官的政治维度相对稳定，没有较大变化，这一定程度稳定地保障了林业政策在国家宏观政策中的相对重要性。

2.4 美国林业管理体系简述与比较

根据美国林务局官方网站，美国国家级林业管理机构始于1876年，美国国会在农业部设立评估森林质量和条件的专门办公室，经几次不断升格后，于1905年更为现名美国林务局(United States Forest Service)至今。

从隶属关系来看，美国林务局100余年隶属关系非常稳定，一直行政从属于美国农业部，是"从属其他部"类型(郑威，1996)。但其又相对较为独立，主要从内务、环境等部门获取财政预算。这与2018年国务院机构改革前的中国林业部门的"独立设部"的制度安排差别很大；而改革之后，则相对类似，即林业部门由其他部门管理但同时又作为国家局相对独立。

从职责范围来看，美国林务局既是国家最高林业行政机构，又负责直接管理约为联邦土地面积25%的154个国有林区以及20个国有草地区。这与中国林业部门具有一定的相似性。但不同的是，美国国家公园、野生动物等部门均长期隶属于内务部，而在中国则归属林业部门管理。同时，关于林业与其他部门融合的探索在美国亦有存在。2009年曾有提案建议美国政府将林务局从农业部划转内务部，从而内务部统一管理国家公园、渔业与野生动物、国土管理等资源类事务。这一定程度上与中国2018年国务院机构改革对林业部门的安排相一致，将资源类部门统筹管理。而美国学界则更多地将森林研究与环境研究相融合，甚至以环境研究涵盖森林研究，如耶鲁大学、杜克大学等将原有的森林资源学院逐渐更名为环境学院。美国学界这一趋势，在中国近些年的"大部制"改革中亦有类似研究探索。这一定程度上说明，国际林业管理具有向资源统筹管理、生态统筹管理融合的趋势，这也是由林业的多重属性决定的。

就纵向林业管理体系而言，美国国家林务局设有专门负责州立和私有林的部门。但其只负责协助提供金融和技术支撑，不对州林业部门具有业务指导关系。这是由于美国"联邦"政治体制决定的，各州高度自治，州林业部门就州内林业事务只接受本州政府管理。因此，相较于美国林业管理的纵向体系而言，中国林业管理的纵向体系更为高效有力。但"条块结合"的制度则要求各级林业部门要有能力平衡把握好上级林业管理部门和本级政府的要求。

2.5 德国林业管理体系简述与比较

根据德国联邦粮食和农业部官方网站，德国国家林业管理机构在历史上经历了一定的变迁：1949—2001 年之间，隶属于联邦粮食、农业和林业部，为农林联合设部的类型；而 2001—2013 年机构改革后，隶属于联邦消费者保护、粮食和农业部；2013 年至今，隶属于联邦粮食和农业部，主要由其下属森林、可持续性和可再生原材料司负责管理（赴德国国有林保护和管理培训团等，2015）。可见，德国国家林业管理机构与农业管理机构一直紧密相关，其机构类型从"合设部"类型逐渐转为"从属其他部"类型。这与中国林业管理机构变迁具有一定的相似性：林业管理部门曾与农业部门联合设部 10 余年；现行林业管理部门也转为"从属其他部"类型，但作为独立的国家局具有更大的自主权。

从职责范围来看，德国粮食和农业部是国家最高林业行政机构，并负责直接管理约占总森林面积 4% 的联邦森林（赴德国国有林保护和管理培训团等，2015）。但其并不管辖自然保护、荒漠化和湿地生态系统，这属于德国环境、自然保护和核安全部管辖范围。这一定程度上反映了德国将自然保护、荒漠化和湿地生态系统等议题更多地界定为环境保护的范畴；而林业，则更多地被界定为可持续可再生的原材料供给属性。这一定程度上符合欧盟高度重视可持续发展，大力发展生物经济的大背景。在此背景下，森林通常被认为是重要的可再生原材料来源之一。

从纵向管理体系来看，由于德美类似的"联邦"政治体制，德国林业管理的纵向体系与美国类似，联邦粮食和农业部并不直接指导管理各州林业部门，各州林业部门独立管理本州州属国有林场和林业事务等。但值得提出的是，近 10 余年来，德国各州改革州属国有林场的管理，推行"政企分开""收支两条线"等机制，以提高国有林场管理的效率。这与中国近些年开展的国有林场改革高度相似，均旨在通过明晰产权等方式借助市场力量提高森林资源管护效率。

2.6　小结

中国国家林业管理部门在新中国成立后 70 年里数次变迁，前期较为频繁，后期逐渐稳定；其变迁历程基本与中国社会经济体制改革过程相适应，宏观调控职能不断凸显，直接市场干预逐渐弱化。核心工作职责从经济生产逐步转向生态服务，从单一森林生态系统转变为"多个生态系统一个生物多样性"。林业部门以"独立"管理林业事务为主，但近年来不断向自然资源统筹管理体系融入。林业管理结构整体保持"条块结合"不变，但从新中国成立初期的"条条为主"转变为"以块为主"；而纵向体系基本稳定，依托于国家行政区划层级从中央向地方、基层不断延伸，从上到下的政策传导机制非常成熟，占有主导地位；同时，从下到上的反馈机制与从外到内的建言献策机制逐步发展。行政主官的政治维度相对稳定，这一定程度稳定地保障了林业在国家宏观决策中的相对重要性。此外，中国林业管理体系与美德两国现行林业管理体系既有相同，又有差异。尽管基本政治体制的不同决定了二者管理结构的差别，美德国家林业管理部门不具有指导州级林业部门的职责。但同时，现行体系中国家林业管理部门都属于"从属其他部"类型，且在中、美、德三国都有林业管理部门向资源管理、生态部门融合的呼声或行动，且中国已完成该趋势的机构改革。这在一定程度表明，全球森林资源管理具有与其他资源整合管理，或向生态部门融合的趋势。

第 3 章 林业政策演进特征

政策发布数量在一定程度上反映了国家层面对林业的重视程度。政策发布形式体现了政策的性质、用途和制发目的。政策工具能够反映政府行政管理手段及其有效性特征(潘丹 等,2019)。本章将林业政策的演化历程划分为 4 个阶段,分析其阶段特征和演进规律,并通过构建政策发布数量、政策发布形式、政策工具三维分析框架,分析中国林业政策的演化路径。

3.1 林业政策演化阶段划分及其特点

林业服务社会发展的定位、国家宏观制度变迁对林业政策制定和实施的全过程有主导性影响(马天乐,1998;张海鹏,2015;曹子娟 等,2018)。因此,将1949—2020 年中国林业政策的演化按照林业发展定位与国家宏观制度特点进行阶段性划分,有助于更进一步分析林业政策发布主体的规律性。本章根据国家宏观制度变迁过程与林业发展定位演变,并参考崔海兴等(2009)、戴凡(2010)、胡运宏等(2012)、张旭峰等(2015)、刘璨(2020)等的相关研究,以 1949 年中华人民共和国成立、1978 年改革开放、1998 年建立以生态建设为主的林业发展战略、2009 年中央林业工作会议为确定林业的 4 个定位为时间节点,将我国林业政策的演化阶段分为 4 个阶段:

第一阶段(1949—1977 年)。新中国成立初期,百废待兴,恢复和发展国民经济是当时的主要任务。这一阶段,林业建设的主要目标是生产木材,为工业发展提供生产要素,直接促进国民经济增长。为支援基础建设,国家在东北、西南等林木资源丰富的地区建立了大量林场,开发天然林资源。这一阶段全国累积采伐木材约 9.09 亿立方米,年均采伐 3248 万立方米,为国家经济建设做出了卓越贡献,但也使天然林资源遭到破坏,导致了生态环境的恶化(林业部,1987;黄俊毅,2019)。同时,国家实施了绿化荒山、封山育林的政策,对无林、少林地区发动群众力量造林。例如,1953 年政务院发布了《关于发动群众开展造林、育林、护林工作的指示》,指出"开展群众性的造林工作是扩大森林资源、保证国家长期建设需要的首要办法"。这一阶段全国累计造林 9.5 亿公顷,年均造林

339万公顷,提高了森林覆盖率,但造林成活率仅为20%(Wang et al.,2004)。

第二阶段(1978—1997年)。十一届三中全会以后,党和国家的工作中心转移到经济建设上来,国家经济体制由计划经济向社会主义市场经济转变。邓小平的现代化"三步走"战略提出,从1981年到20世纪末,要实现国民生产总值翻两番的目标。这一阶段,林业建设目标是森林资源利用与保护兼顾,其最终目的是促进可持续林业生产。为此,国家延续了大规模造林政策,1981年全国人民代表大会在《关于开展全民义务植树的决议》中决定开展全民性的义务植树运动。同时,国家开始重视森林在生态环境保护中的作用,相继实施了防护林体系建设工程和全国防沙治沙工程。1981年国务院发布的《关于保护森林发展林业若干问题的规定》明确提出"稳定山权林权、划定自留山、确定林业生产责任制"的林业发展方针。随后,各地便开展了林业"三定"工作。随着经济体制改革的深入,打破了木材"统购统销"制度,逐渐开放了木材市场。然而,由于木材需求旺盛,木材价格快速上涨,加上林业"三定"工作的不完整性和暂时性,一度导致乱砍滥伐现象严重,森林资源遭到严重破坏(孙顶强 等,2015;Liu et al.,2017)。为控制森林资源的消耗,国家在1985年1月1日起实施的《森林法》中确定了森林采伐限额制度。

第三阶段(1998—2008年)。1998年发生的特大洪水灾害及此后频发的自然灾害,使国家意识到破坏生态环境给经济建设和人民生活带来了严重危害。从这一阶段开始,林业发展战略发生了根本性调整,林业建设的重点从木材生产转向生态保护。1998年和2000年,国务院相继发布了《关于印发全国生态环境建设规划的通知》和《关于印发全国生态环境保护纲要的通知》,明确提出要在1998—2010年间,坚决控制住人为因素导致新的水土流失,努力遏制荒漠化。据此,林业重点生态工程相继启动。这一阶段,国家继续强调深入开展全民义务植树运动,但森林扩张的驱动力已从群众投工投劳转向了林业重点工程。随着政策效果显现,我国生态环境恶化的局面得到扭转,林业重点工程的目标逐渐从单一地改善生态环境向兼顾区域民生和经济发展转移。例如,2006年,国家林业局在《抓好京津风沙源治理工程促进区域新农村建设的实施方案》中明确提出,要通过沙化土地的治理,促进农村产业结构优化,推动农村经济快速发展的建设目标;2007年,国务院在《关于完善退耕还林政策的通知》中明确提出了确保退耕还林成果切实得到巩固和确保退耕农户长远生计得到有效解决两大目标任务。

第四阶段(2009—2020)。随着生态环境恶化的势态初步扭转,党的十九大报告提出,要积极参与全球环境治理,为全球生态安全作出贡献。此外,国家社会主要矛盾的变化表明,人民群众对生态、环境方面提出了更高的要求。这一阶段,林业建设的目标是在生态建设中发挥重要作用,同时为人民提供优质的生态服务和产品。经过前几个阶段的努力,我国森林资源大幅扩张,但主要是粗放的扩张(Zhang,2019),森林资源质量低下,严重影响了森林多功能的发挥。2009年,国家林业局在《关于开展森林经营试点工作的通知》中明确提出,当前中国森林经营工作的重点是中幼龄林抚育和低效林改造。随后,国家林业局同财政部一起,相继开展了森林抚育补贴和林木良种补贴试点工作,以期通过财政支持推进森林抚育工作。2008年起我国全面启动了新一轮的集体林权制度改革。在农村集体林改方面,推行集体林地所有权、承包期、经营权的三权分置运行机制,充分发挥"三权"的功能和整体效用。2009年起,国家又出台了森林保险、集体林改档案管理、林权抵押、林地流转等一系列配套改革措施,以期通过连续、稳定的政策和健全、完善的配套措施刺激农户对林业的长期投入。在国有林场/林区改革方面,2015年,中共中央、国务院发布了《国有林场改革方案》和《国有林区改革指导意见》,明确提出围绕保护生态和改善民生推进改革。

3.2 林业政策数量演进趋势

从1949—2020年历年林业政策发布数量变化趋势来看,我国林业政策年度发布数量呈现先波动性上升,后缓慢下降的趋势,具有鲜明的阶段性特点(图3-1)。

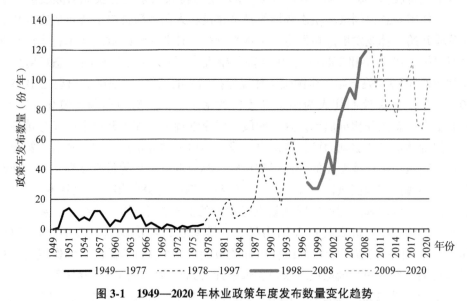

图3-1 1949—2020年林业政策年度发布数量变化趋势

第一阶段(1949—1977年):共发布政策文件165份,占研究样本总量2571份的6.4%。这一阶段又可分为起步和徘徊两个时期。1949—1956年为起步时期，面对新中国成立初期森林资源匮乏，国民经济的恢复与建设急需大量木材，国家主要从造林、保护森林资源、界定山林权属和合理采伐利用森林资源4个方面制定了一系列林业工作的方针和政策。这一时期，各年份林业政策发布数量波动不大，每年政策发布数量不超过15份。1957—1977年为徘徊时期，先后经历了"大跃进"、三年困难时期、国民经济调整和"文革"等历史阶段。这一时期，林业建设基本处于停滞状态，林业发展遭受重创，主要以木材采育为重点，年均政策发布数量仅为2份。

第二阶段（1978—1997年）：共发布政策文件520份，占研究样本总量的20.22%。随着我国社会经济发展步入历史新时期，林业建设也步入了新的发展轨道，顶层设计经历较大调整、中国经济发展开始加速，林业发展的正外部性逐渐得到重视。这一阶段我国林业政策在重视森林资源培育的同时，开始考虑林业经济效益和生态效益并重。而且，随着《森林法》《草原法》《环境保护法》《水土保持法》等法律文件的颁布，林业管理步入了政策法制化的新阶段，政策发布数量增长较快且波动较大。1994年政策发布数量超过60份，达到该阶段的峰值。

第三阶段（1998—2008年）：共发布政策文件752份，占研究样本总量的29.2%。1998年后，国家林业发展战略开始从木材生产为主向以生态建设为主转变。随着林业重点生态工程的相继启动，国家财政投入开始对生态建设进行"反哺"（张壮 等，2018）。这一阶段林业政策发布数量急剧增加，其中2008年政策发布数量达到119份。

第四阶段（2009—2020年）：共发布政策文件1134份，占研究样本总量的44.1%。2009年首次召开的全国林业工作会议明确指出"林业在可持续发展战略、生态建设、西部大开发和应对气候变化中的重要地位"。2009年起，国家先后启动森林抚育补贴、造林补贴和林木良种补贴试点工作，逐步建立森林经营补贴机制，林业发展进入生态建设新时期。这一阶段，林业政策发布数量在达最高峰后开始波动性下降。2009年发布政策文件122份，年发文数量达到70年的最高峰，主要是由于2008年我国先后发生了严重的冰雪灾害和汶川地震，国家紧急发布了许多关于抗灾救灾方面的政策文件。总体上，这一阶段我国林业以生态建设为主的发展战略进一步得到巩固，在国家层面得到全面确认。

3.3 政策发布形式演进分析

《国家行政机关公文处理办法》中将行政机关的公文种类主要分为：命令（令）、决定、公告、通告、通报、议案、报告、请示、批复、意见、函、会议纪要等13种。本章在此分类基础上，结合政策发布主体的行政级别，将政策发布形式分为6类：①全国人民代表大会及其常务委员会颁发的法律；②中共中央、国务院发布的条例、规定、决定、指示；③中共中央、国务院发布的暂行条例和规定、办法、方案、意见；④各部委发布的条例、规定、决定；⑤各部委发布的暂行条例和规定、意见、办法、方案、细则、指南、规划、计划；⑥各部委发布的通知、公告。经过统计分析，各阶段不同政策发布形式林业政策的发布数量如图3-2所示。

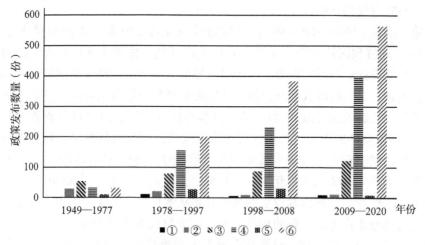

图3-2　各阶段不同发布形式的林业政策发文数量

第一阶段，不同发布形式的林业政策发布数量差异较小。由于在这一阶段，中国林业发展还处于摸索阶段，林业法律体系尚未建立，涉林法律的颁发数量较少。同时，中共中央、国务院多通过指示、意见等强制性高，且内容较为抽象和模糊的文本形式宏观指导林业工作。

第二阶段，不同发布形式的林业政策发布数量开始出现较大差异。1978年以后，林业建设步入新的发展时期，国家开始推进林业法制建设和林业工作规范化进程，法律和部门规章的颁发数量大幅增加。同时，各部委发布的通知的数量也大幅增加。

第三阶段和第四阶段，各部委发布的部门规章和通知的数量继续大幅增加。由国家发布的指导性文件的形式多为决定、意见等，以通知形式发布的政策文件数量较少。这说明，中央与其下属部门的职权逐渐明晰，形成了自上而下的政策执行路径。中央负责从宏观层面指导林业工作，各部委则负责安排具体执行方案，政策在传递和执行过程中保有较好的一致性。

从图3-3可以看出，涉林法律和行政法规的年均发布数量略有提升，数量从第一阶段的0.07件/年上升至第四阶段的0.91件/年；由中共中央、国务院发布的条例、规定等政策文件的年均发布数量基本保持在 1 件/年左右；由中共中央、国务院发布的暂行条例和规定、办法、意见等政策文件的年均发布数量逐渐上升，由第一阶段的 1.38 件/年上升至第四阶段的 11.09 件/年，增幅为 7 倍；由各部委发布的部门规章、决定、意见等政策文件以及通知类政策文件的年均发布数量呈现大幅上升的趋势，二者分别从第一阶段的 1.69 件/年、1.17 件/年上升至第四阶段的 41 件/年和 39.55 件/年，增幅分别为 23.3 倍和 32.8 倍；而由中共中央、国务院发布的通知类文件的年均发布数量从第一阶段的 0.38 件/年上升至第三阶段的 2.45 件/年后，在第四阶段下降至 0.45 件/年。这说明，随着林业在生态建设中的作用愈发凸显，中共中央、国务院在宏观层面指导林业工作的权威性在增加，各部委则依据中共中央、国务院的指导和规划，不断作出进一步的指导，安排具体执行方案。

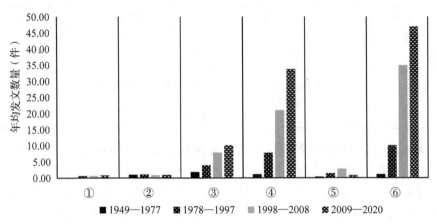

图 3-3　各阶段不同发布形式的林业政策年均发文数量

3.4　政策工具演进分析

政策工具是政府推行政策，实现目标的手段（豪利特 等，2006），学者们对政策工具的分类各不相同。豪利特等（2006）根据政府介入的强度将政策工具划分为强制性工具、混合性工具和自愿性工具。Rothwell 等（1985）根据宏观政策取向将政策工具划分为环境型工具、供给型工具和需求型工具，该分类法被广泛引用（赵筱媛 等，2007；程华 等，2013；杨诗炜 等，2019；黄锐 等，2021）。李伟伟等（2014）将中国环境政策工具划分为自愿性环境政策工具和经济型环境政策工具。王红梅等（2016）将政策工具分为经济激励型、命令—控制型和公众参与型三类。杨志军等（2017）将环境政策工具分为命令强制型、经济激励型和社会自愿型工具。

根据各种分类方法在林业相关领域政策研究中的应用,以及我国林业政策的特点,本章将我国林业政策工具分为规制型工具、经济激励型工具、信息传递型工具以及社会参与型工具4种(表3-1)。规制型政策工具以政府强制力为基础,对目标群体的行为进行控制和指导如标准、计划、许可、限额、禁止等。经济激励型政策工具以经济利益的调解性为基础,通过正向或负向的激励,诱导政策目标对象作出或不作出某种行动,如财政投资、税收优惠、罚款等。信息传递型工具即政府在政策过程中向社会公开相关信息,表现形式有政务公开、公报、标识等。社会参与型工具即让公众参与政策过程,表现形式有表彰、奖励、宣传教育、举报等。

表3-1 中国林业政策工具分类

规制型工具	经济激励型工具	信息传递型工具	社会参与型工具
登记、审批、许可证制度	罚款	公报	表彰、奖励
标准	税收优惠	标识	宣传教育
目标、计划制定	财政投资	公开目录	举报
设定限额	补助、补贴	监督、考核、监测结果公开	
	生态效益补偿基金	政务公开	
		科学技术研发	

从林业政策工具使用的角度来看,规制型政策工具占所有政策工具总和的76.3%,是使用频次最高的工具;其次为信息传递型工具,占比为13.9%;社会参与型工具的使用频率较小,占比为6.1%;经济激励型工具是使用最少的工具类型,占比仅为3.7%。可以看出,中央政府及各部委更倾向于通过强制性和及时性高、执行成本低的规制型工具指导林业工作。

各类林业政策工具在不同时期各有特点。在第一阶段,规制型政策工具的使用频次占比高达95.2%,经济激励型工具和信息传递型工具的使用频次占比分别为1.8%和3%,而社会参与型政策工具还未成为林业领域政府治理的手段和途径。这与当时的经济体制密切相关。1949—1977年,中国处于计划经济时代,面对各类资源短缺且分散,整个社会市场的发展秩序尚未建立,政府采取了高度集中的管制政策,集中整合市场分散的资源,对整个社会经济进行了全面干预和渗透。这一时期,林业主要作为一项重要的基础产业,为国家原始积累作出贡献。为解决农民自我消费木材与国家工业化需要在木材总量分配上的矛盾,政府实施了木材统购统销政策,通过高权威的行政手段获得足够的木材,以快速为国家工业化提供积累。而在造林、育林、护林等工作方面,虽然政策文本通常使用"发动群众"等字眼,但在当时的历史环境下,此类政策依然具有高强制性,属于规制类政策工具。

在第二阶段，中国经济体制开始由计划经济向社会主义市场经济转变。这一时期，规制型政策工具的使用频次占比下降至88.3%，依然是该阶段使用最频繁的政策工具。经济激励型、信息传递型和社会参与型工具的使用频次占比较前一阶段有所上升，分别达到2.5%和6.5%。其中经济激励型工具主要采用了执行成本相对较低的贴息贷款和税收优惠；信息传递型工具主要是监督、监测结果的通报。在这一阶段，政府开始使用社会参与型政策工具，其所占比重为2.7%，从具体类型来看，主要是对先进集体、个人的表彰和奖励。

在70年间，规制型政策工具的使用频次占比呈下降趋势。在第三阶段和第四阶段，规制型政策工具的使用频次占比分别下降至74.7%和68.7%。经济激励型、信息传递型和社会参与型工具的使用频率占比则呈现上升趋势。其中，经济激励型政策工具的使用频次占比上升缓慢，在第三阶段达到3.8%，第四阶段达到4.4%。社会参与型政策的使用频次占比从第三阶段的6.2%上升至第四阶段的8.2%。信息传递型工具的使用频率占比上升幅度最大，在第三阶段上升至15.3%，第四阶段达到18.3%。在第三阶段，由于国民经济的蓬勃发展、"分税制"改革以及国家对生态建设的重视，中国林业发展进入高投入政策支持时期（张壮 等，2018）。因此，从第三阶段开始，经济激励型工具的使用以补助和财政投资为主。信息传递型工具的使用依然以监督、考核、监测结果的通报为主，同时政务公开的比例在逐渐提升。社会参与型工具的使用依然以表彰、奖励为主。

3.5 小结

本章从政策发布数量、政策发布形式、政策工具三个维度分析了中国林业政策的演化路径。结果表明，中国林业政策的年发布数量整体呈现波动上升后逐渐下降的趋势，并逐渐趋于稳定。从政策发布形式来看，涉林法律和行政法规的年均发布数量略有提升，中共中央、国务院发布的条例、规定等文件的年均发布数量基本保持不变，各部委发布的规章和通知类文件的年均发布数量大幅提升，中共中央、国务院发布的通知类文件的年均发布数量则呈现先上升后下降的趋势。可以看出，中国林业法律体系和制度规范日趋完善，中国林业政策形成了自上而下的政策执行路径，中共中央、国务院通过决定、意见等政策力度较大的文本形式发布林业政策，对林业工作进行权威、持续的宏观指导，各部委则将国家的宏观指导转化为具体、执行效力强的行动方案。

在政策工具方面，规制型政策工具的使用频率呈下降趋势，而经济激励型、信息传递型和社会参与型政策工具的使用频率则呈上升趋势。整体来看，目前政府更加倾向于使用规制型政策工具，经济激励型政策工具的使用倾向较低，信息传递型和社会参与型工具的使用不足，且存在内部结构失衡现象，但这种情况一定程度上在逐渐改善。

从上述林业政策演化趋势可以初步判断，未来在"绿水青山就是金山银山"成为生态文明建设的重要理念指导下，林业在生态文明建设中的重要地位愈发突显，林业行业将在推进生态文明建设中发挥更大作用。随着国家治理体系不断优化和增强，中国林业法治体系也将更趋完善，林业工作的规范化程度将更高，形成国家强权威性和高持续度的宏观指导、部门优化落实与高效执行的稳定发展态势。为有效实现各项林业政策目标，在政策工具的使用方面，将形成以规制型工具为主导，经济激励型、信息传递型和社会参与型多种政策工具明显增强的多元化态势。

第4章 林业政策发布主体合作网络演化分析

文献计量法是利用数学和统计学方法定量分析知识载体的一种交叉科学研究方法,其核心优势是对被分析知识体系的量化总结,其已在林业领域内有所应用。政策发布主体合作网络图以可视化的方式直观呈现了政策发布主体之间的关系。

本章运用文献计量法分析了过去70年来林业政策发布主体单独及联合发文的变化趋势及其演化规律,运用主流社会科学分析方法——社会网络分析法绘制了政策发文主体合作网络图,全面揭示其网络结构及其演化特征;在此基础上绘制政策发布主体合作"广度—深度"二维矩阵图,分析政策发布主体在合作网络中的角色演化规律。

4.1 林业政策发布主体演化分析

我国林业政策发布主体涉及部门众多,数量达150个[①],其中包括党和国家最高权力机构,全国人民代表大会、中国共产党中央委员会和中国人民政治协商会议全国委员会等,以及国务院及其组成部门和直属机构等行政机构,中央军事委员会等军队机构,中国人民银行、中国农业银行等金融机构,还包括中华全国供销合作总社、中华全国总工会、中华全国工商业联合会、中国光彩事业基金会等社会组织和机构。

表4-1列出了1949—2020年林业政策发文数量排名前20位的机构及其发文数量,其中国家林业行政主管部门是制定林业政策数量最多的主体,其独立发文和参与联合发文的林业政策数量达2034件,占研究样本总量的81.33%。其次,就参与制定林业政策的机构而言,中共中央、国务院、全国人民代表大会、国家发展和改革委员会都是林业政策的主要发布机构。此外,除国家林业和草原局、国务院以及国家濒危物种进出口管理办公室外,其他机构的发文均以联合发布为主,全国人民代表大会作为国家最高权力机关行使国家立法权,仅以法律的形式

---

① 这里未对更改名称和重组的机构进行统一合并。

独立发布林业政策。

表 4-1 1949—2020 年林业政策发布主体的发文情况（前 20 位）①

政策发布主体	独立发文数量（份）	参与联合发文次数（次）
国家林业和草原局②	1738	296
国务院	159	92
财政部	15	142
中共中央	16	79
国家发展和改革委员会③	6	64
全国绿化委员会④	25	28
全国人民代表大会	48	0
农业农村部⑤	10	37
国家税务总局	2	23
公安部	2	21
国家濒危物种进出口管理办公室	15	8
国家工商行政管理局	2	21
水利部	0	16
国家海关总署	0	14
国家物价局	0	14
最高人民法院	3	9
最高人民检察院	1	11
国土资源部	1	10
交通部	1	9
铁道部	0	10

从发文形式来看，林业政策单独发文数量一直远高于联合发文数量（图 4-1），随着社会经济发展，联合发文数量整体呈上升趋势，但联合发文数量占发文总量的比例呈下降趋势，独立发文数量占比稳定保持在 78% 以上。这说明虽然林业政策联合决策的数量在逐步提高，但总体而言我国林业政策的制定一直以林业

---

① 本表中对更改名称的机构进行了合并统计，并以机构的最新名称进行呈现。
② 国家林业和草原局的发文数量包括林业部、林垦部、国家林业局和国家林业总局发文数量的总和。
③ 国家发展和改革委员会的发文数量为国家计划委员会、国家发展计划委员会、国家发展和计划委员会的发文数量之和。
④ 全国绿化委员会的发文数量包括全国绿化委员会和中央绿化委员会发文数量之和。
⑤ 农业农村部的发文数量是农业部和农业农村部发文数量之和。

行政主管部门独立决策模式为主。

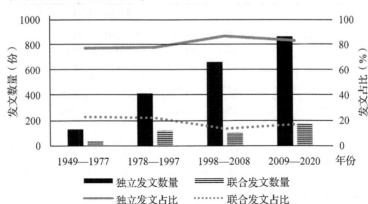

图 4-1　1949—2020 年各阶段单独发文和联合发文情况与变化趋势

4.1.1　独立发文主体分析

从表 4-2 可以看出，共有 29 个机构独立发布林业政策，发文数量达 2067 份，占研究样本总量的 82.85%。其中第一阶段 10 个机构独立发布政策文件 129 份；第二阶段 18 个机构独立发布政策文件 413 份，发文数量较第一阶段增长 220.16%；第三阶段 12 个机构独立发文 660 份，发文数量较第二阶段增长 59.81%；第四阶段 11 个机构独立发文 865 份，发文数量较第三阶段增长 31.06%。可以看出，独立发布的林业政策数量呈不断上升的趋势，且上升幅度在逐渐变小。政策发布主体的个数在第二阶段达到峰值，其余 3 个阶段政策发布主体的个数基本持平；这一定程度上与该时期属于中国特色社会主义制度构建初期，顶层设计稳定性不足有关。1978—1998 年，针对部门职能交叉、协调困难等问题，我国先后进行了四次较大规模的政府机构改革，对政府部门进行了精简和整合，逐步建立了适应市场经济发展需要的行政机制(伍美玉，2013)。

由国家林业行政主管部门、国务院、全国人民代表大会和全国绿化委员会[①]独立发布林业政策的数量占独立发文样本总量的 95.31%。并且与其他部门相比，这些部门发文具有连续性。国家林业行政主管部门、国务院和全国人民代表大会在 4 个阶段均有独立发文，全国绿化委员会则在其成立后的 3 个阶段均有独立发文。

---

① 为加强对全民义务植树运动的组织领导，1982 年 2 月国务院决定成立中央绿化委员会，1988 年改称全国绿化委员会。作为国务院设立的专门行政机构，全国绿化委员会具有法定的行政管理职能。其常设办事机构为全国绿化委员会办公室，设在国务院林业行政主管部门。

表 4-2 1949—2020 年各阶段独立发文主体构成及其发文数量①

发布主体及发文数量	发文阶段划分				合计	占比(%)
	第一阶段（1949—1977年）	第二阶段（1978—1997年）	第三阶段（1998—2008）	第四阶段（2009—2020）		
发文主体(个)	10	18	12	11		
发文总量(份)	129	413	660	865	2067	100
其中：						
国家林业和草原局	58	321	566	793	1738	84.08
国务院	34	49	47	29	159	7.69
全国人民代表大会	6	20	9	13	48	2.32
全国绿化委员会	—	1	12	12	25	1.21
中共中央	11	0	1	4	16	0.77
财政部	0	4	8	3	15	0.73
国家濒危物种进出口管理办公室	—	—	10	5	15	0.73
农业农村部	7	2	1	0	10	0.48
农林部②	8	0	—	—	8	0.39
国家发展和改革委员会	0	2	1	3	6	0.29
民政部	0	2	1	0	3	0.15
最高人民法院	0	0	3	0	3	0.15
中国人民政治协商会议全国委员会	1	0	1	0	2	0.10
华东军政委员会	2	—	—	—	2	0.10
国家工商行政管理局	0	2	0	0	2	0.10
国家税务总局	0	2	0	0	2	0.10
西北军政委员会	1	—	—	—	1	<0.05
人民革命军事委员会	1	—	—	—	1	<0.05
公安部	0	1	0	0	1	<0.05
交通部	0	1	0	0	1	<0.05
物资部	—	1	—	—	1	<0.05

① 本表中对更改名称的机构进行合并统计，合并方式同表 4-1。表中"—"表示某一发文机构在该阶段不存在。

② 1970 年 6 月 22 日，中共中央决定撤销农业部、林业部和水产部，设农林部；1979 年 2 月 23 日，第五届全国人大常委会决定撤销农林部，分设农业部和林业部。由于该部门不宜与农业部或林业部合并，故单独列出。

(续)

发布主体及发文数量	发文阶段划分				合计	占比(%)
	第一阶段(1949—1977年)	第二阶段(1978—1997年)	第三阶段(1998—2008年)	第四阶段(2009—2020)		
国土资源部	—	—	0	1	1	<0.05
国家城市建设总局	—	1	—	—	1	<0.05
建设部	—	1	0	—	1	<0.05
最高人民检察院	0	1	0	0	1	<0.05
中央军事委员会	0	1	0	0	1	<0.05
中国工商银行	—	1	0	0	1	<0.05
中国农业银行	0	0	0	1	1	<0.05
全国林业信息化工作领导小组	—	—	—	1	1	<0.05

4.1.2 联合发文主体分析

由2个及以上的机构联合发文的政策数量达428份，占研究样本总量的17.15%。其中，由2个主体联合发布的政策数量最多，占联合发文样本总量的71.73%；其次是3个主体联合发布政策，其数量占联合发文样本总量的12.38%；4个和5个主体联合发布的政策数量分别占联合发文样本总量的7.01%和3.97%；由6个及以上主体联合发布的政策数量占联合发文样本总量的4.91%；最多的情况下有17个主体联合发布一项林业政策(表4-3)。可见，单个政策联合发布主体的个数与发文数量基本成反比，即联合发布主体的个数越多，该类发文数量越少，这在一定程度上是由政策主题内容的复杂性以及跨主体联合发文的"交易成本"所决定的(卓越，2008)。

表4-3 1949—2020年单个政策联合发布主体个数及其发文占比情况

单个政策联合发文主体个数(个)	发文数量(份)	占比(%)	单个政策联合发文主体个数(个)	发文数量(份)	占比(%)
2	307	71.73	9	2	0.47
3	53	12.38	10	1	0.23
4	30	7.01	11	1	0.23
5	17	3.97	12	2	0.47
6	4	0.94	14	1	0.23
7	5	1.17	17	1	0.23
8	4	0.94	合计	428	100

4.2 林业政策发布主体合作网络演化分析

本节在政策文本数据挖掘的基础上,首先采用文献计量法分析林业政策发布主体单独及联合发文情况及其时间演化规律。然后,进一步运用社会网络分析法分析林业政策发布主体之间的合作关系网络结构特征、核心—边缘特征以及主体角色演化规律。具体而言,社会网络是指社会行动者及其间关系的集合(李亮等,2008)。作为一种流行的社会科学量化研究方法,社会网络分析即对社会行动者之间的关系进行量化研究,研究行动者之间以及行动者与环境之间的关系,或者直接将关系本身作为研究对象(张存刚 等,2004)。其中,合作网络图的绘制通过 Ucinet6 软件实现,这是由美国加州大学欧文分校开发的一款主流社会网络分析软件(Borgatti et al.,2002)。

4.2.1 分阶段合作网络结构特征分析

合作网络的结构特征主要体现在网络规模和网络密度两个方面:网络规模指各阶段参与林业政策联合发布的主体个数,网络密度是网络中各个发布主体之间的实际关系数量与理论上最多可能存在的关系数量之间的比率(刘军,2009),反映了发布主体之间关系的紧密程度。网络密度的计算公式为:

$$网络密度 = \frac{I}{n(n-1)/2}$$

式中,I 为网络中实际存在的关系数量,n 为网络中的节点个数。

一般来说,实际存在的关系数量总是小于理论上最多可能存在的关系数量,因此网络密度的取值区间为[0,1],取值越接近1,表明网络中发布主体之间的关系越紧密,反之则越疏远。表4-4反映了各阶段合作网络的结构特征,图4-3至图4-6则进一步呈现了各阶段联合发文主体的合作网络图。网络中的节点为政策发布主体,节点面积越大表示与该主体一起联合发文的主体数量越多,即该主体与其他主体建立联系的能力越强,在网络中的影响力越大。节点之间的连线反映了政策发布主体之间的联合发文关系,连线越粗表示政策主体联合发文的次数越多。

表4-4 联合发文主体合作网络结构特征

阶段	1949—1977 年	1978—1997 年	1998—2008 年	2009—2020 年
联合发文数量	38	117	100	173
网络规模	28	63	52	53
网络密度	0.197	0.177	0.351	0.543
网络密度均方差	0.731	1.005	1.471	2.380

(1) 第一阶段（1949—1977年）

1949—1977年，新中国成立至党的十一届三中全会前夕，中国社会主义建设均处于起步阶段，联合发文数量和参与林业政策制定的主体均较少。这一阶段共联合发布林业政策文件38份，涉及28个主体。表4-4显示，第一阶段合作网络的网络密度为0.197，说明整体网络结构松散，政策发布主体之间联系不紧密；均方差为0.731，说明网络离散程度较高。但网络中存在局部"聚集"现象，即部分政策发布主体之间的合作紧密度明显高于整体网络。这主要是由于早期林业以木材生产为主，林业管理和政策制定主要集中在与林业相关的行政管理部门。

从图4-2可以看出，林业部是与其他主体合作最多的政策发布主体，在合作网络中的影响力最大。大多数政策发布主体仅与1~2个主体存在合作关系，且联合发文的次数很少。整个网络呈现以林业部为核心的松散态势。在整个网络中，林业部和财政部之间的联系最为紧密，二者共同发布8份林业政策文件，内容涉及育林基金的征收与使用管理、林业资金使用管理、造林补助费使用以及无息贷款等。

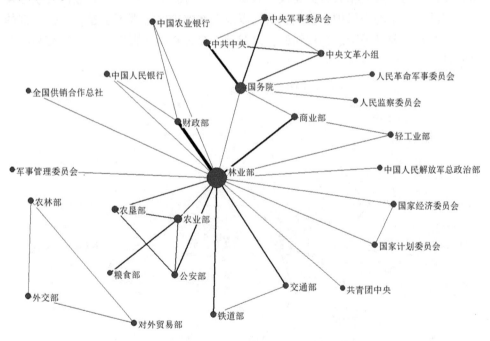

图4-2　1949—1977年联合发文主体合作网络图

(2) 第二阶段（1978—1997年）

1978—1997年，随着改革开放后顶层设计的较大调整、中国经济发展开始加速，以及林业发展的正外部性逐渐得到认可，大量机构开始参与林业政策的制定以加快林业发展。政策发布主体个数扩大至 63 个，较第一阶段增加 125%。联合发文数量较第一阶段增加 207.9%，达 117 份。然而网络密度较第一阶段下降至 0.177，均方差则上升至 1.005。由于大部分政策发布主体刚刚参与到林业政策的制定中来，主体之间还未建立稳定良好的合作关系，整体网络结构依然松散，而网络中局部"聚集"的联系较第一阶段更为紧密。

从图 4-3 可以看出，林业部依然在网络中处于中心地位，与其联合发文的机构达 58 个，占该阶段网络规模的 92.1%，说明绝大多数政策主体与林业部之间存在联合发文的关系。该阶段的合作网络呈现出以林业部为核心，财政部、国家工商行政管理局、国家计划委员会、农业部、公安部等机构为重要节点的松散态势。在整个网络中，林业部和财政部之间的联系依然最为紧密，二者共同发布林业政策文件 26 份，内容主要涉及林业资金使用管理、林业相关费用收取以及贴息贷款等方面。而与国家工商管理局的联合发文主要涉及组织监督管理林产品市场、监督查处野生动物非法交易等主题；与国家计划委员会的联合发文主要涉及木材生产计划、林业相关保护建设费收费、林地管理等主题；与农业部的联合发文主要涉及野生动物保护、病虫害防治以及自然保护区管理等主题；与公安部的联合发文则主要是关于山林权纠纷，以及破坏森林资源、野生动物非法交易等森林案件。

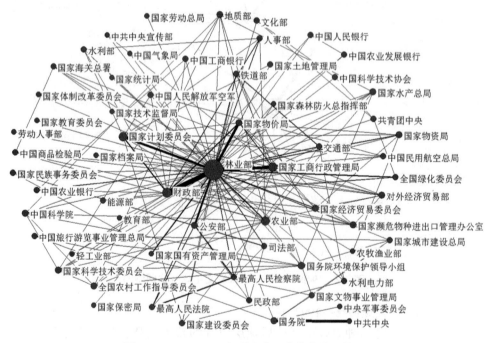

图 4-3　1978—1997 年联合发文主体合作网络图

(3) 第三阶段（1998—2008 年）

1998—2008 年，我国林业发展战略逐渐由以木材生产为主向生态建设优先转变。这一阶段联合发文数量和政策发布主体个数较上一阶段均有所下降，52 个主体共联合发布林业政策文件 100 份。需要指出的是，第二阶段的时间跨度为 20 年，而第三阶段的时间跨度为 11 年。从年均发文量来看，第三阶段年均联合发文 9.1 件，高于第二阶段的年均联合发文数量 5.9 件。第三阶段的网络密度为 0.351，几乎是第二阶段的 2 倍，均方差较第二阶段也有所增加，达到 1.471。经过几次大规模的政府机构改革，政府部门职能重叠和交叉的问题得到有效改善，政策发布主体之间的协调成本降低，合作紧密度大幅提升。该阶段的网络结构逐渐由松散向均衡过渡，并且网络中局部"聚集"的联系在进一步加强。此外，1998 年林业部改为国家林业局，行政级别从部级降至副部级；同年，国务院对国家林业局的部分职能进行了下放或取消，并将其主要职责转向森林生态环境建设、森林资源保护、国土绿化等方面①，业务范围更加聚焦。这使得与国家林业局联合发文的机构由前一阶段的 58 个减少至 48 个。虽然国家林业局在网络中的影响力因此有所下降，但其中心地位依然不变，见图 4-4。整个网络呈现以国家林业局、

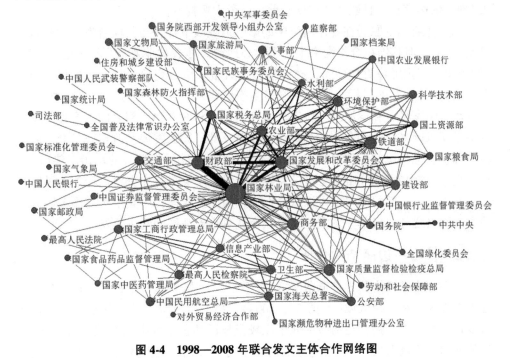

图 4-4 1998—2008 年联合发文主体合作网络图

---

① 见国务院于 1998 年 6 月 23 日颁布的《国家林业局职能配置内设机构和人员编制规定》，发文号：国办发[1998]81 号。

财政部、国家发展和改革委员会、农业部等机构为中心的"中心—边缘"态势。在该阶段，国家林业局和财政部共同发布林业政策文件34件，依然是整个网络中联系最为密切的2个节点。这与该阶段中央对林业部门的财政支持密切相关，特别是从1998年起国家陆续实施林业重点生态工程，我国林业发展进入高投入政策支持时期（张壮 等，2018），1998—2008年期间林业投资完成总额为4295.72亿元，是1950—1997年734.29亿元的5.8倍，其中国家投资完成额为2936.61亿元，是1950—1997年333.69亿元的8.8倍。

(4) 第四阶段（2009—2020年）

2009—2020年，该阶段是我国林业发展进入以生态建设为主的新阶段，联合发文数量较前一阶段增加73%，达到173份。政策发布主体数量基本与前一阶段持平，为53个。同时，网络密度和均方差也有所提升，分别达到0.543和2.380。经过2013和2018年再次大部制改革，进一步转变职能和理顺职责关系，各部门职能交叉减少，职责越来越明晰，政府交易成本有效降低，参与林业政策联合发布的主体开始稳定下来。主体之间经过前几个阶段的协作，进一步建立了良好的合作关系（Ganesan，1994），联系紧密度越来越高。此外，网络中局部"聚集"现象依然存在，且联系紧密度较前一阶段大幅提升。

国家林业和草原局在合作网络中的影响力继续下降，与其联合发文的机构下降至47个，但其仍在合作网络中处于中心地位。随着林业发展"十三五"规划将"国土生态安全屏障更加稳固，林业生态公共服务更趋完善，林业民生保障更为有力"设为林业发展目标，林业发展与生态建设和民生发展的结合越来越紧密，这推动了国家林业和草原局与生态环境部、住房和城乡建设部之间的合作。整个网络呈现以国家林业和草原局为核心，以财政部、国家发展和改革委员会、农业农村部、生态环境部、住房和城乡建设部、水利部等局部核心的均衡态势（图4-5）。此外，2012年颁布的《党政机关公文处理工作条例》（中办法[2012]14号）规定，同级机关、部门或单位可以联合发文，因而该阶段，中共中央与国务院开始独立于网络之外，仅单独发文或二者联合就更为宏观层面的主题发文。

4.2.2 核心—边缘结构分析

核心—边缘结构分析是根据网络中各节点之间联系的紧密程度，将网络节点分为核心区域和边缘区域（李亮 等，2008），核心区域节点的合作能力和合作紧密度较边缘节点更强，在网络中处于比较重要的地位。根据关系数据的类型（定类数据和定比数据），核心—边缘结构有不同的形式。定类数据可以构建离散的核心—边缘模型；定比数据可以构建连续的核心—边缘模型（刘军，2004）。本章在对数据进行二值化处理后，采用了离散的核心—边缘模型，该模型又分为核

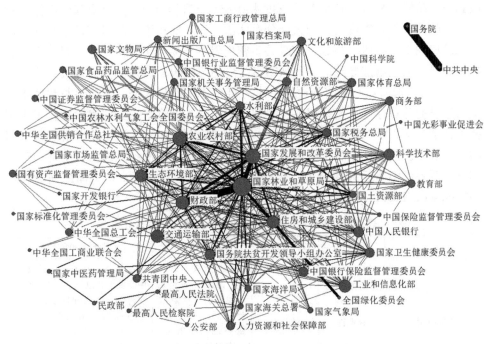

图 4-5　2009—2020 年联合发布主体合作网络图

心—边缘全关联模型、核心—边缘局部关联模型、核心—边缘无关联模型和核心—边缘关系缺失模型。从政策发布主体之间的关系来看,本研究更适合核心—边缘局部关联模型,即核心与边缘存在一定数目的关系。根据刘军(2004)的研究,当设定的理想模型中核心到边缘的密度值为 0.6 时,理想模型与实际数据之间的相关系数达到最大,即模型拟合程度最高。因此,本文在软件参数设定时,设置理想模型中核心到边缘的密度值为 0.6。

通过 Ucinet 软件的 Core/Periphery 功能分析得出各阶段合作网络核心主体及相关测度指标,如表 4-5 所示。可以看出,4 个阶段中,置换后的理想模型与实际数据之间的相关系数最大为 0.536,最小为 0.443,说明理想模型与实际数据之间的关系比较紧密,该分析结果在一定程度上反映了各阶段政策网络主体之间的核心—边缘关系。

从核心主体来看,国家林业行政主管部门一直是网络的核心主体。在第一、二阶段,核心主体仅为林业部,到第三、四阶段,核心主体的数量分别增至 10 个和 12 个,第三、四阶段的核心关系密度均为 1,说明各核心主体之间均存在合作关系。而 4 个阶段的边缘关系密度均非常小,说明相较于边缘区域内的合作,边缘主体更倾向于与核心主体合作。进一步从核心—边缘的关系来看,从第一阶段到第二阶段,核心—边缘关系密度由 0.654 上升至 0.935,说明其他主体与林业部之间的合作紧密度高,绝大部分主体都与林业部在第二阶段开展了合作。从第二阶段到第三阶段,核心—边缘关系密度剧烈下降至 0.298,这主要是由核心主体数量的大幅增加导致的。而从第三阶段到第四阶段,核心—边缘关系密度上升至 0.425,说明核心主体与边缘主体之间的合作逐渐紧密;该趋势与我国生态文明建设的总目标任务密切相关,特别是党的十八大将生态文明建设纳入了中国特色社会主义事业"五位一体"的总体布局,推进生态文明建设成为政府各部门的一致目标;同时,生态文明建设是一个复杂的系统工程,无法由一个部门独立完成,需要许多部门共同努力。这些因素共同促进了政策发布主体之间的合作(Thompson,1967;王清,2018)。

表 4-5　1949—2020 年各阶段合作网络核心主体分布

阶段	1949—1977 年	1978—1997 年	1998—2008 年	2009—2020 年
核心主体	林业部	林业部	国家林业局、财政部、国家发展和改革委员会、国家税务总局、农业部、商务部、铁道部、环境保护部、国家质量监督检验检疫总局、建设部	国家林业和草原局、财政部、国家发展和改革委员会、农业农村部、住房和城乡建设部、生态环境部、国务院扶贫开发领导小组办公室、科学技术部、中国人民银行、交通运输部、工业和信息化部、中国银行保险监督管理委员会
核心关系密度①	—	—	1.000	1.000
边缘关系密度②	0.0065	0.0062	0.066	0.085
核心—边缘关系密度③	0.654	0.935	0.298	0.425
置换后的相关系数	0.497	0.536	0.443	0.515

4.3　林业政策发布主体角色演化分析

本节通过绘制政策发布主体合作"广度—深度"二维矩阵图,分析政策发布主体在网络中角色的演化特征,如图 4-6 所示。其中,横轴为合作广度,即与某一政策发布主体合作的部门个数;纵轴为合作强度,即某一政策发布主体的联合发文数量与合作广度的比值。首先对各阶段联合发布主体进行统计,然后以各阶

---

① 核心主体之间的关系密度,反映核心主体间的联系紧密程度。
② 除核心主体以外的其他主体之间的关系密度,反映其他主体之间的联系紧密程度。
③ 核心主体与其他主体之间的关系密度,反映核心主题和其他主体之间的联系紧密程度。

段合作广度和强度的中位数作为原点坐标①，调整各个主体在坐标轴中的位置。

根据政策发布主体在坐标轴中的位置，将其在网络中的角色划分为4个类型：位于第一象限的是高广度—高强度型(HH)主体，这类主体与其他部门合作广泛，且合作持续性较高，是林业政策联合发布中的主导者；位于第二象限的是低广度—高强度型(LH)主体，其合作主体单一，但合作持续性较高，辅助林业政策联合发布；位于第三象限的是低广度—低强度型(LL)主体，这类主体不仅合作主体单一，且合作持续性较低，是网络中的边缘节点；位于第四象限的是高广度—低强度型(HL)主体，其合作主体广泛，但合作持续性较低，在林业政策发布主体的合作中起辅助作用。

1949—1977年，我国林业发展处于起步阶段，造林绿化、木材生产、护林防火以及野生动物保护是林业政策的主要涉及内容。这一阶段，林业部、国务院、中共中央、财政部、公安部、商业部和农业部7个部门处于第一象限(图4-6)，这些部门与其他主体合作广泛，且合作频率较高，是林业政策联合发布中的主导者。从整体来看，各个政策发布主体的合作广度和合作强度均较低，说明该阶段政策发布主体之间合作单一，且合作持续性不高。

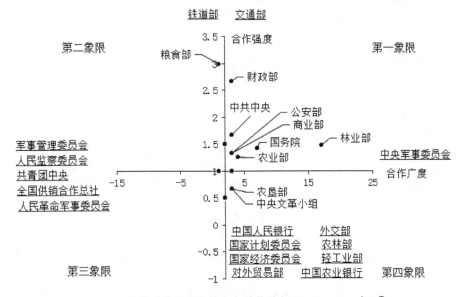

图4-6 林业政策发布主体角色演化分析(1949—1977年)②

---

① 由于数据中存在极端值，数据方差较大，故此处未用均值作为原点，而用中位数作为原点。

② 由于图中涉及部门众多，故仅标注了比较重要的部门在坐标轴中的准确位置，对其他部门仅将其名称归入其所在象限内。部门名称位于图中左、右两侧并带有下划线，表明该部门正好位于坐标轴中的X轴上；部门名称位于图中上、下两侧并带有下划线，表明该部门正好位于坐标轴中的Y轴上。下同。

1978—1997年，党和国家的工作重心转移到经济建设上来，国家经济体制由计划经济向社会主义市场经济转变。林业部、财政部、公安部和国务院依然处于第一象限，国家计划委员会从第三、四象限的交界处转移至第一象限。此外，该阶段新加入的国家物价局和国家工商行政管理局也处于第一象限。这说明，组织实施国民经济和社会发展规划，负责市场监督管理的政策部门是影响政策发布主体合作网络运行的关键节点。中共中央从第一象限转移至第二象限，成为合作深度最高的部门，从这一阶段开始中共中央只与国务院进行联合发文。从图4-7可以看出，该阶段处于第二、第三阶段的发布主体明显增多，可见随着改革开放的不断推进，我国林业政策发布主体呈现广泛化、复杂化的态势。

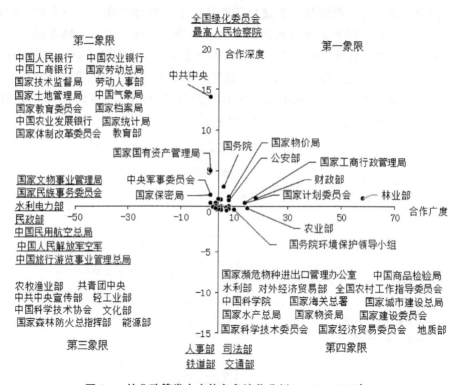

图 4-7　林业政策发布主体角色演化分析（1978—1997年）

1998—2008年，政府对林业发展战略做了根本性调整，林业发展的重点转向生态建设。国家林业局、财政部、国家发展和改革委员会依然处于第一象限（图 4-8）。其中，国家林业局的合作广度和深度均有所下降，而财政部的合作广度和深度均有所上升，说明财政部的核心地位日益加强。这种变化趋势在一定程度上体现了国家对林业生态建设的重视程度，以及我国林业投资的变化。1998年后，国家逐渐认识到林业在生态建设中的重要作用，相继启动了林业重点生态工程，国家财政对林业的投资开始大幅增加，尤其是在1998—2002年林业重点生态工程启动初期，国家财政林业投资同比增幅最高超过90%（国家林业和草原局，2019）。此外，农业部从第四象限转移至第一象限，其合作持续性有所提高。从整体来看，政策发布主体的位置较上一阶段有向右移动的趋势，且位于X轴以下的主体个数较上一阶段有所增加，说明政策发布主体之间的合作较上一阶段广泛，但合作持续性有所下降。

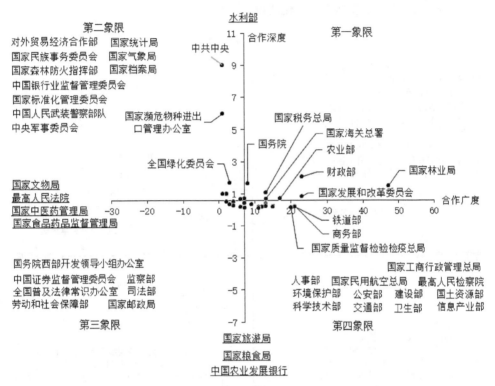

图4-8　林业政策发布主体角色演化分析（1998—2008年）

2009—2020年，我国进入生态文明建设新时期。这一阶段，第一象限的主体个数由前3个阶段的7个增加至8个（图4-9）。国家林业和草原局合作深度显著提升，加强了其网络核心的地位。国务院从第一象限转移至第二象限，从该阶段开始，国务院和中共中央脱离网络，仅二者之间建立合作关系，且二者的合作深度很高。这一阶段，林业系统大力发展生态林业、民生林业。作为这一阶段林业政策的重点，国有林场/林区改革强调了富余职工安置、职工社会保障以及国有林区棚户区改造。故此，水利部、住房和城乡建设部、人力资源和社会保障部分别从第三阶段图4-8中的一、二象限交界处，二、三象限交界处，以及第三象限转移至第四阶段图4-9中的第一象限。生态环境部、科学技术部和中国人民银行等机构处于第四象限的边缘位置,在向第一象限趋近。自然资源部于2018年成立,时间较短,其合作持续性不高,但合作主体广泛。这一方面说明随着我国进入生态文明建设新时期,国家林业行政主管部门开始与其他部门统筹协调,共同推动生态文明建设;另一方面说明住房和城乡建设部、人力资源和社会保障部、科学技术部等部门以主导者或协调者身份,与国家林业行政主管部门一起不断完善林业政策,推进林业现代化建设。

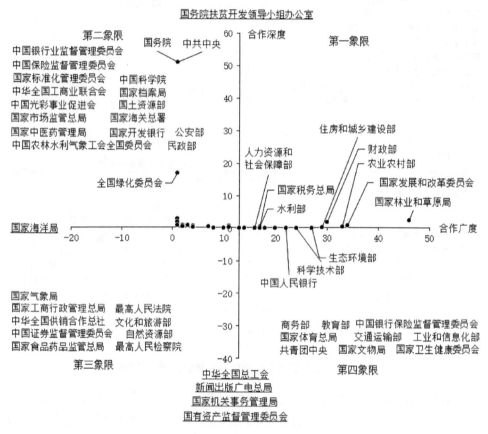

图4-9 林业政策发布主体角色演化分析(2009—2020年)

4.4 小结

本章运用社会网络分析方法,绘制了政策发布主体合作网络图以及合作"广度—深度"二维矩阵图,对我国林业政策发布主体及其合作网络演化进行了量化分析。从联合发文和独立发文形式来看，国家林业行政主管部门、国务院、全国人民代表大会和全国绿化委员会是独立发文的主要部门，且这些部门的发文连续性更强。参与联合发文的主体个数在顶层设计改革时期呈现较大变动，随后趋于稳定。具体而言，国家林业行政主管部门、财政部、国家发展和改革委员会、国家农业行政主管部门是林业政策联合发布的重要主导者；中共中央和国务院在初期同为林业政策联合发布的主导者，随着时间推移逐渐转变为独立发布者，体现出政策"指导者"角色。这说明，中共中央和国务院对林业发展逐渐具有更高层面的宏观指导作用；国家林业行政主管部门、国务院，全国人民代表大会和全国绿化委员会对林业发展的宏观调控独立性强、关注持续度高；财政部、国家发展改革委员会与国家农业行政主管部门则在林业财政扶持和规划管理中具有独特而不可或缺的作用；而其他联合发文参与部门则与国家顶层设计变革、林业不同时期发展定位高度相关。

从林业政策发布主体合作网络演化来看，网络整体从以国家林业行政主管部门为核心的松散态势向以国家林业行政主管部门为网络核心、多部门局部核心均衡的态势演化。这说明，近些年来，国家林业行政主管部门主导、多部门协同推进，成为推动林业发展进而促进生态文明建设的主要形式。此外，网络中各主体之间的合作深度逐渐下降，这是由于参与林业政策发布的合作主体的数量不断增加，合作越来越广泛。这也表明，经过几次大规模的机构改革，政府部门的职责逐渐明晰，部门之间经过持续合作加深了互信与共识，协调成本逐渐降低。同时也反映出，在林业发展外部性愈发凸显，生态环境问题日益复杂的形势下，部门之间相互依赖、协同合作运用资源是当前解决生态环境问题、推进生态文明建设的有效方式。

实践表明，过去 70 年特别是近 40 年来，中国林业发展取得了巨大成就，作为调控林业发展的"看得见的手"，林业改革及政策决策与实施发挥着关键性作用(Zhang，2019；Hyde et al.，2019)。1949—2018 年，森林资源持续增长，森林覆盖率从 8.9% 增长至 22.96%，单位面积蓄积量从 78.55 立方米/公顷增长至 94.83 立方米/公顷(林业专业知识服务系统，2019)；林业生态建设取得显著成效，已建立各级各类自然保护地达 1.18 万处(中国林业网，2019a)，荒漠化土地和沙化土地面积由 20 世纪末年均扩展 1.04 万公顷和 3436 公顷转变为目前的年均缩减 2424 公顷和 1980 公顷(中国林业网，2019b)；林业产业快速发展，林业产业总产值由 1998 年的 0.273 万亿元增至 2018 年的 7.63 万亿元(国家林业局，1999；国家林业和草原局，2019)。美国航天局卫星数据表明，全球从 2000—2017 年新增的绿化面积中，约 1/4 来自中国，中国贡献比例居全球首位(Chen et al.，2019)。随着生态文明建设纳入"五位一体"顶层设计，林业发展愈益成为事关社会发展全局的核心议题。从现有演化趋势来看，未来中国林业发展仍将继续坚持中共中央和国务院的宏观指导，发挥国家林业行政主管部门的主力军作用，保持全国人大、全国绿化委员会对林业问题的持续关注，同时积极协同财政部、国家发展和改革委员会、国家农业行政主管部门等以获取关键支持，广泛联系其他相关部门以最大程度形成林业发展"合力"，推动我国林业高质量发展。

第 5 章 林业政策主题领域演化分析

政策主题词能够表征政策的核心内容。通过分析主题词之间的聚类关系，可以将主题词划分为多个领域，并找出该领域的主要关注点，反映出某阶段国家对某些问题的重视程度。本章以 1949—2020 年国家层面发布的有政策原文或摘要的 1954 份林业政策文件为研究样本，运用政策文献量化研究方法，通过 CiteSpace 绘制林业政策主题词的聚类分析图，以展示政府在林业领域的关注重点，并结合政策文本，揭示政策主题领域在不同阶段的侧重点及其发展趋势。

5.1 林业政策主题词聚类分析

根据 1988 年颁布实施的《国家机关公文格式》(GB/T 9704—1988)，政策文件的主题词是用于揭示公文内容，便于公文检索查询的规范化词汇。但自 2012 年起，《党政机关公文格式》(GB/T 9704—2012)将主题词从公文格式中取消。为表征政策文件的主要内容，学者们通常以政策文件文本中出现频率较高的词作为主题词(黄萃 等，2015；杨煜 等，2016；吴宾 等，2017)。另外，也有学者在人工精读政策文件的基础上，通过对政策文本进行编码选取主题词(叶江峰 等，2015；刘瑞 等，2016)。

在传统的高频关键词提取方法中，排在高频词汇表前列的经常是一些无实际意义的词汇，并且很多专有词汇无法被识别出来。而对政策文本进行人工编码选取主题词则将不可避免地受到主观因素的影响，且可能出现疏漏与误差。因此，为了避免提取过程受主观因素干扰，重要词汇和专有词汇被遗漏等问题，本章运用 Python 软件的 Jieba 分词模块和 Textrank 方法并结合人工提取政策文本的主题词。该软件可以构建专业词汇词典和无效关键词词典，从而可以在提取关键词时对政策文本进行清洗，删除无实际意义的词汇，同时避免专业词汇无法被识别，以及主题词提取过程中受到主观因素影响的问题。

具体方法而言，首先，是建立专业词汇词典和无效关键词词典，并进行第一次主题词提取。根据提取结果，逐一对照原文检验是否遗漏无实际意义的词汇，以及是否存在未被识别的专业词汇，从而对词典进行完善。然后，以完善后的词典为基础,提取政策文本的主题词。最后,对提取的主体词中同义异字和意思相近的主题词进行合并。

本章从每份政策文件中提取出 3~5 个主题词,并将分词结果编制成 CiteSpace 可处理的格式,导入 CiteSpace 进行分析。将 Timespan 设置为 1949—2020,Slice Length 设置为 10,Note types 选择 Keywords。得到 1949—2020 年中国林业政策主题词聚类谱图见图 5-1。可以看出,网络共包含了 822 个节点和 689 连线。模块值(Q 值)和平均轮廓值(S 值)分别是评判网络结构和聚类清晰度的评价指标。Q 值的取值区间一般为[0,1],当 Q>0.3 时,表明划分出来的聚类结构是显著的。当 S>0.5 时,一般认为聚类结果是合理的;当 S>0.7 时,聚类结果是令人信服的(陈悦 等,2014)。在本章中,Q=0.8576>0.3,S=0.9408>0.7,说明聚类结果是有效可信的。

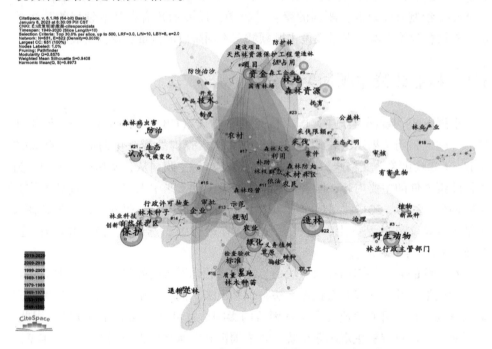

图 5-1 1949—2020 年中国林业政策主题词聚类图谱

在图 5-1 中,每一个节点代表一个政策主题词,两个节点之间的连线表示二者有共现关系。节点字体越大表示主题词出现的频次越高,节点面积越大表示与该主题词共现的词汇个数越多。可以看出,造林、保护、野生动物、林地、森林资源等是整个林业政策发展阶段的重点内容,技术、资金、生态、试点等从第三阶段开始成为重点内容,森林经营、示范、生态文明等从第四阶段开始成为重点内容。

通过聚类，1949—2020 年中国林业政策被划分为#0~24 号，共 25 个群组，在聚类结果的基础上，又将 25 个群组归类为 10 个林业政策主题领域，见表 5-1。中国林业政策的覆盖领域呈现从单一向全面转变的特征。早期林业政策主题仅涉及国土绿化和木材生产，经过逐步发展，目前林业政策主题涉及领域广泛而全面。

表 5-1　1949—2020 年中国林业政策主题词聚类群组

主题领域	主要关键词
国土绿化	造林、绿化、义务植树、林木种子、林木种苗等
森林经营	抚育、木材生产、采伐、试点、补贴、森林资源管理、作业设计等
林业重大工程	三北防护林、防沙治沙、退耕还林、天然林资源保护工程、补助、贴息贷款等
林业改革	林权、集体林、国有林场、国有林区、改造、职工安置等
自然资源保护	野生动物、湿地公园、国家公园、森林公园、自然保护地、疫病等
林业灾害防治	森林防火、森林火灾、森林病虫害、有害生物、整改、事故、应急预案等
林业产业	产业、林产品、经济、开发、利用、农产品等
林业科技与推广	科技、推广、基地、试点、示范、科技成果等
林业标准化与信息化	林业信息化、林业标准化、数据、数据库等
林业应对气候变化	气候变化、节能减排、碳汇、碳汇造林等

5.2　林业政策主题领域演化分析

5.2.1　国土绿化

国土绿化是贯穿林业发展全过程的重要领域。第一阶段为以群众为核心力量的绿化阶段。在新中国成立初期，为保障工业、农业生产，适应建设需要，政府主要实施了绿化荒山、封山育林的政策。1951 年，中共中央华东局在《关于加强林业工作的指示》中明确指出"造林和封山育林必须依靠群众"。

在第一阶段，以发动群众大规模植树造林为重点的造林政策取得明显成效，森林覆盖率从 1949 年前的 8.7% 增长至 1973—1976 年的 12.7%，增幅达 46%。

第二阶段为义务植树和防护林工程并举的绿化阶段。1980 年，中共中央、国务院在《关于大力开展植树造林的指示》提出"依靠社队集体造林为主，积极发展国营造林，并鼓励社员个人植树"的方针，推进大规模植树造林运动。1981 年，为加速实现绿化祖国的宏伟目标，全国人民代表大会在《关于开展全民义务植树的决议》中决定，开展全民性的义务植树运动。1982 年，国务院决定成立中央绿化委员会,后改称全国绿化委员会,负责全民义务植树、全国城乡造林绿化等有关国土绿化和生态建设的工作。在推动群众在造林绿化中发挥重要力量的同时,1978年,在风沙危险和水土流失严重的西北、华北、东北地区启动了三北防护林体系建设工程。林业重点工程的开展加快了绿化祖国的进程,这两项政策很大程度上推动了20世纪80年代初中国造林的高峰(Zhang et al.,2017)。

第三阶段为以林业重点工程为核心力量的绿化阶段。2002年,全国绿化委员会在《关于进一步推进全民义务植树运动加快国土绿化进程的意见》中提出要"以促进可持续发展、提高人居生活环境质量为目标,大力推进全民义务植树运动的开展""构筑以六大林业重点工程为骨架,以城乡绿化一体化为依托,以绿色通道建设为网络的新时期国土绿化的新格局。"虽然政策依然强调深入开展全民义务植树,但随着林业重点工程的陆续启动,森林扩张的主要驱动力从群众转向了林业重点工程(李凌超 等,2018)。到2003年,林业重点工程造林面积占全国造林面积比例达到峰值88%,见图5-2。

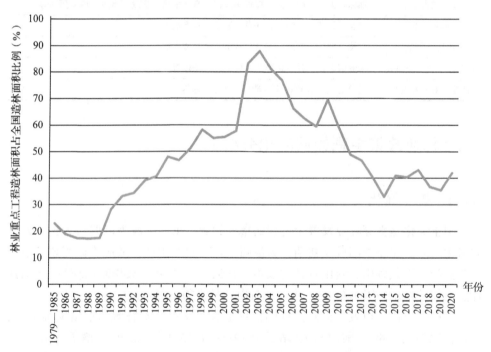

图5-2　1979—2020年林业重点工程造林面积占全国造林面积比例
资料来源:中国林业和草原统计年鉴2018。

大规模的造林运动使得中国森林面积大幅增加,然而造林质量却不甚理想。1949—1978年,全国造林面积累积达到1.04亿公顷,但造林成活率仅为20%

(Wang et al.，2004)。因此，政府对造林质量也提出了要求。1987年，国家更改成林标准，只有造林3年后成活率≥85%的地区才可以计入新造林面积(Zhang，2019)。1993年2月，国务院在《关于进一步加强造林绿化工作的通知》中提出要提高造林绿化质量，优化林种、树种结构，注意乔、灌、草相结合。2001至2003年，国家林业局陆续颁布了《关于造林质量事故行政责任追究制度的规定》《造林质量管理暂行办法》和《营造林质量考核办法(试行)》，以提高造林成效。

第四阶段为数量与质量并重的绿化阶段。国家继续大力推进大规模国土绿化行动，深入实施重点生态工程，各部门绿化协同发力。2011年，《全国造林绿化规划纲要(2011—2020年)》提出"坚持政府主导、部门联动、社会参与、市场推动相结合"的原则，多层次、多形式推进造林绿化。党的十八大以来，习近平总书记高度重视国土绿化工作，提出"绿水青山就是金山银山""人不负青山，青山定不负人""山水林田湖草是生命共同体"等重要论断，强调"统筹山水林田湖草系统治理"，因地制宜深入推进大规模国土绿化行动。2021年，国务院办公厅印发《关于科学绿化的指导意见》，从完善政策机制、健全管理制度、强化科技支撑、加强组织领导等方面，提出了引导和促进科学绿化的政策制度措施。

5.2.2 森林经营

在新中国成立初期，国家林业行政主管部门就指出要在大规模开展造林运动的同时进行抚育工作。1979年，《森林法》规定国营林业局、国营林场，要根据林业长远发展规划，编制森林经营方案。然而，政策在地方执行过程中则重造林轻管护，森林经营方案编制脱离实际，可操作性不强。1973至2008年，中国森林面积从1.2亿公顷增至1.95亿公顷，增幅超60%，但由于长期忽视森林经营，这种扩张是粗放的(Zhang，2019)。中国森林面临林分树种组成和林龄分布不合理；林分单位面积生长量和蓄积量低；林地生产力低下；森林病虫害严重，抵抗自然灾害能力差等问题(刘于鹤 等，2008；吴水荣 等，2015)。这严重影响了森林质量和森林功能的发挥。2004年，为全面推进森林可持续经营工作，提高森林经营管理水平，国家林业局陆续发布《森林经营方案编制与实施纲要(试行)》(2004)、《关于科学编制森林经营方案全面推进森林可持续经营工作的通知》(2007)等文件，森林经营工作越来越得到重视。

2009年，为全面提升森林经营水平，提高森林质量效益，国家林业局发布《关于开展森林经营试点工作的通知》，明确提出当前中国森林经营工作的重点是中幼龄林抚育和低效林改造。随后，国家启动中央财政造林补贴、森林抚育补贴、林木良种补贴试点工作，正式建立了森林经营补贴制度。在第四阶段，该主题领域得到全面发展。国家林业局造林司专门设立了森林经营管理处，成立了国家林业局森林抚育经营工作领导小组（吴秀丽 等，2013）。国家相继出台了森林经营方案制度落实、森林经营技术模式探索、全国森林经营样板基地建设、森林经营人才队伍建设等一系列配套政策。2016年，国家林业局印发了《全国森林经营规划（2016—2050年）》，确立了多功能森林经营理论为指导的经营思想，树立了全周期森林经营理念，明确了培育健康稳定优质高效森林生态系统的核心目标，阐明了与"两个一百年"奋斗目标相衔接的未来35年全国森林经营的基本要求、目标任务、战略布局和保障措施，科学推进森林经营，精准提升森林质量。2019年，国家林业和草原局发布《关于全面加强森林经营工作的意见》，提出要坚持"生态优先、分类经营、政府主导和规划引领"的基本原则，力争到2025年，初步形成森林经营方案制度框架，到2035年，形成完备的森林经营方案制度体系。针对森林经营工作在政策、技术、规程、模式等方面存在的问题和挑战，2020年启动了全国森林经营试点示范单位建设，组织和引导不同所有制形式、不同区域和不同森林类型的单位，开展较大范围森林经营试点示范，逐步总结符合新时期林业发展要求的森林经营管理新机制和新方法，以全面推进全国森林经营工作。

作为森林经营的重要内容之一，木材生产也经历了显著的演进历程。第一阶段国家主要强调木材合理采伐，并实行采育结合的方针。1960年，林业部在《关于机关、团体、企业等部门以及林区居民采伐国有林的几项规定》中明确规定，采伐部门须在采伐前3个月提出申请采伐计划，领取国有林采伐许可证。在第二阶段，随着国家经济体制由计划经济转向社会主义市场经济，政府在使用采伐限额制度等行政手段的同时，开始探索通过开放木材市场等市场手段调控木材生产。第三阶段延续了森林采伐限额制度。同时，在遏制生态环境恶化的任务迫在眉睫，而经济和人口增长推动林产品需求，从而给森林资源带来巨大压力的背景下，国家对森林采伐管理政策进行了调整和改革。2002—2003年，国家林业局相继发布了《关于调整人工用材林采伐管理政策的通知》和《关于严格天然林采伐管理的通知》，明确提出要加快由采伐利用天然林向采伐利用人工林的转变，目的是通过封山和禁止伐木，以实现森林自然再生，恢复天然林生态系统，充分发挥其生态和生产功能。这一政策趋势一直延续到第四阶段，2015年全面停止东北、内蒙古重点国有林区商业性采伐，与此同时在全国范围全面启动运行全国林木采伐管理系统，以提高森林资源监管效能和林业信息化管理水平，促进林木采伐管理进一步公开、透明、规范与高效。为创新林木采伐管理机制，2019年国家林业和草原局开展深入推进林木采伐"放管服"改革，强化便民服务举措，提高采伐审批效能，依法保护和合理利用森林资源。2019年修订的《森林法》明确规定，国家严格控制森林年采伐量，对公益林只能进行抚育、更新和低质低效林改造性质的采伐；对商品林应当根据不同情况，采取不同采伐方式，严格控制皆伐面积，伐育同步规划实施，对自然保护区的林木，禁止采伐。

5.2.3 林业重大工程

1998 年的洪水灾害使国家意识到了破坏生态环境会给经济建设和人民生活带来的严重危害。国家于 1998—2002 年相继启动了天然林资源保护工程、京津风沙源治理工程和退耕还林工程，以保护、培育和发展森林资源，改善生态环境。由于国民经济的蓬勃发展、"分税制"改革中央财政的进一步充实以及国家对生态建设的重视，国家财政对林业的投资开始大幅增加，尤其是在 1998—2002 年工程启动初期，国家财政林业投资同比增幅最高超过 90%。

天然林资源保护和退耕还林还草主题领域均出现于 1998 年以后，且二者的政策重点也都在于制度建设。在天然林资源保护方面，国家先后出台了《重点地区天然林资源保护工程建设项目管理办法（试行）》（1999）、《天然林保护工程财政资金管理规定》（2000）、《天然林资源保护工程管理办法》（2001）、《天然林资源保护工程森林管护管理办法》（2004）、《天然林资源保护工程档案管理办法》（2006）等部门规章。此外，针对天然林保护工程区森工企业职工困难问题，2006 年 6 月，国家林业局和财政部联合发布《关于做好森工企业职工"四险"补助和混岗职工安置等工作的通知》，明确提出要在天然林保护工程实施期间，对森工企业职工参加医疗、失业、工伤、生育四项基本保险，以及混岗职工和进入再就业中心协议期满下岗职工安置给予补助，妥善解决企业富余人员分流安置与企业职工基本养老保险社会统筹等问题。随着天保工程的实施，长江中上游、黄河中上游、东北、内蒙古等重点天保工程区全面停止天然林商业性采伐，我国天然林得以休养生息和恢复发展，长期过量消耗森林资源的势头得到有效遏制，森林生态系统逐步稳定。2019 年《天然林保护修复制度方案》出台，要求建立天然林保护修复法律制度体系、政策保障体系、技术标准体系和监督评价体系，并致力于到 21 世纪中叶，全面建成以天然林为主体的健康稳定、布局合理、功能完备的森林生态系统，满足人民群众对优质生态产品、优美生态环境和丰富林产品的需求，为建设社会主义现代化强国打下坚实生态基础。

在退耕还林还草方面，国家先后颁布了《退耕还林工程建设检查验收办法》（2001）、《退耕还林还草工程建设种苗管理办法（试行）》（2001）、《退耕还林工程现金补助资金管理办法》（2002）、《退耕还林条例》（2002）、《退耕还林工程建设监理规定（试行）》（2003）等行政法规和部门规章。2004 年开始，退耕还林政策有了重大调整，国家林业局于 2004 年 8 月发布《关于进一步做好退耕还林成果巩固工作的通知》，明确指出要将退耕还林工程的工作重点从扩大规模转为成果巩固。此外,由于地方政府将补贴视为发展的潜在福利,竞相争取造林配额,经常在计划批准前就开展了大面积造林(Zinda et al.,2017);同时,用于补贴的粮食盈余减少,引起了人们对补贴的可持续性和粮食安全的担忧(Xu et al.,2006)。2004年4月,国务院办公厅发布《关于完善退耕还林粮食补助办法的通知》,提出自2004年起原则上将对退耕还林户的补助由粮食实物改为现金。2007年8月,国务院在《关于完善退耕还林政策的通知》明确提出了确保退耕还林成果切实得到巩固和确保退耕农户长远生计得到有效解决两大目标任务,并延长了对退耕农户的补助期限。自此,退耕还林政策的重点从遏制生态环境恶化转向农村发展和减轻贫困(Zinda et al.,2017)。2014年8月,国家颁布了《新一轮退耕还林还草总体方案》,继续实施退耕还林还草补助政策及相关配套政策,对退耕后营造的林木,凡符合国家和地方公益林区划界定标准的,分别纳入中央和地方财政森林生态效益补偿;牧区退耕还草明确草地权属的,纳入草原生态保护补助奖励机制,在不破坏植被、造成新的水土流失前提下,允许退耕还林农民发展林下经济,以耕促抚、以耕促管;鼓励个人兴办家庭林场,实行多种经营;发展特色产业、增加退耕户收入,巩固退耕还林还草成果。

在防沙治沙方面,为防止土地沙化,治理沙漠化土地,合理开发利用沙区资源,1991年,全国绿化委员会和林业部发布《关于治沙工作若干政策措施的意见》。在资金方面,提出要以群众投工投劳为主、国家扶持为辅,于1992年开始启动治沙贴息贷款政策。在第三阶段,国家启动京津风沙源治理工程,并建立工程检查验收有关标准和方案。2003年和2006年,国家林业局分别发布了《京津风沙源治理工程年度检查验收办法(试行)》和《京津风沙源治理工程林分抚育和管护工作考核办法(试行)》。与前两个林业工程相似,京津风沙源治理工程的最初目标是治理沙化土地,改善生态环境,逐渐向区域民生和经济发展转移。2004年7月,国家林业局在《关于加快京津风沙源治理工程区沙产业发展的指导意见》中指出,加快工程区沙产业发展,对促进农村经济结构战略性调整,有效解决"三农"问题,实现区域经济社会可持续发展具有十分重要的意义。2006年4月,国家林业局印发《抓好京津风沙源治理工程促进区域新农村建设的实施方案》,明确提出通过沙化土地的治理,促进农村产业结构优化,推动农村经济快速发展的建设目标。在第四阶段,该领域的政策主要是对前一阶段政策的延续。2013年,国家启动国家沙漠公园试点工作,指出要在促进防沙治沙和维护生态服务功能的基础上,开展公众游憩休闲或进行科学、文化和教育活动。2018年出台了修正的《防沙治沙法》,2020年印发了《创建全国防沙治沙综合示范区实施方案》和《全国防沙治沙综合示范区考核验收办法》,推动新时代防沙治沙工作高质量开展。

5.2.4 林业改革

林权政策的变迁与国家所处的社会经济环境紧密相关(李晨婕 等，2009；张旭峰 等，2015；刘伟平 等，2019)。在第一阶段，随着土地改革、社会主义改造以及人民公社化运动的依次推行，林权呈现出"分—合"的趋势。1949—1953 年，全国进行了土地改革运动。国家分别于 1949 年和 1950 年颁布的《中华人民共和国政治协商会议共同纲领》和《中华人民共和国土地改革法》明确指出要废除封建半封建的土地所有制，实行农民的土地所有制。在这一时期，林权实现了私有化。1953 年开始，国家对农业、手工业和资本主义工商业进行社会主义改造。其中，农业社会主义改造是要通过合作化运动实现 5 亿农民从个体小农经济向社会主义集体经济的转变。在这期间，林权逐步完成了从私有化到集体化的转变。

第二阶段是林权改革的探索期。1978 年农村实行家庭联产承包责任制有效调动了农民的生产积极性。1981 年 3 月，中共中央、国务院在《关于保护森林发展林业若干问题的决定》明确提出稳定山区林权、划定自留山、确定林业生产责任制的林业三定工作。然而，由于林改过程中产权转移的不完整性和暂时性，加上当时市场经济的初步发展，导致南方集体林区乱砍滥伐现象严重，森林资源遭到严重破坏(Liu et al.，2017)。1987 年，中共中央、国务院发布《关于加强南方集体林区森林资源管理坚决制止乱砍滥伐的指示》，要求停止分林到户，已经分林到户的，则要组织专人统一护林，并积极引导农民实行多种形式的联合采伐、联合更新、造林。在 1992 年中共十四大正式提出建立社会主义市场经济体制的目标的大背景下，1995 年国家经济体制改革委员会和林业部联合颁布《林业经济体制改革总体纲要》将推进林权市场化以政策的形式固定下来(李晨婕 等，2009)。

从第三阶段开始到第四阶段，林权政策在强调明晰产权和经营主体的同时，将配套改革也作为政策重点。2003 年起，福建、江西、辽宁、浙江等省率先开展"以明晰产权、放活经营权、减轻税费、规范流转"为主要内容的集体林权制度改革。2008 年，中共中央、国务院出台了《关于全面推进集体林权制度改革的意见》，明确指出改革的首要任务是"明确产权，放活经营权，落实处置权，保障收益权"。2009 年起，国家陆续出台了森林保险、集体林改档案管理、林权抵押、林地流转等一系列配套改革措施，以期通过连续、稳定的政策和健全、完善的配套措施刺激农户对林业的长期投入。2016 年国务院办公厅出台了《关于完善集体林权制度的意见》，要求坚持和完善农村基本经营制度，落实集体所有权，稳定农户承包权，放活林地经营权，推进集体林权规范有序流转，促进集体林业适度规模经营，完善扶持政策和社会化服务体系，创新产权模式和国土绿化机制，广泛调动农民和社会力量发展林业，充分发挥集体林生态、经济和社会效益。通过集体林改，集体林资源培育得到加强，全国集体林森林蓄积较林改前增长近 24 亿立方米，集体林权流转稳步推进，新型经营主体达 29.43 万个，林权抵押贷款面积约 666.67 亿公顷，集体林权纳入公共资源交易平台（国家林业和草原局，2021）。

针对国有林场、国有林区发展面临的困境，2015 年 3 月中共中央、国务院印发《国有林场改革方案》和《国有林区改革指导意见》，提出了创新和完善森林资源管护机制、启动国有林场森林资源保护和培育工程、加强国有林场和国有林区基础设施建设、加强对国有林场和国有林区的财政金融支持政策。截至 2020 年底，全国国有林场共有森林面积 8.4 亿亩，森林蓄积量 38.1 亿立方米，超额实现了森林面积增加 1 亿亩以上和森林蓄积量增加 6 亿立方米以上的改革目标，林区生产生活条件得到有效改善，管理体制不断完善，国有林场数量由 4855 个整合为 4297 个，设置了岗位，建立了职工绩效考核、管护购买服务和资源分级监管机制，林场将主要精力聚焦于保护培育森林资源、维护国家生态安全。2021 年 10 月国家林业和草原局修订了《国有林场管理办法》，进一步规范和加强国有林场管理，以促进国有林场高质量发展。

5.2.5 自然资源保护

自然保护地在保护生物多样性、保存自然遗产、改善生态环境质量和维护国家生态安全方面发挥着重要作用。我国自然保护地事业起步较早，1956 年全国人民代表大会就通过提案，提出应在各省（自治区、直辖市）划定自然保护区（禁伐区）。同年 10 月，林业部牵头制定并发布《关于天然森林禁伐区（自然保护区）划定草案》，提出在内蒙古等 15 个省（自治区、直辖市）建立 40 个自然保护区的方案。到 1978 年底，全国共建立自然保护区 34 个，总面积 126.5 万公顷，约占国土面积的 0.13%。

改革开放以后，我国自然保护区事业得到较快发展。1982 年开启风景名胜区和国家森林公园建设，2001 年开启国家地质公园、水利风景区建设，2005 年开启湿地公园、海洋特别保护区建设，2013 年开启国家沙漠公园建设。此外，国家相继颁布并实施了《自然保护区条例》（1994）、《森林公园管理办法》（1994）、《水利风景区管理办法》（2004）、《风景名胜区条例》（2006）、《海洋特别保护区管理办法》（2010）、《国家沙漠公园试点建设管理办法》（2013）、《国家湿地公园管理办法》（2017）等法规规章，使自然保护区建设有法可依、有章可循。到 2008 年底，全国共建立各种类型、不同级别的自然保护区 2538 个，保护区总面积约 1.49 亿公顷。

2013年起,自然保护区事业步入体系化建设阶段。同年11月,《中共中央关于全面深化改革若干重大问题的决定》明确提出"建立国家公园体制"。2015年,发改委等13个部门联合印发《建立国家公园体制试点方案》,提出在9个省份开展国家公园体制试点工作。2017年,党的十九大报告提出"建立以国家公园为主体的自然保护地体系"。2019年,中共中央、国务院印发《关于建立以国家公园为主体的自然保护地体系的指导意见》,提出"构建科学合理的自然保护地体系",到2025年完成自然保护地整合归并优化工作。截至2019年底,我国各类自然保护地达到1.18万个,总面积超过1.7亿公顷。

野生动物保护政策呈现出管理严格化、制度规范化、法律健全化。1988年以前,国家出台一系列行政法规和规范性文件,对珍贵、稀有野生动物予以保护。1962年9月,国务院在《关于积极保护和合理利用野生动物资源的指示》中指出,野生动物资源是国家的自然财富,必须切实保护,在保护的基础上加以合理利用;对于珍贵、稀有或特产的野生动物,要建立自然保护区加以保护。1981年,我国加入《濒危野生动植物种国际贸易公约》。1982年,《宪法》载入"保护珍贵的动物和植物"内容。1987年,国家工商行政管理总局发布《野生药材资源保护管理条例》。1988年起,国家陆续出台野生动物保护法律法规,如《中华人民共和国野生动物保护法》(1988)、《国家重点保护野生动物名录》(1988)、《中华人民共和国陆生野生动物保护实施条例》(1992)、《中华人民共和国自然保护区条例》(1994)、《引进陆生野生动物外来物种种类及数量审批管理办法》(2005)等,形成了较为完善的野生动物保护法律体系。2016年,全国人大常委会修订《中华人民共和国野生动物保护法》,野生动物保护方针从"加强资源保护、积极驯养繁殖、合理开发利用"向"保护优先、规范利用、严格监管"转变。

5.2.6 林业灾害防治

森林灾害分为生物因素灾害和非生物因素灾害。其中,森林火灾和森林病虫害是最主要、损失最大的灾害。新中国成立以来,国家始终高度重视森林防火工作。1949—1977年为森林防火政策的起步阶段。1953年,林业部发布《关于护林防火的指示》,执行森林防火分区分段按级负责制。1957年,国务院在《关于进一步加强护林防火工作的通知》中提出,要及时恢复和健全护林防火的指挥机构,整顿和健全群众性基层护林防火组织。同年,林业部成立护林防火办公室,主管全国护林防火业务工作。1963年,国务院发布《森林保护条例》,规定了预防和扑救森林火灾的工作要求。

1978—1997年为森林防火政策的全面发展阶段。1978年和1985年,国家分别颁布《森林法》《草原法》,实现了森林草原防火有法可依。1987年,大兴安岭发生特大森林火灾事故,给国家和人民的生命财产造成了重大损失,是建国以来最严重的一次。这次事故充分暴露了护林防火制度和措施上的漏洞,防火设备和手段上的缺陷,以及防火组织指挥和部门协调方面的问题。同年,国务院、中央军委批准成立中央森林防火总指挥部。1988年,国务院发布《森林防火条例》,提出"预防为主,积极消灭"的森林防火方针。1992年,林业部发布《全国森林火险区划等级》。

1998年以后为森林防火政策的健全阶段。国家相继印发《国家处置重、特大森林火灾应急预案》(2005)、《国家森林火灾应急预案》(2012)、《国家森林草原火灾应急预案》(2020)等,规范森林草原防火工作。2008年,国务院颁布《森林防火条例》《草原防火条例》,防火理念从"预防为主,积极消灭"转变为"预防为主,防消结合"。2009年起,国家进一步推进森林草原防火治理体系和治理能力现代化。国务院批准实施了《全国森林防火中长期发展规划(2009—2015年)》《全国森林防火规划(2016—2025年)》,提出要建设森林防火预防、扑救、保障三大体系,重点实施预警监测系统、通信和信息指挥系统、森林消防队伍能力、森林航空消防能力、林火阻隔系统、防火应急道路等六大建设任务。这一阶段,我国森林火灾预防体系更加健全,森林防火保障体系日趋完善,森林火灾次数和损失大幅下降,有效保护了森林资源和人民群众生命财产安全。

5.2.7 林业产业

新中国成立初期,林业作为一项重要的基础产业,其主要任务是生产木材,为工业发展提供生产要素。这一时期的林业产业结构单一,以木材运输业为代表的第一产业几乎等于整个林业产业(宋维明 等,2020)。在第二阶段,中国面临森林资源消耗量大于生长量,林产工业和木材综合利用比较落后的问题。这一时期的林业产业政策的重点在于:①建设速生丰产用材林基地,以较少的林地,在短时间内提供大量木材;②加快森林资源培育,以尽快缓解可采资源枯竭和木材供需失衡的局面;③建设名特优经济林基地,在满足市场对非木质林产品的需求的同时,促进农村经济发展;④加快林产工业的发展,调整林业产业结构和产品结构。

到第三阶段,林业产业结构依然不尽合理,木材及林产品的供给远远不能适应日益增长的社会需求。国家林业局先后发布了《全国林业产业发展规划纲要》和《林业产业政策要点》,主要强调壮大林业产业体系和优化产业结构。此后,中国林业产业实现了跨越式发展,全国林业总产值由1998年的2727.8亿元增加至2020年的8.12万亿元,22年增长了29倍,成为世界上林业产业发展最快的国家和世界林产品生产、消费第一大国。然而,中国林业产业仍然面临诸多问题,林业产业的森林资源支撑较弱,经济增长方式粗放,林产品低端化、科技含量低,林业机械制造业水平总体落后。因此,在第四阶段,相关政策主要强调木材生产基地建设,产业结构优化,并鼓励林业产业技术创新。

5.2.8　林业科技与推广

林业发展离不开科技支撑。党和国家高度重视林业科技工作,持续推动林业科技进步。新中国成立初期,林业科技工作主要集中在造林技术、育苗技术、森林病虫害及森林防火技术、木材生产、林产化学加工技术等方面,以推动造林绿化和森林工业生产。1990年,林业部根据"科学技术是第一生产力"的指导方针,提出"科技兴林"的战略决策。同年,发布《林业部推广100项科技成果实施方案》《林业部推广100项科技成果项目指南》,提出要建立部、省、地、县级示范林或示范点,以样板点为阵地向周围辐射扩散的方式进行推广。1991年,林业部在《关于进一步加强林业科技成果推广工作的决定》中提出建立科技、生产、计划、财务"四位一体"的林业科技成果转化运行机制。1999年,国家林业局发布《关于进一步加强林业科技推广工作有关问题的通知》,提出要建立健全林业科技推广机构,稳定推广队伍。

进入21世纪,林业科技开启全面发展的阶段。国家先后发布了《长江上游、黄河上中游地区2000年退耕还林(草)试点示范科技支撑实施方案》(2000年)、《中国森林防火科学技术研究中长期规划(2006—2020年)》(2007年)、《南方雨雪冰冻灾害地区林业科技救灾减灾技术要点》(2008年)、《应对特大干旱林业科技救灾减灾技术要点》(2009)等方案、规划。生物技术、信息技术等在林业资源管理、林业灾害防控等领域发挥重要作用。此外,还出台了《林业科技重奖工作暂行办法》(2004)、《林业科技成果推广计划管理办法》(2006)、《林业重点工程科技支撑项目管理办法》(2006)等,建立健全林业科技制度。

党的十八大提出实施创新驱动发展战略。国家林业局在《林业科学和技术"十二五"发展规划》中明确提出,要以推进科技创新为核心,促进科技成果转化和推广,推动林业产业升级,以兴林富民、改善民生。"十三五"期间,进一步提升林业自主创新能力,增强科技成果转化应用,提高林业标准化水平,完善林业科技创新平台。到2020年,基本建成布局合理、功能完备、运行高效、支撑有力的林业科技创新体系,科技进步贡献率达到55%,科技成果转化率达到65%。

5.2.9　林业标准化与信息化

我国林业标准化建设起步较早。1952年,林业部制定并实施《木材规格》《木材检尺办法》《木材采集表》3项技术标准,开启了中国林业标准化建设。截至目前,制定现行国家标准559项、行业标准1959项,基本建成覆盖林业各个领域的标准化体系。进入21世纪后,林业标准化建设进入健全制度阶段。国家林业局相继发布《林业标准化管理办法》(2003)、《林业行业标准制修订经费管理办法》(2011)、《国家林业标准化示范企业管理办法》(2014)、《国家林业和草原局标准化技术委员会管理办法》(2019),不断完善制度建设。2016年,国家林业局印发《林业标准化"十三五"发展规划》,明确林业标准化建设的主要任务是优化林业标准体系,强化标准实施示范,提升标准化服务水平,推进林业标准国际化,健全林业标准监督体系,夯实林业标准化工作基础。2018年,国家林业和草原局成立标准化工作领导小组,以加强对林业和草原标准化工作的领导。

5.2.10　林业应对气候变化

聚类图显示,气候变化等主题词在2009年后才出现。但实际上,早在20世纪末,中国政府就十分重视应对气候变化。1990年,国务院专门成立气候变化对策协调小组,负责协调、制定与气候变化相关的政策和措施。1992年,经全国人大批准,我国加入《联合国气候变化框架公约》。2007年,国务院发布《中国应对气候变化国家方案》,明确指出林业是减缓温室气体排放的重点领域。同年7月,国家林业局成立应对气候变化和节能减排工作领导小组及其办公室,指导各级林业部门开展应对气候变化相关工作。

2009年,中央林业工作会议明确在应对气候变化中林业具有特殊地位,发展林业是应对气候变化的战略选择。同年,国家林业局发布《应对气候变化林业行动计划》,确定了林业应对气候变化的重点领域和主要行动。此后,国家相继发布《应对气候变化林业行动计划》《国家应对气候变化规划(2014—2020年)》《国家适应气候变化战略(2013—2020年)》《林业应对气候变化"十三五"行动要点》《林业适应气候变化行动方案(2016—2020年)》《国家林业局关于推进林业碳汇交易工作的指导意见》等规范性文件,2013年以来国家林业局每年都发布《林业应对气候变化政策与行动》白皮书,主要通过林业碳增汇、碳贮存、碳代替等方式应对气候变化。随着2020年国家"双碳"战略目标的提出,林业碳汇的作用与潜力更加备受关注。

5.3　小结

本章研究采用政策文献量化研究的方法,运用CiteSpace软件,对中国林业政策主题领域及其演进趋势进行定量分析,在此基础上结合政策文件对不同阶段林业政策的主题聚焦点进行进一步定性分析。"定量—定性"结合的分析框架有助于广泛且精准地把握不同历史时期中国林业政策的核心议题。

从政策主题的涉及领域来看，中国林业政策的覆盖领域从单一向全面转变。在第一阶段，林业政策的主题仅涉及国土绿化和木材生产。随着林业政策覆盖领域的不断扩展，到目前，中国林业政策的主题涉及领域广泛而全面，内容包括国土绿化、森林经营、森林资源保护和利用、林业改革与发展、林业产业发展、林业生态建设与保护、森林灾害预防与安全生产、信息化和标准化建设等方面。其中，国土绿化、林业改革、森林经营、自然资源保护、林业灾害防治等一直是林业政策的重点。

从政策主题领域的演化来看，林业政策从强调经济价值向坚持生态优先转变。新中国成立初期，林业作为一项重要的基础产业，其主要任务是生产木材，为工业发展提供生产要素，直接促进国民经济增长。这一阶段的林业政策主要围绕造林和林业生产展开。1978年后，随着改革开放的深入，国内对木材的需求日益增加，林业生产依然是林业政策的重点。同时，生态环境问题日益严峻，国家逐步意识到森林的生态价值，先后启动了三北防护林体系建设工程，建立了生态效益补偿基金。这一阶段，林业政策在强调经济价值的同时，开始了林业生态建设的探索。1998年的特大洪水灾害让国家意识到生态问题已经到了不得不解决的时候。随后，国家陆续启动了林业六大重点工程，并对林业建设开展了大规模的财政投资。这一阶段，林业政策完成了从强调经济价值到坚持生态建设优先的历史转折。2009年后，林业政策在坚持生态建设优先的前提下，强调发挥林业在应对气候变化、消除贫困、促进区域经济发展等方面的作用。

总体而言，中国林业政策完成了从强调经济价值到坚持生态优先的转变，林业政策发展定位呈现出从"提供生产要素，直接促进国民经济增长"，到"森林资源利用与保护兼顾以促进林业可持续发展"，再到"坚持生态优先的前提下发挥森林的综合效益"的演化趋势。在整个林业发展过程中，国家不断加强林业规范化建设和林业法制建设，为林业发展提供了有力保障。

第6章 1949—2020年中国林业政策效力测度与演进分析

在明确1949—2020年中国林业发展变化、林业管理体系变迁、林业政策发布主体变动以及政策主题领域演化的基础上,有必要进一步探究1949—2020年中国林业政策效力演进情况。本章主要从政策力度、政策措施、政策目标和政策反馈四个维度构建中国林业政策效力评估量化标准,科学、准确地阐释1949—2020年中国林业政策效力的演变趋势和特征。

6.1 1949—2020年中国林业政策效力测度

6.1.1 林业政策效力量化维度

政策效力是根据政策量化后得出的关于政策文本内容的有效性及其可实施程度,目前国内普遍认可并借鉴的是彭纪生等(2008)提出的创新政策评估模型(王帮俊 等,2019),该模型对政策效力的测度主要包括政策力度、政策措施和政策目标三个维度,其中,政策力度主要是根据政策发布机构的行政级别来判断,政策措施和政策目标则主要反映了政策文件内容的明确程度(彭纪生 等,2008),定量化的政策目标和较定性的政策目标更容易实现甚至是超额完成(Harmelink et al.,2008)。政策目标的不明确性以及监督反馈不到位会导致政策执行链条断裂的产生(薛立强 等,2016),政策反馈可以辅助监督和调整政策实施的效果(芈凌云 等,2017),政策监督和反馈渠道的缺失则会加剧政策传递"衰变"(王文旭 等,2020),因而,当前政策效力评价中逐步将政策反馈纳入政策效力量化分析体系之中,这有利于全面反映政策文本的效力,如芈凌云等(2017)构建了包含政策力度、政策目标、政策措施和政策反馈四个维度的评估模型来分析1996—2015年中国居民节能引导政策的效力与效果;王帮俊等(2019)将政策反馈纳入中国产学研协同创新政策效力与效果的量化评估体系之中。因此,本章研究构建了包含政策力度、政策措施、政策反馈和政策目标在内的四个维度的中国林业政策文本的效力量化指标体系,以科学、准确地反映出1949年至今各项林业政策的效力,进而服务于对中国林业的政策效力与效果进行量化研究。

就本章研究而言：首先，政策力度取决于政策发布主体的行政级别和政策发布形式，体现了政策发布的权威性和行政影响力（潘丹 等，2019；Zhang，2017），发布主体的法律地位与行政级别越高，政策力度就越大（张国兴 等，2014）。根据林业政策发布主体的行政等级，将政策文件的政策力度分别赋予 1~5 的分值，赋值越高表示政策力度越大。其次，政策措施体现了政策发布主体为实现政策目标所采用的具体方法和手段（芈凌云 等，2017），根据政策措施的明细程度以及可操作性，分别赋予 1~5 的分值（潘丹 等，2019）。再次，政策目标用于描述政策文本中所要实现目标的可度量程度（芈凌云 等，2017），为便于区分政策目标效力，保证评价结果差异性显著以及提高政策目标量化的正确性，将每项政策目标分别赋予 1、3 和 5 分三个等级。政策实施的目标越清晰具体，赋值就越高（兰梓睿，2021）。最后，政策反馈指的是在政策执行过程中是否存在阶段性的执行报告和反馈机制（潘丹 等，2019），根据政策文本中反馈机制的合理性与及时性分别赋予 1、3 和 5 分三个等级。

一般而言，政策发布主体的行政级别越高，其政策力度就越大，但同时由于该类政策往往较为宏观，对政策作用对象的影响力和约束力就越弱，使得该类政策的政策目标及政策措施得分会相对较低（彭纪生 等，2008）。另一方面，较低级别的行政机构颁布的政策虽然政策力度较小，但政策措施往往较为具体，政策的可操作性较好，使得政策措施和反馈得分会相对较高（潘丹 等，2019）。

6.1.2 林业政策效力量化过程检验与标准确定

在初步构建政策效力量化维度与标准之后，邀请了 11 位林业政策领域的研究人员和基层林业工作者分别对随机选择的 15 份政策文件依照初步制定的"中国林业政策效力评估量化标准"从政策力度、政策措施、政策反馈和政策目标四个维度逐一判断打分。潘丹等（2019）认为政策量化标准可靠性的评判标准是方向一致率超过 95%，若低于 95% 则表明制定的政策量化标准需要优化调整。其中方向一致率指的是一项政策打分的结果在数值趋势一致，如两名专家对同一项政策的政策力度分别打了 2 或 3 分，则认为方向是一致的；若一名专家打了 1 分，另一名给出 4 分，则认为方向是不一致的。方向一致率分别为 99.39%、87.27%、86.06% 和 90.12%。因此，召集打分小组成员对政策措施、政策目标和政策反馈对存在方向冲突的政策进行再次讨论，在深入剖析政策打分分歧原因的基础上有针对性地对政策效力量化标准进行修改完善，随后进行第二轮打分，最终明确了本章研究所需要的政策量化标准（表 6-1）。中国林业政策效力量化标准确定的流程图见图 6-1。

表 6-1 中国林业政策文本效力量化评估标准

指标	赋值	赋值标准
政策力度	5	全国人民代表大会及其常务委员会颁布的法律
	4	中共中央、国务院发布的决定、规定、指示、条例
	3	国务院颁布的暂行条例和规定,办法、标准、规程;各部委发布的条例、规定、决定
	2	国务院各部委发布的意见、办法、方案、细则、标准、暂行规定
	1	国务院各部委发布的通知、公告、规划
政策措施	5	列出具体措施,对每一项内容均给严格的执行与控制标准,并对其进行具体说明
	4	列出具体措施,对每一项内容给出较详细的执行与控制标准
	3	列出较具体的措施,并多方面分类,给出大体执行内容
	2	列出一些基础措施,并给出简要的执行内容
	1	仅从宏观上谈及相关内容,未给出具体操作方案
政策目标	5	政策目标清晰明确且可量化,如给出了定量化的发展目标
	3	政策目标清晰,但主要为定性目标,没有具体的量化标准
	1	仅仅宏观的表述了政策愿景和期望
政策反馈	5	有明确的监督方式和负责部门,且规定阶段性反馈或涉及项目验收内容
	3	有明确的监督方式和负责部门,但反馈不足或仅需一次反馈
	1	缺乏监督和反馈机制,没有涉及监督反馈内容

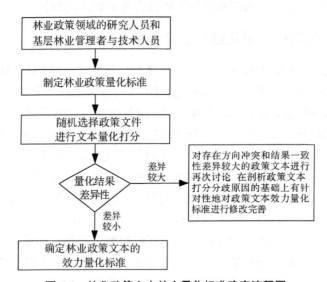

图 6-1 林业政策文本效力量化标准确定流程图

6.1.3 林业政策效力测度

根据政策量化标准，林业政策从政策力度、政策措施、政策目标和政策反馈四个维对 1949—2020 年中国林业政策文件逐一进行打分，构建本章研究所需政策效力数据库。在此基础上，进一步参考彭纪生等(2008)、芈凌云等(2017)和潘丹等(2019)等人的研究，构建单一年度中国林业政策的整体效力的计算公式，即公式(6.1)。

$$PMG_i = \sum_{j=1}^{N}(M_j + G_j + F_j)P_j \tag{6.1}$$

其中，PMG_i 表示第 i 年中国林业政策的整体效力；i 表示某项政策 j 生效的年份，且 $i=[1949,2020]$；N 表示第 i 年生效的政策文件数量；j 表示第 i 年生效的第 j 项政策；M_j、G_j 和 F_j 分别表示第 j 项林业政策的政策措施、政策目标和政策反馈的得分；P_j 表示第 j 项林业政策的政策力度得分。因为每项政策都有一定的时效性，为提高政策效力评估结果的准确性，在计算第 i 年林业政策效力的时候需要剔除已经失效的政策文件，仅包括当年在实施有效期内的文件。

6.2 中国林业政策演进特征分析

6.2.1 政策文件数量演化趋势

1949—2020 年期间，每年颁布的林业政策文件数量总体呈现波动上升趋势，生效中的政策文件数量呈稳步增长态势(图 6-2)。其中，1949—1977 年，无论是各年颁布的林业政策文件数量还是各年生效中的政策文件数量均呈现出非常低的水平，累计颁布了 15 份政策文件。1978—1997 年，各年颁布的林业政策文件数量呈缓慢波动上升而各年生效中的政策文件数量则稳步增加，累计颁布了 166 份政策文件。1998—2020 年，各年颁布的林业政策文件数量呈波动快速上升趋势且各年生效中的政策文件数量也快速增加，累计颁布了 1231 份政策文件，反映出国家治理体系快速发展，对林业建设和发展的价值认识与重视程度不断提升。

1949—1977 年为中国林业发展的起步阶段，国家先后经历了"大跃进""人民公社化运动""三年困难时期"和"文化大革命"等，经济建设与林业发展长期处于停滞或缓慢发展的状态。1978 年，中国确立了以经济建设为中心的发展原则，使得中国林业建设进入调整恢复发展时期。同年，中国开展了"三北"防护林体系建设工程。1979 年，第五届全国人大常委会第六次会议通过了国家林业总局的提议设立了"植树节"；1982 年，中央绿化委员会成立，反映了国家高层领导人对森林资源保护和建设的重视，使得生态赤字问题有所缓解。然而由于大众对

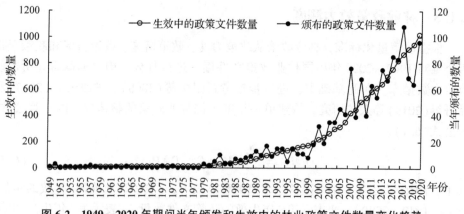

图 6-2　1949—2020 年期间当年颁发和生效中的林业政策文件数量变化趋势

森林生态价值认识的局限性，国家在具体政策的制定与执行上缺乏宏观性的统一规划以及国家财政投资资金有限，生态环境效益并没有得到充分体现（胡鞍钢等，2013）。

自 1998 年以来，每年颁布的林业政策文件数量快速波动上升，每年生效的林业政策文件数量则快速上升。这一时期，国家林业发展战略发生根本性变化，林业发展中心转向生态建设（余洋婷，2020）。天然林资源保护工程是中国林业发展在指导思想和政策上的重大调整，标志着中国林业发展迈向投入政策初步建立时期（张壮 等，2018）。在强调发挥市场机制对森林资源保护与建设以及林业经济发展的同时，国家更加注重政策对生态文明建设的宏观调控作用。

从政策发布形式来看，有全国人大及其常务委员会颁布的法律类以及中共中央、国务院发布的决定、指示和条例等政策文件，还有由国务院各部委联合发布，但主要以国家林业（和草原）局为发布主体所发布的通知、办法、意见等政策文件为主，后者占全部文件的 72.55%（表 6-2）。

表 6-2　中国林业政策文件发布形式

	通知	办法	意见	公告	规定	方案	规划	决定	法律	条例	细则	纲要
数量（份）	632	228	165	86	77	51	42	35	28	28	21	20
占比（%）	44.73	16.14	11.68	6.09	5.45	3.61	2.97	2.48	1.98	1.98	1.49	1.42

6.2.2　政策效力变化趋势

中国林业政策整体效力总体表现为先平稳增长后快速增加的发展历程（图 6-3）。具体而言，在 1949—1977 年期间中国林业政策整体效力提升速度较为平缓，在 1978—1997 年期间提升速度有所加快，在 1998—2020 年期间表现为每年快速提升。上述变化趋势的主要原因在于，不同时期颁布和生效的林业政策文件数量增长速度不同所带来的政策效力的差异。

新中国成立之初，经济凋敝、百废待兴，为此国家制定了一系列促进经济恢复与发展的方针政策。其中包括，中央政府相继实施的几项重要的林业政策，如1949年9月出台的《中国人民政治协商会议共同纲领》，指出"保护森林资源并加快林业发展"；此外，1950年3月发布的《林垦部关于春季造林的指示》，明确"封山育林为绿化荒山、涵养水源和防治水灾的治本方法""培植生长迅速的薪炭林以满足燃料供给所需，解决滥伐树木，任意樵采问题"；1950年5月发布的《政务院关于全国林业工作的指示》，指出"当前林业工作的方针，应以普遍护林为主，严格禁止一切破坏森林的行为"；其次，1951年8月发布的《政务院关于节约木材的指示》，要求"各级人民政府大力发动群众进行护林造林工作，以求逐渐增加木材供应量外，对木材采伐和使用，全国必须厉行节约，防止浪费"等等。这些政策的颁布实施，使新中国成立初期林业政策总体效力快速提高。同时，这些政策的实施也反映了国家对绿化造林、育林护林以及木材生产的重视，促使中国森林资源在新中国成立初期得到一定程度的恢复和发展（胡鞍钢 等，2014）。

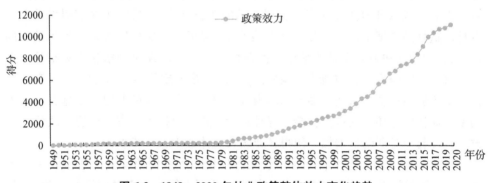

图 6-3　1949—2020 年林业政策整体效力变化趋势

在中国经济建设与林业发展长期处于停滞或缓慢发展阶段，即 1952—1977 年期间，为满足经济发展建设需求，国家相继制定并实施了一系列政策法规。如 1954 年 11 月发布《国务院关于进一步加强木材市场管理工作的指示》，要求地方制定并颁发木材市场管理办法；1958 年 4 月发布《关于在全国大规模造林的指示》，提出了"使全国平均森林覆盖率由 10% 增加到 20% 以上和木材蓄积量在 15 年内增加三分之一"的发展目标，要求调动群众造林积极性，鼓励群众发展各种经济林；以合作造林为主，兼顾国营林场发展。随着中国社会主义建设事业的发展，木材需求量越来越大，品种也越来越多；1961 年 6 月发布《关于确定林权、保护山林和发展林业的若干政策规定》(试行草案),进一步明确了山林的所有权和收益权,关于新造林权坚持"谁种谁有"原则;木材的采伐和收购需要遵从林木生长规律,以调动人民群众生产经营积极性;1962年4月发布《国务院关于节约木材的指示》,指出"积极增产木材和普遍开展植树造林,同时在木材生产、加工、分配和使用等方面,全面厉行节约,克服浪费"。与新中国成立初期相比,这一阶段国家连续颁布了多项长期有效的政策文件,使得林业政策整体效力不断上升。

1978—1997年,当年颁布的政策文件数量和当年生效的政策文件数量进一步增加,使得林业政策整体效力快速提高。这一时期,林业政策涉及植树造林、全民义务植树、稳定山权林权、营林资金周转、稳定木材价格、加强城市绿化、植物检疫和珍稀物种保护等多方面。例如,1980年3月发布《中共中央、国务院关于大力开展植树造林的指示》,指出应将植树造林,绿化祖国作为一项重大战略任务来开展;1981年发布了《关于保护森林发展林业若干问题的决定》和《关于稳定山权林权落实林业生产责任制情况简报》,指出"稳定山权林权,落实林业生产责任制,是保护森林发展林业的一项根本措施";1981年和1982年相继颁布了《关于开展全民义务植树运动的决议》《关于军队参加营区外义务植树的指示》和《国务院关于开展全民义务植树运动的实施办法》,反映了国家对发动全民营林、造林的高度重视。1983年4月发布了《关于严格保护珍贵稀有野生动物的通令》,要求坚决制止乱捕滥猎珍贵稀有野生动物,加强对狩猎生产和猎枪、猎具的管理。1984年9月颁布的《森林法》,进一步规定了森林经营管理、森林保护、植树造林和森林采伐等多方面的内容。以上这些政策的制定与实施,反映了国家对森林生态环境的重视,涉及森林建设、资源保护等多方面内容。政策文件数量也较前一时期明显增加,使得林业政策整体效力进一步上升。

1998—2020年,当年颁布的政策文件数量和生效的政策文件数量较之前大幅增加,政策涉及主题更加多元化。其中包括国土绿化、森林资源保护和利用、林地与林权管理、林业改革与发展、森林灾害预防与安全生产等方方面面。根据收集、整理的政策数据库,1998—2020年,国家层面关于国土绿化的政策文件共计48份,较1949—2020年总数增加了两倍之多,具体涉及国土绿化工作安排、工程规划、绿化表彰、技术指导等多方面。在森林资源保护和利用方面,1998年8月和10月国家相继颁布实施了《关于保护森林资源制止毁林开垦和乱占林地的通知》以及《关于开展严厉打击破坏森林资源违法犯罪活动专项斗争的通知》,以降低不合理的森林资源开发、利用方式对中国生态保护与经济发展的影响程度。其后,中国不断完善了森林资源保护的相关法律法规,逐步建立起较为全面的森林资源奖惩激励机制。此外,林地与林权管理一直是中国林业政策关注的重点，主要涉及林地征占用与流转、集体林权登记与制度改革，以及林权抵押贷款等相关管理工作等。最后，森林灾害的预防与安全生产对病虫害的防治、植物检疫、相关灾害的防范必不可少，特别是在 2008 年全国范围内的冰雪灾害给森林资源造成较为严重的损失之后，中国林业政策对灾害地区林业科技救灾救援、灾害木竹材收购、灾害损失评估等方面均做出了明确规定和详细说明。各种历史经验及现实需求，推动中国林业政策逐步规范化、系统化。与此同时，中国林业政策整体效力快速增加。

6.2.3 政策效力各维度变化趋势

中国林业政策效力构成的四个要素包括政策力度、政策措施、政策目标和政策反馈所对应的年度得分均在早期保持低水平稳定状态，1978 年之后呈现持续波动上升的趋势，特别是 1998 年以后增长速度进一步加快。这与当年生效的林业政策文件数量和政策整体效力变化趋势总体上保持一致。从政策效力的各维度得分来看，林业政策措施的年度得分始终领先于其他维度，其次分别是政策目标和政策力度，最后是政策反馈(图 6-4)。

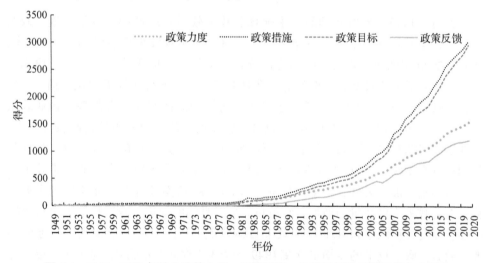

图 6-4 1949—2020 年林业政策力度、政策措施、政策目标和政策反馈年度得分

具体而言，在 1949—1977 年期间，政策力度、政策措施、政策目标和政策反馈年度得分均保持在较低水平，且增长速度极为缓慢；在 1978—1997 年期间，上述指标的年度得分开始缓慢增长；1998—2020 年期间，上述指标的年度得分增长速度明显加快，虽然政策文件生效或失效及因政策文件内容不完整而未纳入分析的政策文件主要以 1978 年以前为主，但影响上述结果出现的主要原因在于相应年份当年生效政策文件数量明显增加。以上结果在一定程度上反映了国家注

重林业政策内容的完备性及可行性，对林业政策实施的结果较为重视，而对政策实施过程的监督与反馈的关注程度相对较弱。

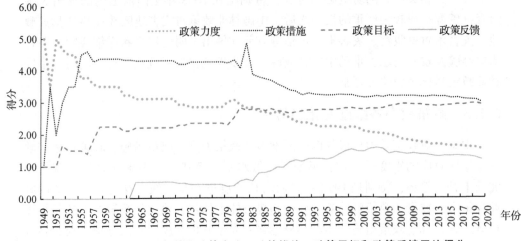

图 6-5　1949—2020 年林业政策力度、政策措施、政策目标和政策反馈平均得分

此外，1949—2020 年期间，中国林业政策效力各维度中，政策力度、政策措施、政策目标和政策反馈每年平均得分情况则相对较为复杂（图 6-5）。首先，1949—2020 年期间，政策力度年均得分整体上呈现不断下降趋势，主要原因在于每年生效政策文件数量不断增加以及林业管理部门的行政等级的几次削弱。其次，1949—1956 年期间，政策措施年度平均得分保持波动上升趋势，林业政策内容不断完善；1957—1981 年期间政策措施年度平均得分基本稳定在较高水平，且在 1982 年政策措施达到最高值；随着林业政策文件数量的增加，政策措施的年均得分在 1983—2020 年逐步趋于下降，主要原因在于每年生效的各类政策文件数量不断增加。另外，政策目标每年的平均得分整体上呈现稳步上升的发展趋势，随着政策文件数量的增加，政策目标愈发具体明细化，政策目标的可量化程度逐步提高，反映了国家对林业政策目标的重视，这有助于政策既定目标的实现。最后，政策反馈的年均得分在 1949—1963 年期间基本为 0，这一阶段由于计划经济体制下，林业政策主要由国家行政命令强制实施，政策实施后都会开展相关的活动，但政策实施的具体效果却不得而知。1964—1978 年期间，政策反馈的年均得分有所提高，但整体仍保持较低水平，表明林业政策在这一段时间内在实施过程中缺乏明确的监督方式和负责部门，阶段性反馈不足。1979—2004 年期间，政策反馈的年均得分快速提高，反映了政府开始注重市场调节机制的作用，同时加强了林业政策实施效果的监督与反馈。2005—2020 年期间，政策反馈的年均得分较之前有所降低，主要是由于政策文件数量增加导致，但也反映了林业政策在实施过程中的监督和反馈机制有待进一步提高。

6.3 小结

1949—2020 年，中国当年颁布的林业政策文件数量总体呈现波动上升趋势，当年生效的政策文件数量也呈稳步增长态势。具体而言，在 1978 年以前，无论是当年颁布的林业政策文件数量还是当年生效的政策文件数量均保持非常低的水平。1978—1997 年，当年颁布的林业政策文件数量呈缓慢波动上升而当年生效的政策文件数量则稳步增加。自 1998 年以来，每年颁布的林业政策文件数量快速波动上升，当年生效的林业政策文件数量则快速上升，反映了国家对林业发展的日益重视，逐步强化政策的作用，加强对林业发展和生态文明建设的宏观调控。

1949—2020 年，中国林业政策整体效力表现为先平稳增长后快速增加的发展态势，这种变化的原因主要在于林业在经济发展和生态建设中的地位不断增强，国家对生态文明建设和林业生态环境建设的重视程度不断提高。为促进经济发展和生态文明建设，中国政府相继颁布了多项林业政策文件，特别是 1998 年之后林业发展战略从木材生产向生态建设转变，诸多政策文件相继颁布实施。

从政策效力各个维度的年度得分来看，政策措施年度得分最高，其次分别是政策目标和政策力度，最后是政策反馈。这反映出在 1949—2020 年，林业政策在实施措施上一直较为丰富、完善，政策反馈和监督机制方面则较为欠缺。随着政策文件数量的增加和林草部门行政级别的削弱，政策力度年均得分整体呈现不断下降的趋势。随着林业发展目标的逐步明确，林业政策目标愈发具体细化，可量化程度逐步提高，使得政策目标年度得分整体上保持稳步上升的发展趋势；政策监督和政策反馈虽在 1979—2020 年总体上有很大提升，但林业政策反馈的年均得分仍有待提高，政策实施过程的监督与反馈机制有待完善。

总的来说，1949 年以来，中国出台了一系列林业政策，林业发展战略方针实现了由"经济优先"向"生态优先"的转变，对于中国森林资源利用与保护、社会经济发展和生态建设都产生了或大或小、或短期或长期的影响。在 1998 年以前，国家林业政策的主旋律为提供经济生产所需要的木材，将森林资产变现为经济价值。1998—2020 年，当年颁布的政策文件数量和生效的政策文件数量较之前大幅增加，政策涉及主题更加多元化；这一期间政策力度、政策措施、政策目标和政策反馈年度得分均增长速度明显加快，反映了国家生态建设方针在转向生态建设以后，对森林资源保护和发展的重视程度在不断提高。因此，有必要分析 1949—2020 年众多林业政策文件颁布实施之后对中国森林资源建设和林业经济增长的贡献。

第 7 章　1949—2020 年基于国家层面时间序列数据的林业政策绩效分析

基于第六章关于 1949—2020 年中国林业政策效力的量化结果，本章通过构建带有技术进步系数的柯布道格拉斯函数模型，利用国家层面的时间序列数据，进一步实证分析了 1949—2020 年林业政策对中国林业经济发展以及森林生态建设的作用与贡献。

7.1　模型选择与变量设计

7.1.1　模型选择

毛世平等（2019）在研究中国农业科技创新政策效果时，在投入要素中将政策强度、政策目标和政策措施引入柯布道格拉斯生产函数之中，分析了政策要素对农业科研院所科技创新产出的作用效果。柯布道格拉斯生产函数能反映出一定时期内，使用各种生产要素与所能得到的最大产量之间的关系，传统的生产函数将劳动力、资本和技术投入作为解释变量（张永安 等，2016）。为探究中国林业政策对生态建设和林业经济发展的影响，本章研究基于传统的柯布道格拉斯生产函数，将政策要素作为内生变量纳入函数中。同时鉴于以林地面积表征的土地投入要素对森林资源的增长以及林业产业的发展之间存在着重要关联，因此构建了带有技术进步系数的柯布道格拉斯函数模型，研究林业政策效力对林业经济发展和生态建设成效的影响与贡献程度，具体如下公式（7.1）至（7.3）所示：

$$\ln Y_1 = \beta_0 + \beta_1 Ln P_i + \beta_2 Ln K_i + \beta_3 Ln L_i + \beta_4 Ln T_i + \beta_5 Ln S_i + \varepsilon \quad (7.1)$$

$$\ln Y_2 = \beta_0 + \beta_1 Ln P_i + \beta_2 Ln K_i + \beta_3 Ln L_i + \beta_4 Ln T_i + \beta_5 Ln S_i + \varepsilon \quad (7.2)$$

$$\ln Y_3 = \beta_0 + \beta_1 Ln P_i + \beta_2 Ln K_i + \beta_3 Ln L_i + \beta_4 Ln T_i + \beta_5 Ln S_i + \varepsilon \quad (7.3)$$

其中：因变量 Y_i 表示林业生态建设成效和林业经济发展成效，前者分别是以反映生态建设数量的活立木蓄积量 Y_1 和反映生态建设质量的乔木林单位面积蓄积量 Y_2 来表示；后者以林业产值 Y_3 来表示；P_i 表示第 i 年的林业政策效力；K_i 表示第 i 年林业资金投入；L_i 表示第 i 年的林业劳动力；T_i 表示第 i 年林业科技进步率；S_i 表示第 i 年林地面积；β_0 表示除林业政策、林业资金、劳动力、林业科技和林地以外的其他对林业产出的影响因素；β_1、β_2、β_3、β_4、β_5 分别表示相对应的弹性系数。

7.1.2 因变量设计与特征描述

本章主要研究中国林业政策对林业生态建设的成效和林业经济发展的贡献。林业生态建设成效主要由活立木蓄积量和乔木林单位面积蓄积量两个指标来表征，其中活立木蓄积量作为生态建设数量的重要衡量指标，主要包括森林蓄积量、疏林蓄积量、散生木蓄积量和四旁树蓄积量；乔木林单位面积蓄积量作为生态建设质量的重要衡量指标，单位面积蓄积量越大，则森林质量越高，生态环境也相对较好。

国家层面的活立木蓄积量、乔木林单位面积蓄积量的数据来源于首次至第九次全国森林资源清查数据。图 7-1 是根据首次至第九次全国森林资源清查数据整理的 1949—2020 年活立木蓄积量和乔木林单位面积变化趋势图。由于中国森林资源的发展历史是一个波动变化的过程，鉴于数据的可获取性，为提高研究结果的准确性，对早期缺失数据的年份予以剔除。参考李周（1989）和杨书运等（2006）的研究等相关年份的数据进行再次补充。新中国成立初期，在一穷二白的经济背景下，林业资源为国民经济特别是工业经济的发展做出了巨大贡献，加上"大跃进"和"文化大革命"等的影响，导致活立木蓄积量和乔木林单位面积蓄积量在新中国成立后相当长的一段时间内出现大幅下滑。1978 年之后，活立木蓄积量呈现不断增加的良好发展趋势，但乔木林单位面积蓄积量呈现出先波动下降而后缓慢增长的过程，根据第九次全国森林资源清查数据，当前中国乔木林单位

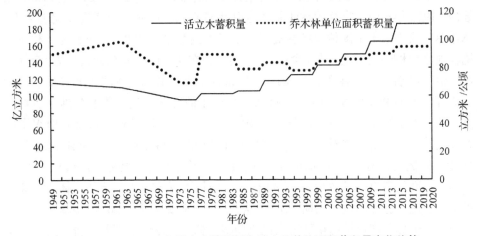

图 7-1　1949—2020 年活立木蓄积量和乔木林单位面积蓄积量变化趋势

面积蓄积量为94.83公顷/立方米,仍低于新中国成立初期的历史最高水平。乔木林单位面积蓄积量难以提升的原因主要有:森林病虫害、鼠害及火灾等问题加剧(石春娜 等,2009);营林技术得不到有效更新,中幼林比例过高使得森林龄组结构不合理以及森林经营水平低下使得低质低效林面积过大(杨帆 等,2012)以及人工林比例过高,中幼龄林比例长期偏大(高吉喜 等,2014)等。

林业经济发展成效主要以林业产值来表征。林业产值的数据主要来源于《全国林业统计资料1949—1987》《中国林业年鉴1949—1986》和此后各年的《中国林业年鉴》以及1993—1997年每年的《全国林业统计资料》、1998—2017年每年的《中国林业统计年鉴》和2018—2020年每年的《中国林业和草原统计年鉴》。

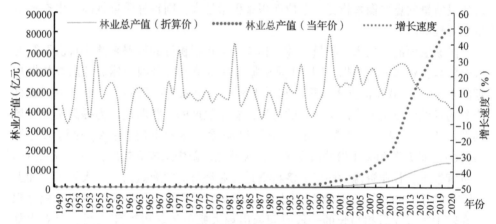

图7-2 1949—2020年林业总产值及增长速度变化趋势

图7-2为1949—2020年按当年价格计算的林业总产值和按全国零售物价总指数(按1950年=100)折算的林业总产值以及林业总产值的增长速度变化趋势图。林业总产值来源于中国林业年鉴资料,由于中国最早于1995年开始统计林业系统各地区(林业)产业总产值(含一二三产业),在这之前主要统计指标为"森林工业产值"和"各地区营林产值"。因此,在统计1949—1994年林业总产值时,参考冯达等(2010)和才琪等(2015)的做法,将当年的森林工业产值和各地区营林产值加总来表示当年的林业总产值。自1949年以来,中国林业经济增长取得了巨大成就:按当年价格来看,林业总产值从1949年的23.90亿元增长到2020年的81719.14亿元,增长了近3419倍;而按照不变价格来算,林业总产值从1949年的24.14增长到2020年的12583.33亿元,增长了近521倍。此外,林业产业的年均增长速度已经超过了同期GDP的增长速度(宁攸凉 等,2021)。其背后的增长动力在于林业产业结构得到重大优化调整,林业产业体系不断完善,第一、第二和第三产业比例日趋合理化,同时多元化的发展模式推动了林业产业由高速度

型转向高质量型发展(宋维明 等,2020)。

7.1.3 自变量设计与特征分析

核心自变量为1949—2020年的中国林业政策整体效力。控制变量为土地要素(林地面积)、资金投入(林业系统各地区本年实际到位资金额)、劳动力要素(林业系统年末从业人数)和技术进步。其中,林地面积数据来源与统计方式与活立木蓄积量以及乔木林单位面积蓄积量相同。资金投入、劳动力要素的数据主要来源于《全国林业统计资料1949—1987》《中国林业年鉴1949—1986》和此后各年的《中国林业年鉴》及1993—1997年每年的《全国林业统计资料》、1998—2017年每年的《中国林业统计年鉴》和2018—2020年每年的《中国林业和草原统计年鉴》。从2016年开始,中国林业统计年鉴没有统计当年实际到位资金额,故从2016年开始选择林业投资自年初完成额替代当年林业投资额。

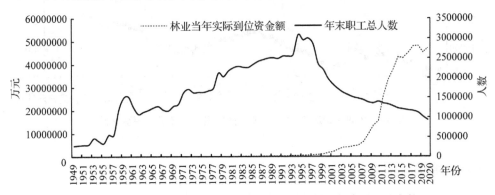

图 7-3 1949—2020年林业当年实际到位资金额及年末职工总人数

对于技术进步,考虑到林业科技人才对林业发展的重要推动作用,借鉴乔丹等(2021)的做法,以林业系统专业人员技术比例,即当年林业科技人员人数与当年林业从业人数之比来表示林业技术进步情况。1949—1993年,中国林业系统年末职工人数总体呈现波动上升趋势,在1993年达到最大值(308.15万人),随后几年仍保持在较高水平。在1998年以后,林业系统年末职工人数呈现快速下降趋势(图7-3)。由于国家森林经营理念转向生态效益优先,国家逐步加强对森林资源的保护,传统的"木头经济"逐步被淘汰,加上国有林场与国有林区改革,林业从业人员转岗分流,不断转向其他行业。另一方面,1949—1998年,林业系统每年实际到位资金较为薄弱且保持在较低的增长水平,1998年以后,林业系统每年实际到位资金快速增加,特别是党的十八大之后,林业年度实际到位资金进一步快速提高,反映了国家对待森林资源的方针由过去的"资源利用"向"经济反哺"发展转变,也体现了对"绿水青山就是金山银山"理念的深入践行。

党的十八大以来,由于国家对生态文明建设的高度重视以及资金的大量投入,使得尽管林业从业人数不断下降但林业科技人数却在不断增加。1949—2020年,中国林业科技进步率呈现出波动上升趋势(图 7-4)。

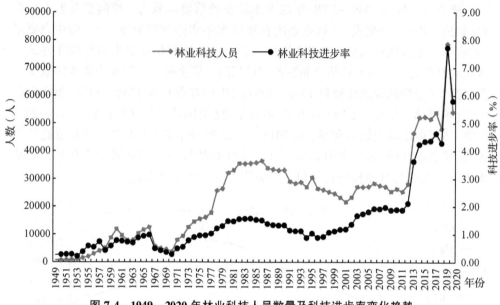

图 7-4　1949—2020 年林业科技人员数量及科技进步率变化趋势

7.2　数据检验

在明确 1949—2020 年中国林业政策效力的基础上,为分析林业政策对生态建设数量增长、质量提升以及林业经济发展的影响,根据公式(7.1)至公式(7.3)逐一对活立木蓄积、乔木林单位面积蓄积量以及林业产值进行回归分析。在进行回归分析前,首先对时间序列数据进行单位根检验、格兰杰因果检验和协整检验,以确保回归结果的可靠性。

7.2.1　单位根检验

单位根(ADF)检验是为了检验时间序列中是否存在单位根,以验证时间序列的平稳性,避免出现伪回归或虚假回归问题。若时间序列不平稳,则需要进行差分处理。检验结果显示,劳动力要素通过了 5% 的显著性检验,其余变量在一阶差分后均通过了 1% 的显著性检验,因而各变量均为平稳时间序列,各变量数据取对数后的检验结果如下表 7-1 所示。

表 7-1 单位根检验结果

变量	T 值	1%临界值	5%临界值	10%临界值	P 值	结论
Lnxj	-1.396	-4.132	-3.492	-3.175	0.8620	接受
D.lnxj	-8.521	-4.135	-3.493	-3.176	0.0000	拒绝
Lndwxj	-2.307	-4.132	-3.492	-3.175	0.4302	接受
D.lndwxj	-7.439	-4.135	-3.493	-3.176	0.0000	拒绝
Lncz	-1.505	-4.132	-3.492	-3.175	0.8274	接受
D.lncz	-5.568	-4.135	-3.493	-3.176	0.0000	拒绝
Lnp	-1.813	-4.132	-3.492	-3.175	0.6986	接受
D.lnp	-4.242	-4.135	-3.493	-3.176	0.0039	拒绝
Lnk	-1.386	-4.132	-3.492	-3.175	0.8650	接受
D.lnk	-5.402	-4.135	-3.493	-3.176	0.0000	拒绝
Lnl	-3.829	-4.132	-3.492	-3.175	0.0152	拒绝
D.lnl	-13.146	-4.135	-3.493	-3.176	0.0000	拒绝
Lnt	-2.317	-4.132	-3.492	-3.175	0.4247	接受
D.lnt	-12.722	-4.135	-3.493	-3.176	0.0000	拒绝
Lns	-0.493	-4.132	-3.492	-3.175	0.9837	接受
D.lns	-5.546	-4.135	-3.493	-3.176	0.0000	拒绝

注：D.表示对相应指标数据做滞后一期处理。

7.2.2 格兰杰因果检验

格兰杰因果检验是为了检验两组时间序列是否存在因果关系。在平稳性检验的基础上进一步验证活立木蓄积量、乔木林单位面积蓄积量及林业产值同中国林业政策效力是否存在因果关系，分别以 Lnxj、Lndwxj、Lncz 和 Lnp 的一阶差分序列进行格兰杰因果检验，具体结果见表 7-2。

表 7-2 格兰杰因果检验结果

原假设	滞后 1 期	滞后 2 期	滞后 3 期
活立木蓄积增加不是政策效力提高的格兰杰原因	接受(0.1434)	接受(0.2030)	接受(0.1888)
政策效力提高不是活立木蓄积增加的格兰杰原因	接受(0.2604)	接受(0.1439)	拒绝(0.0854)
单位面积蓄积变化不是政策效力提高的格兰杰原因	拒绝(0.0732)	拒绝(0.0997)	拒绝(0.0003)
政策效力提高不是单位面积蓄积变化的格兰杰原因	拒绝(0.0732)	拒绝(0.0581)	拒绝(0.0177)
林业产值增加不是政策效力提高的格兰杰原因	接受(0.2129)	接受(0.1534)	接受(0.2533)
政策效力提高不是林业产值增加的格兰杰原因	接受(0.7309)	接受(0.2334)	拒绝(0.0556)

注：括号内数字表示 P 值。

当滞后1期时，活立木蓄积量增长不是政策效力提高的格兰杰原因，且政策效力提高同样不是活立木蓄积量增长的格兰杰原因。只有当滞后3期时，政策效力提高才是活立木蓄积量增长的格兰杰原因，但活立木蓄积量增长不是政策效力提高的格兰杰原因，两者为单项因果关系。这表明，活立木蓄积量增加不一定会影响到国家林业政策效力的提高，而林业政策效力提高会促进活立木蓄积量增加，只不过这种影响存在时间上的滞后性。此外，当滞后1~3期时，乔木林单位面积蓄积量变化均为林业政策效力提高的格兰杰原因，且政策效力提高同样也是乔木林单位面积蓄积量变化的格兰杰原因，两者互为格兰杰因果关系。这表明，以乔木林单位面积蓄积量为代表的生态建设质量的变化会促使国家林业政策效力发生变动，同时林业政策效力的变动也会使得乔木林单位面积蓄积量发生变化，反映了国家对森林质量的重视程度以及政策制定的有效性影响到森林质量的提升。最后，当滞后1期时，林业产值增加不是政策效力提高的格兰杰原因，且政策效力提高同样也不是林业产值增加的格兰杰原因。只有当滞后3期时，政策效力提高才是林业产值增加的格兰杰原因，两者为单项格兰杰因果关系。这表明，林业产值提高不一定会影响到国家林业政策效力的提高，但林业政策效力提高会推动林业产值增加，这种影响同样存在时间上的滞后性。

7.2.3 协整检验

协整检验旨在确定两个不平稳时间序列的线性关系是否是长期稳定的，分别以活立木蓄积量、乔木林单位面积蓄积量和林业产值为因变量，运用OLS构建的协整方程，对残差序列进行单位根平稳性检验。具体检验结果如表7-3所示。

表中检验结果均拒绝了原假设(存在单位根或不平稳性)，即被解释变量与解释变量之间存在长期稳定的均衡关系，因而不存在伪回归，可以进行计量回归分析。

表7-3 协整检验结果

因变量	T值	1%临界值	5%临界值	10%临界值	P值	结论
活立木蓄积量	-6.383	-4.137	-3.494	-3.176	0.0000	拒绝
乔木林单位面积蓄积量	-5.521	-4.137	-3.494	-3.176	0.0000	拒绝
林业产值	-5.696	-4.137	-3.494	-3.176	0.0000	拒绝

7.3 回归结果与分析

考虑到序列间可能存在的自相关问题，因此采取广义最小二乘法(简称FGLS)进行回归分析，具体回归结果见表7-4。从数据的回归结果来看，1949—

2020 年，林业政策效力这一核心变量对活立木蓄积量增长产生了正向影响，但效果并不显著，这可能与林业在新中国成立后相当长的一段时期内处在服务于经济建设和国民经济发展的地位相关，以及受国家林业政策方针的阶段性调整带来的影响有关。1998 年以来国家林业政策强调对森林资源的保护而在一定程度上忽视了对森林资源的经营管理，使得政策要素对森林质量提升作用相对较弱并且效果并不显著。资金投入对森林资源增长有显著的正向拉动作用，资金投入量的增加能有效推进生态建设工作，该结论和李鹏（2015）认为的政府资金在生态建设和环境保护等方面发挥重要作用的理论相一致。劳动力要素投入与活立木蓄积量呈显著负相关，这与林业行业利润相对较低以及国有林区改革等因素密切相关，自 1996 年以来，林业劳动力人数不断降低，而劳动力的减少在一定程度上会对当地的营林活动造成不利影响（李凌超 等，2018）。土地要素的投入与活立木蓄积量也呈现负相关。李周等（1991）指出，林分平均年生长率提高和林地面积增加是森林蓄积量总量下降趋势得以扭转的主要原因。根据历次全国森林资源统计资料，在第六次森林资源清查（1999 年）之前，中国林地面积增长较为缓慢，平均不到 1% 的增长速度，甚至在第四次森林资源清查时出现负增长。这可能是在 1949—2020 年土地投入要素对活立木蓄积量产生负向影响的原因。

表 7-4 广义最小二乘法回归结果

变量	变量名称	活立木蓄积量	乔木林单位面积蓄积量	林业产值
Lnp	政策效力	0.0316	−0.0584	0.4721***
		(0.0385)	(0.0574)	(0.1662)
Lnk	资金	0.0671***	0.0296	0.3153***
		(0.0225)	(0.0341)	(0.0797)
Lnl	劳动力	−0.0277**	−0.0157	−0.0394
		(0.0110)	(0.0205)	(0.0353)
Lnt	技术	0.5858	0.4799	1.5989
		(0.6438)	(1.1642)	(2.0844)
Lns	土地	−0.6038***	0.0808	−0.6532
		(0.2414)	(0.2817)	(1.2519)
_cons	常数项	15.3347***	3.5079	9.0221
		(3.3312)	(3.8794)	(17.3153)
R^2		0.9943	0.9709	0.4883
$\bar{R}^2$		0.9937	0.9682	0.4409
F		1874.19	359.77	10.30
P		0.0000	0.0000	0.0000

注：①*表示 $P<0.10$，**表示 $P<0.05$，***表示 $P<0.01$；②括号内为标准误。

此外，根据计量分析结果，其他因素如技术进步对单位面积蓄积量也并没有产生显著的促进效应。这可能和1949—2020年，中国乔木林单位面积蓄积量呈现出先明显下降后缓慢增加的变动趋势有关，因而不能通过计量模型很好的检验并解释新中国成立以来林业政策效力和资金、技术、劳动力投入等要素对乔木林单位面积蓄积量变量的影响效果。

相较于林业生态建设成效，林业政策对林业经济发展成效的影响更为突出。具体而言，林业政策效力对林业产值增长具有显著的正向驱动作用，在其他投入要素不变的情况下，林业政策效力每提高1%，林业产值增长0.4721%。另外，林业资金投入对林业产值增长也有明显的正向影响，资金投入每增加1%，林业产值增长0.3153%。随着中国林业政策体系的逐渐完善，林业产业体系和产业结构也在不断优化发展，林业政策对林业产值增长的影响更加明显。该结论同向红玲等（2021）认为林业产业发展是资本投入、林业政策、产业结构等多方面因素合力作用结果的结论相一致。

7.4 小结

1949—2020年，中国林业经济增长和生态建设是多种因素综合作用的结果。从全国层面来看，林业政策对以林业产值为代表的林业经济发展有显著正向驱动作用，对以活立木蓄积量为代表的生态建设数量增长产生了正向促进作用，但效果并不显著，而对以乔木林单位面积蓄积量为代表的森林质量的提升作用效果同样不明显，其背后的原因可能与1949—2020年国家林业方针出现重大转变，对森林资源重视程度、保护力度存在显著差异有关。另外，林业政策对活立木蓄积量增长、林业经济增长的影响具有滞后性。

林业资金投入对生态建设数量和林业经济发展有显著的正向影响，原因在于林业资金投入能有效地促进森林资源保护，推动造林绿化活动的开展，显著提高生态建设数量，并增加对林业企业及林业产业发展的投入，通过投资乘数效应，显著促进林业经济发展。劳动力要素对森林资源发展和林业经济增长产生了不同程度的负向影响，主要原因在于林业行业利润相对较低以及林业发展战略的调整，林业从业者数量不断减少。林业技术进步虽然对生态建设数量与质量以及林业产业发展产生了一定的正向影响，但效果并不显著，主要原因可能是在相当长的时间内，特别是改革开放之前，林业科技投入相对较低，林业科技产出效益相对不足。最后，土地要素对森林资源的数量扩张及林业产值的增长产生了一定的负向影响，对森林资源的质量提升则产生一定的正向推动作用，主要原因在于适于造林的土地资源数量受限，森林资源发展的潜力逐步转向提升现有森林的质量和生产力。

1949—2020年，无论是生态建设数量与质量和林业产值，还是林业政策、资金、技术和劳动力以及土地等要素的投入，均发生了显著变化。特别是1998年以来，林业发展战略从以木材生产为主向生态建设优先转变。为推动森林生态环境修复、发展和生态文明建设，国家实施了"天然林资源保护工程""退耕还林工程"等多项重大林业生态工程，并颁布了一系列政策文件，使得中国林业生态建设的组织、理念和体制机制发生了根本性变革，推动了中国在20世纪90年代末期从生态赤字转向生态盈余。为此，本研究进一步以省级面板数据为基础，深入探究1998年以来中国林业政策效力对林业生态建设和林业经济发展的影响，以期对中国林业政策绩效做全面、翔实的分析评价。

第8章 1998—2020年基于省级面板数据的林业政策绩效分析

第七章的实证结果表明了1949—2020年中国林业政策对林业经济增长具有显著的正向驱动作用，对森林生态建设的数量增长也产生正向促进作用，但作用不显著，对森林生态建设的质量提升则表现为不显著的负向影响。因此，有必要进一步从省级层面对1998—2020年中国林业政策绩效进行深入分析，特别是自中国确立生态优先的林业发展战略之后，林业政策对森林生态建设和林业经济发展的作用与贡献。

8.1 模型选择与变量设计

8.1.1 模型选择

该部分继续选择柯布道格拉斯生产函数来测度中国林业政策效力在1998—2020年对生态建设数量增长、质量提升以及林业产业发展的贡献。

$$\ln Y_1 = \beta_0 + \beta_1 LnP_i + \beta_2 LnK_{it} + \beta_3 LnL_{it} + \beta_4 LnT_{it} + \beta_5 LnS_{it} + \varepsilon \quad (8.1)$$

$$\ln Y_2 = \beta_0 + \beta_1 LnP_i + \beta_2 LnK_{it} + \beta_3 LnL_{it} + \beta_4 LnT_{it} + \beta_5 LnS_{it} + \varepsilon \quad (8.2)$$

$$\ln Y_3 = \beta_0 + \beta_1 LnP_i + \beta_2 LnK_{it} + \beta_3 LnL_{it} + \beta_4 LnT_{it} + \beta_5 LnS_{it} + \varepsilon \quad (8.3)$$

$$\ln Y_1 = \beta_0 + \beta_1 Lnld + \beta_2 LnK_{it} + \beta_3 LnL_{it} + \beta_4 LnT_{it} + \beta_5 LnS_{it} + \varepsilon \quad (8.4)$$

$$\ln Y_2 = \beta_0 + \beta_1 Lnld + \beta_2 LnK_{it} + \beta_3 LnL_{it} + \beta_4 LnT_{it} + \beta_5 LnS_{it} + \varepsilon \quad (8.5)$$

$$\ln Y_3 = \beta_0 + \beta_1 Lnld + \beta_2 LnK_{it} + \beta_3 LnL_{it} + \beta_4 LnT_{it} + \beta_5 LnS_{it} + \varepsilon \quad (8.6)$$

$$\ln Y_1 = \beta_0 + \beta_1 Lncs + \beta_2 LnK_{it} + \beta_3 LnL_{it} + \beta_4 LnT_{it} + \beta_5 LnS_{it} + \varepsilon \quad (8.7)$$

$$\ln Y_2 = \beta_0 + \beta_1 Lncs + \beta_2 LnK_{it} + \beta_3 LnL_{it} + \beta_4 LnT_{it} + \beta_5 LnS_{it} + \varepsilon \quad (8.8)$$

$$\ln Y_3 = \beta_0 + \beta_1 Lncs + \beta_2 LnK_{it} + \beta_3 LnL_{it} + \beta_4 LnT_{it} + \beta_5 LnS_{it} + \varepsilon \quad (8.9)$$

$$\ln Y_1 = \beta_0 + \beta_1 Lnfk + \beta_2 LnK_{it} + \beta_3 LnL_{it} + \beta_4 LnT_{it} + \beta_5 LnS_{it} + \varepsilon \quad (8.10)$$

$$\ln Y_2 = \beta_0 + \beta_1 Lnfk + \beta_2 LnK_{it} + \beta_3 LnL_{it} + \beta_4 LnT_{it} + \beta_5 LnS_{it} + \varepsilon \quad (8.11)$$

$$\ln Y_3 = \beta_0 + \beta_1 Lnfk + \beta_2 LnK_{it} + \beta_3 LnL_{it} + \beta_4 LnT_{it} + \beta_5 LnS_{it} + \varepsilon \quad (8.12)$$

$$\ln Y_1 = \beta_0 + \beta_1 Lnmb + \beta_2 LnK_{it} + \beta_3 LnL_{it} + \beta_4 LnT_{it} + \beta_5 LnS_{it} + \varepsilon \quad (8.13)$$

$$\ln Y_2 = \beta_0 + \beta_1 Lnmb + \beta_2 LnK_{it} + \beta_3 LnL_{it} + \beta_4 LnT_{it} + \beta_5 LnS_{it} + \varepsilon \quad (8.14)$$

$$\ln Y_3 = \beta_0 + \beta_1 Lnmb + \beta_2 LnK_{it} + \beta_3 LnL_{it} + \beta_4 LnT_{it} + \beta_5 LnS_{it} + \varepsilon \quad (8.15)$$

式中：Y_i 变量分别表示林业生态建设成效和林业经济发展成效，前者分别以生态建设数量为代表的活立木蓄积量 Y_1 和反映生态建设质量的乔木林单位面积蓄积量 Y_2 来表示，后者以林业产值 Y_3 来表示。P_i 表示第 i 年林业政策效力；K_{it} 表示第 i 年 t 省的林业资金投入；L_{it} 表示第 i 年 t 省的林业劳动力；T_{it} 表示第 i 年 t 省林业科技进步率；S_{it} 表示第 i 年 t 省林地面积。Lnld、Lncs、Lnfk 和 Lnmb 分别表示第 i 年林业政策效力中政策力度、措施、反馈和目标的得分情况。β_0 表示除林业政策、林业资金、劳动力、林业科技和林地以外的其他对林业产出的影响因素。β_1、β_2、β_3、β_4、β_5 分别表示相对应的弹性系数。

8.1.2 变量选择

因变量和自变量选择同上文全国层面的指标，其中 1998—2020 年全国 31 省（市）活立木蓄积量、乔木林单位面积蓄积量数据主要来源于第五次至第九次森林资源清查，林业产值数据来源于相应年份的《中国林业统计年鉴》。此外，为进一步分析林业政策效力的影响，将林业政策效力的构成指标，即政策力度、政策措施、政策反馈和政策目标分别纳入柯布道格拉斯生产函数中进行实证分析。

8.2 数据检验

1998 年中国林业发展战略转向生态建设优先，林业政策的转变对国家森林资源丰裕度和林业经济增长也产生了重要影响。在利用省级面板数据进行 1998—2020 年期间中国林业政策对生态建设和林业经济发展的影响与贡献程度的回归分析之前，首先对面板数据进行平稳性和协整检验，以确保回归结果的可靠性。

8.2.1 单位根检验

方差膨胀因子是衡量多元线性回归模型中是否存在多重共线性的一种方法。各变量的方差膨胀因子（VIF）如表 8-1 所示，各变量的 VIF 均小于 5，不存在多重共线性问题。

表 8-1 方差膨胀因子

变量	P	K	L	S	T
VIF	4.89	4.55	3.13	2.21	1.27

为避免出现伪回归现象，同时鉴于选取的为短面板数据，因此进行 HT 检验

(原假设为存在同质单位根)和 IPS 检验(原假设为存在异质单位根)。林业产值、政策效力、政策数量、政策力度、政策措施、政策目标、政策反馈、技术要素、资本要素和土地要素均通过了 1% 的显著性检验,活立木蓄积量、乔木林单位面积蓄积量和劳动力要素经一阶差分后通过了 1% 的显著性检验。表 8-2 为对各变量取对数再一阶差分后的单位根检验情况,各变量在不同显著性水平下均拒绝了存在单位根的原假设,表明各变量序列是平稳的。

表 8-2 面板数据各变量的单位根检验(一阶差分)

变量	活立木蓄积量	乔木林单位蓄积量	林业产值	政策效力	政策数量	技术	劳动力	资本
Ht	-19.4369	-19.5252	-21.0805	-20.7422	-19.6243	-39.2809	-17.3215	-30.0924
P	0.0000	0.0000	0.0000	0.0000	0.0000	0.0000	0.0000	0.0000
IPS	-14.6438	-11.8683	-1.4929	-2.6736	-6.1307	-4.6587	-4.5956	-10.1711
P	0.0000	0.0000	0.0677	0.0038	0.0000	0.0000	0.0000	0.0000

8.2.2 协整检验

为进一步验证各自变量和对应的因变量之间存在长期稳定的均衡关系,运用 Pedroni 和 Kao 方法进行协整检验,具体检验结果如表 8-3 所示,$P<0.01$,拒绝了原假设(非平稳),具备回归条件,可以进行建模开展计量回归实证分析。

表 8-3 序列组协整检验结果

变量	活立木蓄积量	活立木单位面积蓄积量	林业产值
Pedroni	-7.3782***	-6.5098***	-8.6782***
ADF(Kao)	-1.6424***	-3.4924***	-3.8110***

注:*表示 $P<0.10$,**表示 $P<0.05$,***表示 $P<0.01$。

8.3 回归分析结果

对面板数据进行计量回归时,需要综合考虑混合 OLS 模型、随机效应模型和固定效应模型并从中选取最合适的一个模型。因为林业政策在制定之后到发挥效果存在时间上的滞后性,因此在回归检验时将时间效应纳入分析。对 1998—2020 年全国 31 个省(自治区、直辖市)活立木蓄积量、乔木林单位面积蓄积量和林业产值及相关数据进行公式(8.1)至公式(8.3)的回归检验,以下为各因变量进行回归检验后的结果与分析。

8.3.1 1998—2020 年林业政策对生态建设数量增加具有显著正向影响

分别采用混合 OLS 模型、随机效应模型和固定效应模型分析林业政策对活立木蓄积的影响效应，回归结果见表 8-4。各个模型的显著性检验结果表明，随机效应模型优于混合 OLS 模型，但进一步开展 Hausman 检验的结果显示，chi2 = 89.45(P = 0.0000)，拒绝原假设（随机效应），因此选择固定效应模型进行计量检验与分析。

表 8-4 林业政策对活立木蓄积量增长的回归结果

变量	变量名	混合 OLS 模型		固定效应模型		随机效应模型	
		系数	标准误	系数	标准误	系数	标准误
Lnp	政策效力	0.3100	0.3742	0.2770***	0.0740	0.2479***	0.7185
Lnk	资金	-0.0314	-0.04	0.0382	0.0233	0.0297	0.2359
Lnl	劳动力	0.0375	0.2043	-0.0914**	0.0308	-0.0931***	0.3365
Lnt	技术	-0.4521	0.8982	0.5741**	0.2255	0.8482***	0.2536
Lns	土地	1.0842***	0.2010	0.1777	0.1119	0.3088***	0.0965
_cons	常数项	-0.0863	2.3745	10.5786***	1.2226	9.4202***	1.0863
R-squared		0.8342		0.8105		0.8010	
样本量		713		713		713	
F value/Wald value				109.73		240.53	
显著性水平				0.0000		0.0000	

注：* 表示 P<0.10，** 表示 P<0.05，*** 表示 P<0.01。

根据固定效应模型的检验结果，R^2 = 81.05%，F 统计量对应的 P 值为 0.0000，表明模型拟合优度较好，参数整体上非常显著。林业政策效力和劳动力要素在 1% 的水平下显著，技术要素通过了 5% 的显著性水平检验，其产出弹性系数分别为 0.2770、-0.0914 和 0.5741。上述结果表明，在保持其他投入要素不变的情况下，林业政策效力每提高 1%，活立木蓄积量增加 0.2770%；相应地，技术要素每增加 1%，活立木蓄积量增加 0.5741%。从侧面反映了技术要素对活立木蓄积量增加的贡献程度不断提升，如开展林业科技推广交流活动和强化基层林业人员的技能等都会在一定程度上改进营林技术水平进而提高造林成活率，扩大森林蓄积量。资金投入与和土地要素虽然对活立木蓄积量的增长产生了正向影响，但结果并不显著。而劳动力投入与活立木蓄积量增长呈显著负相关，这同 1949—2020 年基于全国层面的回归分析结果相一致。

8.3.2 1998—2020 年林业政策对生态建设质量提升具有显著的正向影响

1998—2020 年，中国林业政策效力对以乔木林单位面积蓄积量表示的生态建设质量提升的影响效应的三类计量分析模型的具体回归结果如表 8-5 所示。各个模型的显著性检验结果表明,随机效应模型优于混合 OLS 模型,进一步开展 Hausman 检验的结果显示,chi2 = 89.29(P = 0.0000),拒绝原假设(随机效应),因此选择固定效应模型进行计量分析。

根据固定效应模型检验结果显示,R^2 = 53.63%,F 统计量对应的 P 值为 0.0000,模型拟合优度优于混合 OLS 和随机效应模型,参数整体上较为显著。林业政策效力、劳动力和土地要素分别在 10%、5% 和 1% 的水平下显著,相应的产出弹性系数分别为 0.1485、-0.086 和 -0.3028。上述结果表明,在保持其他投入要素不变的情况下,林业政策效力每提高 1%,乔木林单位面积蓄积量增加 0.1485%;相应地,土地要素每增加 1%,乔木林单位面积蓄积量减少 0.3028%。当前,中国造林面积不断增加,部分无立木林地和林辅用地转变为有林地,中幼龄林面积比例不断扩大,使得乔木林单位面积蓄积量数值下降,这是林地面积对乔木林单位面积蓄积量产生负向影响的原因之一。

劳动力要素的投入与乔木林单位面积蓄积量增加呈显著负相关,这与 1949—2020 年在全国层面上的回归结果相一致,其背后的原因同样在于林业劳动力的转移与流失。从回归结果来看,资金投入和技术进步虽然对乔木林单位面积蓄积量的增长产生了正向影响,但结果并不显著。

表 8-5 林业政策对单位面积蓄积量增长的回归结果

变量	变量名	混合 OLS 模型		固定效应模型		随机效应模型	
		系数	标准误	系数	标准误	系数	标准误
Lnp	政策效力	0.3940*	0.2078	0.1485*	0.0722	0.1377**	0.0610
Lnk	资金	-0.1145	0.0747	0.0301	0.02138	0.0255	0.0193
Lnl	劳动力	-0.1502	0.1064	-0.086**	0.0327	-0.0886***	0.0309
Lnt	技术	-0.2465	0.3472	0.2674	0.1705	0.3161**	0.1316
Lns	土地	0.2777***	0.0900	-0.3028***	0.0992	-0.1959**	0.0844
_cons	常数项	0.6474	1.5149	6.6832***	0.9060	5.5404***	0.7960
R-squared		0.3115		0.5363		0.4813	
样本量		713		713		713	
F value/Wald value				20.73		51.49	
显著性水平				0.0000		0.0000	

注:* 表示 $P<0.10$,** 表示 $P<0.05$,*** 表示 $P<0.01$。

8.3.3 1998—2020 年林业政策对林业经济发展具有显著正向影响

1998—2020 年,中国林业政策效力对林业经济发展的影响效应的三类计量分析模型的具体回归结果如表 8-6 所示。各个模型的显著性检验结果表明,随机效应模型优于混合 OLS 模型，进一步开展 Hausman 检验的结果显示，chi2 = 39.15（$P=0.0000$），拒绝原假设（随机效应），因此选择固定效应模型进行计量分析。

表 8-6 林业政策对林业产值增长的回归结果

变量	变量名	混合 OLS 模型		固定效应模型		随机效应模型	
		系数	标准误	系数	标准误	系数	标准误
Lnp	政策效力	1.0698**	0.4465	4.8891***	0.1700	2.0833***	0.1865
Lnk	资金	0.5504***	0.1701	0.0793	0.0563	0.0479	0.0677
Lnl	劳动力	0.5076**	0.1892	−0.1264*	0.0623	−0.2215	0.1971
Lnt	技术	3.2821*	1.7537	0.2952	0.5059	1.9744*	1.0522
Lns	土地	−0.1195	0.1604	0.4473***	0.1571	0.4919**	0.2191
_cons	常数项	−9.8290***	2.9901	−34.5004***	2.0264	−11.6369***	1.8388
R-squared		0.5142		0.9572		0.5977	
样本量		713		713		713	
F value/Wald value				28281.23		1690.44	
显著性水平				0.0000		0.0000	

注：*表示 $P<0.10$，**表示 $P<0.05$，***表示 $P<0.01$。

根据固定效应模型检验结果显示，$R^2=95.72\%$，F 统计量对应的 P 值为 0.0000，模型拟合优度较好，参数整体上非常显著。林业政策效力和土地要素均在 1%的水平下显著，劳动力要素在 10%的水平下显著，相应的产出弹性系数分别为 4.8891、0.4473 和−0.1264。上述结果表明，在保持其他投入要素不变的情况下，林业政策效力每提高 1%，林业产值增加 4.8891%；相应地，土地要素每增加 1%，林业产值增加 0.4473%；劳动力要素每增加 1%，林业产值减少 0.1264%。资金和技术要素虽然对林业产值产生了正向影响，但回归结果并不显著，其背后的原因可能在于，林业投资过多或利用效率太低会对中国林业发展产生一定的制约影响（丁振民 等，2016）。

1998—2020 年，中国林业政策对林业产值的增长作用效果较为显著，林地面积的增加也会对助力林业产值的增长，其背后的原因可能在于这一时期随着林地面积的不断增加，林业经济用地也在不断增加，林下经济、森林康养及旅游休闲等行业快速发展推动了林业产业规模的发展壮大和林业产业结构优化调整，从而对林业经济产生显著的推动作用。

综上所述，1998—2020 年，中国林业政策对森林资源的数量增长、质量提升以及林业经济发展均起到非常显著的正向推动作用。相较于 1949—2020 年的林业政策绩效，这种影响更加明显，且效果也更为显著。这与沈若萌(2014)阐述的1998年以后的林业政策对中国森林资源的增长起着较为显著推进作用，国家层面出台的林业政策组合在整体上对中国林业资源的增长起到明显的促进作用等研究结论相一致。这也与1998—2020年国家林业发展战略转向生态建设优先，不仅减少了对森林资源无节制的消耗与破坏，而且加强森林资源的培育与保护，同时加强林下经济、森林康养等林业多种经营等因素有关。

8.3.4 回归结果的稳健性检验

林业政策效力=政策力度×(政策措施+政策目标+政策反馈)，因此政策数量与政策效力成正比例关系，当政策数量越多时，政策效力也就越大。为此，可以用政策数量作为政策效力的替代指标来对上文的回归结果进行稳健性检验。

(1)林业政策效力对活立木蓄积量增长的稳健性检验

以政策数量替代政策效力，分别运用混合OLS模型、随机效应模型和固定效应模型进行回归，个体效应的显著性检验表明，随机效应模型要优于混合OLS模型。Hausman检验的结果显示，chi2=89.45(P=0.0000)，拒绝原假设(随机效应)，因此选择固定效应模型进行计量分析。林业政策数量、资金、劳动力、技术和土地要素对活立木蓄积量的回归结果如表8-7所示，林业政策数量对活立木蓄积量的影响方向与程度同上文林业政策效力对活立木蓄积量的影响程度及方向基本一致，变量的显著性水平完全相同。因而，上文中关于政策效力对活立木蓄积量的回归结果是可靠的。

表8-7 林业政策对活立木蓄积量增长的回归结果

变量	变量名	混合OLS模型		固定效应模型		随机效应模型	
		系数	标准误	系数	标准误	系数	标准误
Lnn	政策数量	0.2620	0.3107	0.2188***	0.0585	0.2124***	0.0594
Lnk	资金	-0.0339	0.1494	0.3824	0.0234	0.0267	0.0235
Lnl	劳动力	0.0390	0.2044	-0.0914***	0.0308	-0.0911***	0.0328
Lnt	技术	-0.4688	0.9005	0.5741**	0.2255	0.8362***	0.2510
Lns	土地	1.0839***	0.2010	0.1777	0.1119	0.3051***	0.0967
_cons	常数项	1.0227	1.4331	11.6421***	1.1698	10.3335***	1.062
R-squared		0.8343		0.8105		0.8009	
样本量		713		713		713	
F value/Wald value				109.73		240.88	
显著性水平				0.0000		0.0000	

注：*表示$P<0.10$，**表示$P<0.05$，***表示$P<0.01$。

(2)林业政策效力对乔木林单位面积蓄积量增长的稳健性检验

检验结果显示,随机效应模型优于混合 OLS 模型。但 chi2 = 61.37,拒绝了原假设(随机效应),同样选择固定效应模型进行分析。林业政策数量、资金、劳动力、技术和土地要素对乔木林单位面积蓄积量的回归结果如表 8-8 所示。

根据表 8-8,林业政策数量对乔木林单位面积蓄积量的影响方向与程度同上文林业政策效力对乔木林单位面积蓄积量的影响程度及方向基本一致,变量的显著性水平完全相同。因而,上文中关于政策效力对乔木林单位面积蓄积量的回归结果是可靠的。

表 8-8 林业政策对乔木林单位面积蓄积量增长的回归结果

变量	变量名	混合 OLS 模型		固定效应模型		随机效应模型	
		系数	标准误	系数	标准误	系数	标准误
Lnn	政策数量	0.3275*	0.1731	0.1173**	0.0570	0.1152**	0.0507
Lnk	资金	−0.1157	0.0755	0.0301	0.0213	0.0248	0.0195
Lnl	劳动力	−0.1495	0.1067	−0.0863**	0.0327	−0.0879***	0.0307
Lnt	技术	−0.2897	0.3507	0.2674	0.1705	0.3114**	0.1307
Lns	土地	0.2775***	0.0900	−0.3028***	0.0992	−0.1866**	0.0849
_cons	常数项	2.0780**	0.8912	7.2533***	0.9600	6.0422***	0.8048
R-squared		0.3118		0.5363		0.4818	
样本量		713		713		713	
F value/Wald value				20.73		51.47	
显著性水平				0.0000		0.0000	

注:*表示 $P<0.10$,**表示 $P<0.05$,***表示 $P<0.01$。

(3)林业政策效力对林业产值增长的稳健性检验

检验结果显示随机效应模型要优于混合 OLS 模型。同时,chi2 = 41.33,拒绝了原假设(随机效应),同样选择固定效应模型。林业政策数量、资金、劳动力、技术和土地要素对林业产值的回归结果如表 8-9 所示,林业政策数量对林业产值的影响方向与程度同上文林业政策效力对林业产值的影响程度及方向基本一致,各变量的显著性水平完全相同。因而,上文中关于政策效力对林业产值的回归结果是可靠的。

综上所述,1998—2020 年中国林业政策效力对生态建设数量的增加、质量的提升以及林业经济的发展的回归结果是可信的。

表 8-9 林业政策对林业产值的回归结果

变量	变量名	混合 OLS 模型		固定效应模型		随机效应模型	
		系数	标准误	系数	标准误	系数	标准误
Lnn	政策数量	1.0512***	0.3702	3.8629***	0.1343	1.9788***	0.1519
Lnk	资金	0.4929***	0.1707	0.0793	0.0563	-0.0511	0.0702
Lnl	劳动力	0.5406***	0.1933	-0.1264*	0.0623	-0.1803	0.1793
Lnt	技术	3.0300*	1.7102	0.2952	0.5059	1.6252*	0.9631
Lns	土地要素	-0.1252	0.1621	0.4473***	0.1571	0.4692**	0.2105
_cons	常数项	-6.5001***	1.7341	-15.7253	1.7899	-4.5473***	1.5684
R-squared		0.5195		0.9572		0.6181	
样本量		713		713		713	
F value/Wald value				28241.23		1742.51	
显著性水平				0.0000		0.0000	

注：*表示 $P<0.10$，**表示 $P<0.05$，***表示 $P<0.01$。

8.3.5 林业政策效力各维度的绩效分析

在量化评估 1998—2020 年中国林业政策效力对活立木蓄积量、乔木林单位面积蓄积量和林产产值效益的基础上，为深入分析政策效力的不同维度对上述因变量的影响方向与程度，进一步从政策力度、政策措施、政策目标和政策反馈四个维度对活立木蓄积量、乔木林单位面积蓄积量和林产产值的影响逐一进行回归分析。但由于政策效力各维度，即政策力度、政策措施、政策目标和政策反馈四个变量之间存在多重共线性，采取逐步回归分析仍不能有效地解决该问题。因此，依据公式（8.4）至公式（8.15）逐一对活立木蓄积量、乔木林单位面积蓄积量以及林业产值进行回归分析。

根据回归分析结果（表 8-10），1998—2020 年林业政策效力四个维度对林业经济发展的影响最显著，其次是对生态建设数量增加和森林质量提升的影响。具体而言，在其他因素不变的情况下，政策力度每提高 1%，林业产值、活立木蓄积量与乔木林单位面积蓄积量分别提高 4.8556%、0.2751% 和 0.1478%；其次，在其他因素不变的情况下，政策措施每提高 1%，会使得林业产值、活立木蓄积量和乔木林单位面积蓄积量分别提高 4.0416%、0.2290% 和 0.1230%；再次，在其他因素不变的情况下，政策反馈每提高 1%，林业产值、活立木蓄积量和乔木林单位面积蓄积量分别提高 4.3700%、0.2476% 和 0.1330%；最后，在其他因素不变的情况下，政策目标每提高 1%，林业产值、活立木蓄积量和乔木林单位面积蓄积量分别提高 3.8000%、0.2153%和 0.1157%。

表 8-10 林业政策效力各维度指标回归结果综合表

变量	变量名称	活立木蓄积量	乔木林单位面积蓄积量	林业产值
Lnld	政策力度	0.2751***	0.1478**	4.8556***
		(0.0736)	(0.7188)	(0.1690)
Lncs	政策措施	0.2290***	0.1230**	4.0416***
		(0.0612)	(0.0598)	(0.1407)
Lnfk	政策反馈	0.2476***	0.1330**	4.3700***
		(0.0662)	(0.0647)	(0.1521)
Lnmb	政策目标	0.2153***	0.1157**	3.8000***
		(0.0576)	(0.0563)	(0.1323)
Lnk	资金	0.0383	0.2989	0.0795
		(0.0234)	(0.0215)	(0.0563)
Lnl	劳动力	-0.0914***	-0.0860**	-0.1265*
		(0.0307)	(0.0327)	(0.0624)
Lnt	技术	0.5764**	0.2659	0.3003
		(0.2262)	(0.1707)	(0.5040)
Lns	土地	0.1762	-0.3028***	0.4444***
		(0.1160)	(0.0994)	(0.1572)
R-squared		0.8104	0.5364	0.9572
样本量		713	713	713
F value		110.13	20.45	28033.42

注：①括号内为稳健性标准误；② * 表示 $P<0.10$，* * 表示 $P<0.05$，* * * 表示 $P<0.01$。

从林业政策效力各个维度来看，林业政策力度对林业生态建设和林业经济发展的影响最为显著，其次分别是政策反馈、政策措施和政策目标。由于林业政策力度主要取决于政策文本发布主体行政级别的高低，行政级别越高，其发布政策文本的政策力度也就越大，对林业经济的增长效益越明显。这在一定程度上表明，林业地位的提升以及国家对林业重视程度的提高，有助于林业经济发展以及森林资源的数量增长和质量提升。其次，提高政策反馈，在林业政策实施过程中有明确的监督方式和负责部门，且规定阶段性反馈或终期验收等内容，通过常态化监督管理与结果的及时反馈，有助于政策制定目标的实现。此外，政策文本中措施越具体，政策执行者就越容易理解和达成共识，因而越有助于政策的实施落实。最后，目前政策目标对生态建设数量的增加、生态建设质量的提升还是林业经济发展的影响程度均相对较小，政策制定时需要有明确的政策目标与量化考核指标，每一项内容均给予严格的执行与控制标准，对政策执行者的约束力就越大，从而提高政策绩效。

8.4 小结

1998—2020年，中国林业政策对生态建设以及林业经济发展均产生了非常显著的影响。其中，中国林业政策对林业产值的影响最为显著，其次分别是以活立木蓄积量表征的生态建设数量和以乔木林单位面积蓄积量表征的生态建设质量。乔木林单位面积蓄积量在第五次至第八次森林资源清查期间仅增加了0.70%的发展状况表明，以乔木林单位面积蓄积量为代表的生态建设质量的有效提升除了依赖相关政策支持以外，还需要注重提升森林经营管理者的技术水平，改进森林经营管理方式等。总体而言，1998年以来中国林业政策绩效显著，对生态建设和林业经济发展均产生了较好的影响效果。尽管在1998年以后中国生态建设秉承"生态优先"的发展原则，但随着一系列林业政策的制定与实施，相较于生态建设成效，林业经济发展受益更大。

从各控制变量的影响效果来看，资金投入对生态建设以及林业经济发展的影响不显著，但相比较而言，资金投入对林业产值增长的影响最大、对生态建设数量的增加和质量提升的作用效果相当。这主要是由于林业投资存在投资乘数扩大效应，能在短期促进林业产值增长，同时林业产值增加又具有拉动林业投资的反作用(才琪 等，2015)。此外，林业劳动力投入对生态建设数量的增加、质量的提升以及林业经济的发展均具有负向显著作用，该结论与樊纲等(2011)、乔丹等(2021)等人的研究结论相一致，也与前一章分析结果相一致。另外，技术要素对活立木蓄积量产生显著影响，对单位面积蓄积量以及林业产值的增长虽产生正向影响，但效果并不显著。随着中国森林资源的稳步发展，为提升生态建设质量、优化林业经济产业结构，应进一步强化技术投入，以发挥好技术进步对中国生态经济建设的重要作用。最后，在1998—2020年，林地面积稳步增加，在一定程度上促进了活立木蓄积量的增加，但影响效果并不显著；由于部分无林地改造为有林地，使得在森林面积得到增加的同时，森林蓄积量并没有得到有效提升，因此对单位面积蓄积量的提升不显著。另一方面，林下经济、森林康养及旅游休闲等林业产业因林地投入要素的增加而使得其对林业产值产生显著的正向促进作用。

从林业政策效力各个维度来看，林业政策力度、政策措施、政策目标和政策反馈对林业经济发展的影响最为显著，其次是对生态建设的影响。另一方面，林业政策力度对增加活立木蓄积量、提升乔木林单位面积蓄积量以及促进林业产值增长的效果最为显著，其次分别是政策反馈、政策措施和政策目标。一般而言，中央或国务院发布的政策文件能够引起地方的高度重视，相较于行业主管部门发布的政策文件的政策力度更高,而且在政策颁布实施的同时也会给予相应的资金、技术等支持,因而政策力度较政策反馈、政策措施和政策目标的实际效果更好。因此,林业政策文件的政策力度往往有限,加之在简政放权、充分发挥市场经济主体作用的当下,政策目标虽然是每项政策制定的出发点与落脚点,但政策文件在明确政策目标的同时,还需要充分使用政策反馈或监督工具,通过制定阶段性的任务或目标以要求政策执行主体及时反馈政策落实的具体情况,从而提升林业政策的执行效果。这与张旭峰等(2021)指出自下而上的林业政策反馈机制重要性的研究结论较为一致。

就 1949—2020 年国家层面的时间序列数据以及 1998—2020 年省级面板数据的回归结果而言,因为受不同时期国际环境以及国家生态建设方针差异性等因素的影响,林业政策在不同阶段存在较为明显的区别,导致其在不同时期对林业生态建设和产业发展的影响不尽相同。1949—1997 年,林业处于服务国民经济建设与发展的从属地位,经济功能大于生态服务功能,同时,对生态建设更多强调的是数量的增加,对提升生态建设质量的重视程度不足,这也是中国林业政策效力在 1949—2020 年期间对林业产值具有显著促进作用而对活立木蓄积量及乔木林单位面积蓄积量产生不显著影响的原因之一。1998 年以后,国家逐步重视了林业的生态服务功能与价值,对森林资源的保护程度逐步提升,森林管理与经营水平也不断提高,因此,在"两山理论"背景下,中国林业政策对林业生态建设和林业经济发展均起到了显著的促进作用。

第 9 章 结论与展望

本书首先运用林业年鉴与文献回顾、数据分析与可视化等方法,总结梳理了新中国成立 70 年来我国林业发展建设取得的成就及林业管理体系的历史变迁;其次,运用文献计量、社会网络分析、聚类分析等方法,揭示不同发展阶段林业政策发布主体及其网络结构特征与演化路径,并进一步分析了林业政策主题领域及其演进;最后运用计量经济学模型,基于国家和省级层面的时间序列数据,实证分析了林业政策对我国林业经济发展以及森林资源保育的作用。研究表明,过去 70 年来,我国林业发展取得了巨大成就,林业政策作为调控林业发展的"看得见的手"发挥了关键性作用。

9.1 主要结论

第一,林业事业发展的基石从单一森林生态系统逐渐扩展到森林、草原、湿地、荒漠四大陆地生态系统,整体呈现生态系统健康状况向好、质量不断提升、功能稳步增强的良好发展局面。具体来说,新中国成立初期森林覆盖率仅约 10%,蓄积量约 75 亿立方米。到 2021 年,森林覆盖率已达到 24.02%,蓄积量达到 194.93 亿立方米;草地面积 2.65 亿公顷,草原综合植被盖度 50.32%;湿地面积 2346.93 万公顷;沙化土地扩展的态势得到遏制,沙化和荒漠化土地面积持续十余年呈现"双缩减";已建成各类自然保护区 2750 个,占全国陆域国土面积的 15%,90.5% 的陆地生态系统类型、85% 的野生动植物种类、65% 的高等植物群落受到保护。森林、草原、湿地生态系统年提供生态系统服务:涵养水源量 8038.53 亿立方米、固土量 117.20 亿吨、保肥量 7.72 亿吨、吸收大气污染物量 0.75 亿吨、滞尘量 102.57 亿吨、释氧量 9.34 亿吨、植被养分固持量 0.49 亿吨。"绿水青山就是金山银山"的发展理念得到深入落实,林业产业总产值从 1952 年的 7.28 亿元增至 2020 年的 8.12 万亿元,增幅超过 10000 倍,成为规模最大的绿色经济体;森林、草原、湿地资源生态产品总价值量更是达到每年 28.58 万亿元。在全球森林破坏、环境退化的国际背景下,我国林业发展呈现出"风景这边独好"的大好局面。

第二，国家林业管理部门在 1949 年后的 70 年里数次变迁，前期较为频繁，后期逐渐稳定。其变迁历程基本与中国社会经济体制改革过程相适应，宏观调控职能不断凸显，直接市场干预逐渐弱化；核心工作职责从经济生产逐步转向生态建设，从单一森林生态系统转变为"多个生态系统一个生物多样性"；以"独立"管理林业事务为主，但近年来不断向自然资源统筹管理体系融入；林业管理结构整体保持"条块结合"不变，但从"条条为主"转变为"以块为主"。纵向体系基本稳定，依托于国家行政区划层级从中央向地方、基层不断延伸，从上到下的政策传导机制非常成熟，占有主导地位；从下到上的反馈机制与从外到内的建言献策机制逐步发展。行政主官的政治维度相对稳定，在一定程度上稳定地保障了林业在国家宏观决策中的相对重要性。此外，与国际林业管理体系的比较表明，在当前可持续发展的全球背景下，林业资源管理呈现出向自然资源整体管理整合或向生态管理融入的趋势。

第三，林业政策的发布数量整体呈现波动上升后逐渐下降的趋势，并逐渐趋于稳定。其中，涉林法律和行政法规的年均发布数量略有提升，中共中央、国务院发布的条例、规定等政策力度较高文件的年均发布数量基本保持不变，各部委发布的规章和通知类文件的年均发布数量大幅提升，中共中央、国务院发布的通知类文件的年均发布数量则呈现先上升后下降的趋势。政策工具的使用以规制型工具为主导，但使用频率呈下降趋势，而经济激励型、信息公开型和社会参与型工具使用频率则呈上升趋势。这一定程度表明，林业政策形成了自上而下的政策执行路径，中共中央、国务院通过决定、意见等政策力度较大的文本形式发布林业政策，对林业工作进行权威、持续的宏观指导，各部委则将国家的宏观指导转化为具体、执行效力强的行动方案。此外，政府更加倾向于使用规制型政策工具，经济激励型政策工具的使用倾向较低，信息传递型和社会参与型工具的使用不足，且存在一定的内部结构失衡现象。

第四，林业政策的发布主体则具有多元性和主导型并存的特征。国家林业主管部门、国务院、全国人民代表大会和全国绿化委员会是独立发文的主要部门。国家林业行政主管部门、财政部、国家发展和改革委员会、国家农业行政主管部门是林业政策联合发布的重要主导者，其中国家林业行政主管部门一直是制定林业政策的权威主体。林业政策发布主体合作网络整体从以国家林业行政主管部门为核心的松散态势向以国家林业行政主管部门为网络核心、多部门局部核心均衡的态势演化，网络中各主体之间的合作深度呈现逐渐下降的趋势。这一定程度表明，近些年来国家林业行政主管部门主导、多部门协同推进，成为推动林业发展进而促进生态文明建设的主要形式。在林业发展外部性愈发凸显、生态环境问题日益复杂的形势下，部门之间相互依赖、彼此合作运用资源是当前解决生态环境问题、推进生态文明建设的有效方式。

第五，林业政策的主题领域广泛而深入，其演化与国家经济社会发展战略目标的演变具有高度一致性。其中，国土绿化、野生动物保护、森林防灾减灾和应急管理、林地保护管理、林业改革等在70余年中一直是重点内容。林业政策发展定位呈现出从"提供生产要素，直接促进国民经济发展"，到"森林资源利用与保护兼顾以促进林业可持续发展"，再到"以提供生态服务与产品为主导"的演化趋势，林业在生态和民生中的定位不断凸显。在整个林业发展过程中，国家不断加强林业规范化建设和林业法制建设，为林业发展提供了有力保障。

第六，林业政策的效力表现为先平稳增长后快速提升的发展趋势，特别是在党的十八大以后，政策效力增长速度明显加快；从政策效力各维度的量化结果来看，政策措施始终保持在较高水平，其次是政策目标和政策力度，最后是政策反馈。这一定程度表明了，党和政府对林业发展的重视程度不断提高，逐步强化政策对林业发展和生态文明建设的促进作用，同时也反映了国家较为关注林业政策内容的完备性及可行性，对林业政策实施的结果较为重视，而对政策实施过程的监督与反馈的关注程度相对较弱。

第七，从林业政策的绩效来看，基于国家层面时间序列数据分析结果表明，1949—2020年中国林业政策对林业产值增长具有显著的正向驱动作用，在其他投入要素不变的情况下，林业政策效力每提高1%，林业产值增长0.4721%；对森林资源数量增长也产生了正向促进作用，但效果不显著；对森林资源质量提升表现为不显著的负向影响，背后的原因可能在于，林业在新中国成立后相当长的一段时期内处在服务于经济建设和国民经济发展的地位，以及受国家林业政策方针的阶段性调整带来的影响，使得国家对森林资源重视程度、保护力度存在显著差异。总之，1949—2020年林业政策效力的提高扩大了其他要素在林业行业的投入，优化了中国林业产业结构并助力林业产业快速发展。

第八，基于省级面板数据的分析结果表明显示，1998—2020年中国林业政策对森林资源数量增长、质量提升以及林业经济发展均起到了非常显著的正向促进作用。其中，林业政策对林业产值增长影响最为显著，其次是对森林资源数量增加和质量提升的影响。在保持其他投入要素不变的情况下，林业政策效力每提高1%，林业产值增加4.8891%、活立木蓄积量增加0.2770%、乔木林单位面积蓄积量增加0.1485%。同时，在林业政策效力的各维度中，政策力度对森林资源数量增长和质量提升以及林业经济发展的影响效果最好，其次分别是政策反馈、政策措施和政策目标。总之，1998年以来由于国家逐步重视了林业的生态服务功能与价值，对森林资源的保护程度逐步提升，加之森林管理与经营水平也不断提高，使得中国林业政策对林业生态建设和产业发展均起到了显著的促进作用。

9.2 未来政策展望

推进新时代林业高质量发展，既是践行供给侧改革，提供丰富生态产品以满足人民日益增长的美好生态环境需求的重要举措；也是促进产业兴旺、农牧民增收致富的有效途径。未来林业政策需继续坚持以习近平新时代中国特色社会主义思想和习近平生态文明思想为指导，对标建设中国式现代化的具体要求，"创新、协调、绿色、开放、共享"的新发展理念，践行"绿水青山就是金山银山"生态产品价值实现。按照"山水林田湖草是一个生命共同体"的理念，坚持系统观念，完善林业政策体系，全力推动林业事业高质量发展，促进林业治理体系和治理能力的现代化。

具体而言，随着生态文明建设纳入"五位一体"总体布局，林业发展日益成为事关社会发展全局的核心议题，林业事业未来发展长期向好的基本面不会变。随着我国全面深化改革的不断推进，以及新一轮机构改革的逐渐完成，林业管理体系基本稳定，未来林业发展将在中共中央和国务院的宏观指导下发挥国家林业主管部门的主体地位的同时，坚持系统观念，保持全国人大、全国绿化委员会对林业问题的持续关注，积极协同财政部、国家发展和改革委员会、国家农业行政主管部门等以获取关键支持，广泛联系自然资源、生态环境等其他相关部门以最大程度形成林业发展"合力"。在保持当前林业管理体系高效的"自上而下"纵向体系的同时，需强化"自下而上"的反馈体系和"自外而内"的建言献策体系建设。在政策主题上，继续保持与国家经济社会发展战略目标的高度一致性。聚焦国土绿化、野生动物保护、森林防灾减灾和应急管理、林地保护管理、林业改革等传统重点领域的同时，与时俱进地关注林业在自然保护地/国家公园、乡村振兴、应对气候变化领域的作用。充分发挥林业政策作为"看得见的手"对林业发展的积极促进作用，注重提升林业政策效力，借助林业政策对林业产业发展和林草资源保护与修复的作用与贡献，推动"绿水青山就是金山银山"的转化以实现"生态美、百姓富"的有机统一。

9.3 未来研究展望

本著作研究的主题——中国林业政策演进，具有"面广、时长"的特点。在本书中，受研究时间、人力、物力所限，仅聚焦我国林业发展成就与林业管理体系、林业政策发布主体和主题及林业政策绩效几个方面开展深入研究。在未来的研究中，或可以从以下几方面继续延拓，在此仅作列举，挂一漏万，还望读者批评指正。

第一，本著作中只对我国林业管理体系做一般性总结描述，未来的研究中或可采用政治学和政治经济学方法对林业管理体系的变迁及其影响因素做量化刻画。

第二，本著作中主要从中央层面的林业政策发布主体及其协作网络演化进行分析，未来的研究中或可聚焦中央与地方之间，以及地方政府之间的协作网络关系开展研究，与本著作形成互补以反映全国林业协同治理的全貌。

第三，由于林业发展的外部性以及生态建设的复杂性，林业政策主体部门协作的影响因素和动力机制较为复杂，2018年国务院机构改革以后，在生态文明建设大背景下各部门职能的明晰、跨部门共识与信任的构建、跨部门协作方法或形式等尚缺乏研究，这或可成为今后关注的重点。

第四，本著作中只开展了国家层面发布的林业政策整体绩效的量化探索，未来的研究中或可探索中国林业政策所运用的各类政策工具及其协同性效果。

第五，本著作中是面向"全谱系"林业政策，在未来的研究中或可聚焦林业特定细分领域内（如森林经营、林业应对气候变化等专题领域）的政策开展深入研究。

参考文献

北大法宝网. 国家林业和草原局[EB/OL]. [10/1]. http://pkulaw.cn/fulltext_form.aspx?Db=introduction&Gid=f7414c5e77020ce2ebd3792e8dfdec1bbdfb&keyword=&EncodingName=big5%27&Search_Mode=&Search_IsTitle=0.

北京农业大学经济法研究组, 北京政法学院经济法教研室, 1981. 农业经济法规资料汇编(内部资料)[G]. 北京.

卜乐, 陆文明, 2020. 多源流理论视角下中国《森林认证规则》的政策形成过程分析[J]. 世界林业研究(3): 45-50.

才琪, 陈绍志, 赵荣, 2015. 中央林业投资与林业经济增长的互动关系[J]. 林业科学, 51(9): 126-133.

蔡晶晶, 李德国, 2020. 商品林赎买政策如何撬动社会参与和经济绩效?——对福建林业政策创新的混合研究[J]. 公共行政评论, 13(6): 40-60.

操小娟, 李佳维, 2019. 环境治理跨部门协同的演进——基于政策文献量化的分析[J]. 社会主义研究(3): 84-93.

曹兰芳, 王立群, 曾玉林, 2015. 林改配套政策对农户林业生产行为影响的定量分析——以湖南省为例[J]. 资源科学, 37(2): 391-397.

曹子娟, 罗诚, 2018. 我国林业政策变迁的制度背景分析[J]. 林业经济(12): 94-100.

陈幸良, 巨茜, 林昆仑, 2014. 中国人工林发展现状、问题与对策[J]. 世界林业研究(6): 54-59.

程华, 王婉君, 2013. 创新政策与企业绩效研究[J]. 中国科技论坛(2): 10-14.

崔海兴, 温铁军, 郑风田, 等, 2009. 改革开放以来我国林业建设政策演变探析[J]. 林业经济(2): 38-43.

戴凡, 2010. 新中国林业政策发展历程分析[D]. 北京: 北京林业大学.

当代中国研究所. 中华人民共和国国史网[EB/OL]. [1/1]. http://hprc.cssn.cn/.

丁煌, 2003. 发展中的中国政策科学——我国公共政策学科发展的回眸与展望[J]. 管理世界(2): 27-37.

丁振民, 黄秀娟, 2016. 资本投入对中国森林公园旅游效率的影响研究[J]. 资源科学, 38(7): 1363-1372.

杜晓林, 2018. 我国扶贫开发政策的变迁研究——基于政策文献的量化分析[D]. 兰州: 兰州大学.

樊宝敏, 李晓华, 杜娟, 2021. 中国共产党林业政策百年回顾与展望[J]. 林业经济, 43(12):

5-23.

樊宝敏，2009. 中国林业思想与政策史[M]. 北京：科学出版社.

樊纲，王小鲁，马光荣，2011. 中国市场化进程对经济增长的贡献[J]. 经济研究，46(9)：4-16.

冯达，郑云玉，温亚利，2010. 改革开放以来我国林业经济增长的实证研究[J]. 安徽农业科学，38(19)：10357-10359.

赴德国国有林保护和管理培训团，2015. 德国国有林管理体制的借鉴[J]. 林业经济(3)：115-118.

傅一敏，刘金龙，赵佳程，2018. 林业政策研究的发展及理论框架综述[J]. 资源科学，40(6)：1106-1118.

高吉喜，陈圣宾，2014. 依据生态承载力 优化国土空间开发格局[J]. 环境保护，42(24)：12-18.

高尚全，1984. 打破条块分割，发展横向经济联系[J]. 经济研究(11)：3-8.

郭强，刘冬梅，2020. 中国农业农村科技服务政策量化评价[J]. 中国科技论坛(8)：148-158.

国家林业和草原局. 中国森林资源概况-第九次全国森林资源清查[EB/OL]. [6/1]. https://forest.ckcest.cn/.

国家林业和草原局，2019. 中国林业统计年鉴2018[M]. 北京：中国林业出版社.

国家林业局，2016. 关于印发《中国落实2030年可持续发展议程国别方案——林业行动计划》的通知. http://www.forestry.gov.cn/main/72/content-936506.html.

国家林业局，1999. 中国林业统计年鉴1998[M]. 北京：中国林业出版社.

国家统计局. 国家数据[EB/OL]. [1/1]. https://data.stats.gov.cn/.

国务院办公厅. 国家林业局主要职责内设机构和人员编制规定[EB/OL]. [10/1]. http://www.gansu.gov.cn/art/2009/3/4/art_761_188111.html.

国务院办公厅. 国务院办公厅关于印发林业部职能配置、内设机构和人员编制方案的通知[EB/OL]. [1/1]. https://www.pkulaw.com/chl/aea9261fd1cd2973bdfb.html.

国务院法制办公室，2011. 中华人民共和国法规汇编[M]. 北京：中国法制出版社.

何增华，陈升，2020. 科技创新政策对创新资源—绩效的跨层调节影响机制[J]. 科学学与科学技术管理，41(4)：19-33.

胡鞍钢，沈若萌，2014. 生态文明建设先行者：中国森林建设之路(1949—2013)[J]. 清华大学学报(哲学社会科学版)，29(4)：63-72.

胡北明，黄俊，2019. 中国旅游发展70年的政策演进与展望——基于1949—2018年政策文本的量化分析[J]. 四川师范大学学报(社会科学版)(6)：63-72.

胡运宏，贺俊杰，2012. 1949年以来我国林业政策演变初探[J]. 北京林业大学学报(社会科学版)，11(3)：21-27.

湖北省林业厅，1983. 林业政策法规汇编(内部资料)[G]. 武汉.

黄晨，2014. 基于"数据驱动决策"理论的公安决策方法研究[J]. 北京警察学院学报(6)：49-55.

黄萃, 任弢, 张剑, 2015. 政策文献量化研究: 公共政策研究的新方向[J]. 公共管理学报, 12(2): 129-137.

黄俊毅, 2019. 天保工程: 把天然林都保护起来[J]. 绿色中国(10): 16-19.

黄锐, 谢朝武, 李勇泉, 2021. 中国文化旅游产业政策演进及有效性分析——基于2009—2018年政策样本的实证研究[J]. 旅游学刊, 36(1): 27-40.

霍春龙, 邬碧雪, 2015. 治理取向还是管理取向?——中国公共政策绩效研究的进路与趋势[J]. 上海行政学院学报, 16(4): 33-38.

姜国兵, 2012. 公共政策绩效评估体系建构初探[J]. 广东行政学院学报, 24(6): 7-12.

柯水发, 英犁, 赵铁珍, 2012. 集体林区林地使用权流转分析——政策演进、流转形式及机制[J]. 林业经济(3): 12-16.

孔德意, 2018. 我国科普政策主体及其网络特性研究[J]. 科普研究(1): 5-14, 55.

孔凡斌, 2008. 集体林权制度改革绩效评价理论与实证研究——基于江西省2484户林农收入增长的视角[J]. 林业科学, 44(10): 132-141.

孔凡斌, 2008. 我国林业投资的机制转变和规模结构分析[J]. 农业经济问题(9): 91-96.

兰梓睿, 2021. 中国可再生能源政策效力、效果与协同度评估——基于1995~2018年政策文本的量化分析[J]. 大连理工大学学报(社会科学版), 42(5): 112-122.

李晨婕, 温铁军, 2009. 宏观经济波动与我国集体林权制度改革——1980年代以来我国集体林区三次林权改革"分合"之路的制度变迁分析[J]. 中国软科学(6): 33-42, 127.

李国雷, 刘勇, 郭蓓, 等, 2006. 我国飞播造林研究进展[J]. 世界林业研究, 19(6): 45-48.

李亮, 朱庆华, 2008. 社会网络分析方法再合著分析中的实证研究[J]. 情报科学, 26(4): 550-555.

李凌超, 刘金龙, 程宝栋, 等, 2018. 中国劳动力转移对森林转型的影响[J]. 资源科学, 40(8): 1526-1538.

李鹏, 2015. 国家公园中央治理模式的"国""民"性[J]. 旅游学刊, 30(5): 5-7.

李伟伟, 2014. 中国环境政策的演变与政策工具分析[J]. 中国人口·资源与环境, 24(5): 107-110.

李周, 杨云龙, 张明吉, 等, 1991. 中国林业产业结构分析与设计[J]. 林业经济, (4): 14-34.

李周, 1989. 我国林业再生产态势的评估和优化的主线与对策[J]. 林业经济, (3): 12-18.

廖灵芝, 王见, 2014. 林区建设视角的集体林改绩效评价——基于云南省2012年10个样本县调查数据[J]. 林业经济问题, 34(1): 27-30.

林业部计划司, 1987. 林业统计提要(内部资料). 8.

林业专业知识服务系统, 2019. http://forest.ckcest.cn/sd/si/zgslzy.html.

刘璨, 2020. 集体林权流转制度改革: 历程回顾、核心议题与路径选择[J]. 改革, (4): 133-147.

刘凤朝, 徐茜, 2012. 中国科技政策主体合作网络演化研究[J]. 科学学研究, 30(2): 241-248.

刘军, 2004. 社会网络分析导论[M]. 北京: 社会科学文献出版社: 268-269.

刘军，2009. 整体网分析讲义：UCINET 软件实用指南[M]. 上海：世纪出版集团发行中心：10-12.

刘伦武，刘伟平，2004. 试论林业政策绩效评价[J]. 林业经济问题，24(6)：347-350.

刘珉，胡鞍钢. 中国创造森林绿色奇迹(1949—2060 年)[J/OL]. 新疆师范大学学报(哲学社会科学版)：1-12[2021-12-09]. https：//doiorg/10.14100/j.cnki.65-1039/g4.20211008.001.

刘瑞，吴静，张冬平，等，2016. 中国产学研协同创新政策的主题及其演进[J]. 技术经济，35(8)：45-52，82.

刘世荣，庞勇，张会儒，等，2021. 中国天然林资源保护工程综合评价指标体系与评估方法[J]. 生态学报，41(13)：5067-5079.

刘伟，2014. 内容分析法在公共管理学研究中的应用[J]. 中国行政管理(6)：93-98.

刘伟平，傅一敏，冯亮明，等，2019. 新中国 70 年集体林权制度的变迁历程与内在逻辑. 林业经济问题，39(6)：561-569.

刘于鹤，林进，2008. 加强森林经营 提高森林质量——从编制实施森林经营方案处罚[J]. 林业经济，(7)：6-10.

刘宗飞，姚顺波，刘越，2015. 基于空间面板模型的森林"资源诅咒"研究[J]. 资源科学，37(2)：379-390.

罗干. 关于国务院机构改革方案的说明(1998 年)[EB/OL]. [1/1]. http：//www.npc.gov.cn/wxzl/gongbao/1998-03/06/content_ 1480093.htm.

迈克尔·豪利特，M.拉米什，2006. 公共政策研究：正常循环与政策子系统[M]. 庞诗，雷晓云，李香云，译. 北京：生活·读书·新知三联书店.

孟贵，刘叶菲，张旭峰，等，2022. 1998—2018 年我国林业有害生物灾情的时序分析[J]. 林业科学，58(7)：134-143.

芈凌云，杨洁，2017. 中国居民生活节能引导政策的效力与效果评估——基于中国 1996—2015 年政策文本的量化分析[J]. 资源科学，39(4)：651-663.

宁攸凉，李岩，马一博，等，2021. 我国林业产业发展面临的挑战与对策[J]. 世界林业研究，34(04)：67-71.

潘丹，陈寰，孔凡斌，2019. 1949 年以来中国林业政策的演进特征及其规律研究——基于 283 个涉林规范性文件文本的量化分析[J]. 中国农村经济，(7)：89-108.

彭纪生，孙文祥，仲为国，2008. 中国技术创新政策演变与绩效实证研究(1978—2006)[J]. 科研管理，29(4)：134-150.

彭纪生，仲为国，孙文祥，2008. 政策测量、政策协同演变与经济绩效：基于创新政策的实证研究[J]. 管理世界，(9)：25-36.

乔丹，柯水发，袁婉潼，2021. 市场化测度及其对林业经济增长的影响分析：以中国南方集体林区为例[J]. 农林经济管理学报，20(3)：337-345.

曲婉，冯海红，侯沁江，2017. 创新政策评估方法及应用研究：以高新技术企业税收优惠政策为例[J]. 科研管理，38(1)：1-11.

全国绿化委员会办公室. 2019 年中国国土绿化状况公报[EB/OL]. [10/1]. http：//fangtan.china.com.cn/zhuanti/2020-03/12/content_ 75804637.html.

参考文献

沈若萌, 2014. 中国森林新政：政策过程与成效[D]. 北京：清华大学：38.

石春娜, 王立群, 2009. 我国森林资源质量变化及现状分析[J]. 林业科学, 45(11)：90-97.

宋维明, 杨超, 2020. 1949年以来林业产业结构、空间布局及其演变机制[J]. 林业经济, 42(6)：3-17.

孙顶强, 徐晋涛, 2015. 从市场整合程度看中国木材市场效率[J]. 中国农村经济(6)：37-45.

孙玉涛, 曹聪, 2012. 战略情形转变下中国创新政策主体合作结构演进实证[J]. 研究与发展管理, 24(4)：93-102.

王帮俊, 朱荣, 2019. 产学研协同创新政策效力与政策效果评估——基于中国2006—2016年政策文本的量化分析[J]. 软科学, 33(3)：30-35.

王红梅, 王振杰, 2016. 环境治理政策工具比较和选择——以北京PM2.5治理为例[J]. 中国行政管理(8)：126-131.

王明天, 张海鹏, 2017. 改革开放以来我国农村林业政策变化过程及取向分析[J]. 世界林业研究, 30(1)：56-60.

王清, 2018. 政府部门间为何合作：政绩共容体的分析框架[J]. 中国行政管理(7)：100-107.

王薇, 余玲艳, 2019. 中国应急产业政策目标、工具、力度大三维分析——基于2002年以来政策文本的量化研究[J]. 中国安全生产科学技术, 15(11)：50-56.

王文旭, 曹银贵, 苏锐清, 等, 2020. 基于政策量化的中国耕地保护政策演进过程[J]. 中国土地科学, 34(7)：69-78.

王勇. 关于国务院机构改革方案的说明[EB/OL]. [1/1]. http：//www.gov.cn/guowuyuan/2018-03/14/content_5273856.htm.

魏后凯, 崔凯, 2022. 建设农业强国的中国道路：基本逻辑、进程研判与战略支撑[J]. 中国农村经济(1)：2-23.

翁银娇, 马文聪, 叶阳平, 等, 2018. 我国LED产业政策等演进特征、问题和对策——基于政策目标、政策工具和政策力度的三维分析[J]. 科技管理研究(3)：69-75.

吴宾, 徐萌, 2017. 中国住房保障政策主题聚焦点的变迁——基于共词和聚类分析视角的分析[J]. 城市问题(5)：89-97.

吴水荣, 海因里希·施皮克尔, 陈绍志, 等, 2015. 德国森林经营及其启示[J]. 林业经济(1)：50-55.

吴秀丽, 刘羿, 祝远虹, 等, 2013, 我国森林经营管理与政策研究[J]. 林业经济(10)：86-92.

伍美玉, 2013. 政府部门间协调与合作的困境及选择——基于整体主义的视角[D]. 桂林：广西师范大学.

相恒星, 王宗明, 毛德华, 2021. 东北地区天然林资源保护工程生态保护成效分析[J]. 中国科学院大学学报, 38(3)：314-322.

向红玲, 陈昭玖, 廖文梅, 等, 2021. 农村劳动力转移对林业全要素生产率的影响分析——基于长江经济带11省(市)的实证[J]. 林业经济, 43(3)：37-51.

肖泽忱, 布仁仓, 胡远满, 2009. 对我国林业政策绩效评价体系的思考[J]. 西北林学院学报,

24(3)：224-228.

徐倪妮，郭俊华，2018. 中国科技人才政策主体协同演变研究[J]. 中国科技论坛(10)：163-173.

薛立强，杨书文，2016. 论政策执行的"断裂带"及其作用机制——以"节能家电补贴推广政策"为例[J]. 公共管理学报，13(1)：55-64.

杨帆，刘金山，贺东北，2012. 我国森林碳库特点与森林碳汇潜力分析[J]. 中南林业调查规划，31(1)：1-4.

杨诗炜，冼嘉宜，翁银娇，等，2019. 新型研发机构政策的量化分析——基于政策工具和政策力度的视角[J]. 中国高校科技(6)：32-35.

杨书运，蒋跃林，张庆国，等，2006. 未来中国森林碳蓄积预估初步研究[J]. 福建林业科技(1)：118-120.

杨煜，张宗庆，2016. 基于共词分析的中国生态文明政策网络研究[J]. 北京理工大学学报(社会科学版)，18(5)：10-15.

杨正，2019. 政策计量的应用：概念界限、取向与趋向[J]. 情报杂志，38(4)：60-65.

杨志军，耿旭，王若雪，2017. 环境治理政策的工具偏好与路径优化——基于 43 个政策文本的内容分析[J].19(3)：276-283.

姚刚，2008. 公共政策视角下的政府绩效评估[J]. 求索(4)：62-63.

叶江峰，任浩，甄杰，2015. 中国国家级产业园区 30 年发展政策的主题与演变[J]. 科学学研究，33(11)：1634-1640，1714.

于琦，常江毅，邰杨芳，等，2019. 我国卫生政策主体合作网络演化研究[J]. 中国卫生经济，38(8)：5-11.

余洋婷，吴水荣，孟贵，等，2020. 1949—2019 年中国林业政策发布主体合作网络演化研究[J]. 林业经济，42(4)：3-19.

余洋婷，孟贵，张旭峰，等，2021. 中国林业政策的演进——基于政策力度和政策工具的分析[J]. 世界林业研究，34(4)：112-117.

余洋婷，2020. 1949—2019 年中国林业政策演化研究——基于 2495 份政策文献的量化分析[D]. 北京：中国林业科学研究院.

张存刚，李明，陆德梅，2004. 社会网络分析——一种重要的社会学研究方法[J]. 甘肃社会科学(2)：109-111.

张国兴，高秀林，汪应洛，等，2014. 中国节能减排政策的测量、协同与演变：基于 1978—2013 年政策数据的研究[J]. 中国人口·资源与环境，24(12)：62-73.

张海鹏，2015. 绿色经济背景下的中国林业政策转型[J]. 生态经济，31(12)：84-87.

张旭峰，吴水荣，宁攸凉，2015. 中国集体林权制度变迁及其内在经济动因分析[J]. 北京林业大学学报(社会科学版)，14(1)：57-63.

张旭峰，孟贵，吴水荣，等，2021. 1949 年以来中国林业管理体系变迁及国际比较[J]. 林草政策研究，1(1)：55-62.

张永安，闫瑾，2016. 技术创新政策对企业创新绩效影响研究——基于政策文本分析[J]. 科技进步与对策，33(1)：108-113.

张忠潮, 童静, 2010. 我国林权制度变迁中的可持续性研究[J]. 农村经济与科技, 21(10): 91-93.

张壮, 赵红艳, 2018. 改革开放以来中国林业政策的演变特征与变迁启示[J]. 林业经济问题, 38(4): 1-6.

赵立祥, 汤静, 2018. 中国碳减排政策的量化评价[J]. 中国科技论坛(1): 116-122, 172.

赵筱媛, 苏竣, 2007. 基于政策工具的公共科技政策分析框架研究[J]. 科学学研究(1): 52-56.

赵雪芹, 蔡铨, 王英, 2021. 我国个人信息保护政策的文本分析——基于政策工具、社会系统论、政策效力的三维分析框架[J]. 现代情报, 41(4): 17-25.

郑方辉, 毕紫薇, 孟凡颖, 2010. 取水许可与水资源费征收政策执行绩效评价[J]. 华南农业大学学报(社会科学版), 9(1): 57-63.

郑威, 关百钧, 1996. 中外林业管理体制概述[J]. 林业经济(4): 65-70.

中共中央, 国务院. 中共中央、国务院印发《国有林场改革方案》和《国有林区改革指导意见》[EB/OL]. [1/1]. http://www.forestry.gov.cn/main/4506/20150318/748772.html.

中共中央, 国务院. 中共中央国务院关于加快林业发展的决定[EB/OL]. [1/1]. http://www.gov.cn/gongbao/content/2003/content_62358.htm.

中共中央, 国务院. 中共中央国务院关于全面推进集体林权制度改革的意见[EB/OL]. [1/1]. http://www.gov.cn/gongbao/content/2008/content_1057276.htm.

中国环境管理、经济与法学学会, 北京政法学院经济法教研室, 1982. 环境法参考资料选编(内部资料)[G]. 北京.

中国林业网, 2019b. http://www.forestry.gov.cn/main/5563/20191009/083426946308498.html.

中国林业网. 1950年林业大事记[EB/OL]. [3/1]. http://www.forestry.gov.cn/main/5565/20190911/151906810160186.html.

中华人民共和国全国人民代表大会. 中华人民共和国宪法[EB/OL]. [1/1]. http://www.gov.cn/guoqing/2018-03/22/content_5276318.htm.

钟开斌, 2015. 中国突发事件调查制度的问题与对策——基于"战略-结构-运作"分析框架的研究[J]. 中国软科学(7): 59-67.

周生贤, 2002. 中国林业的历史性转变:《中国可持续发展林业战略研究总论》前沿[J]. 中国林业(21): 24-27.

周振超, 2009. 当代中国政府"条块关系"研究[M]. 天津: 天津人民出版社.

朱桂龙, 程强, 2014. 我国产学研成果转化政策主体合作网络演化研究[J]. 科学学与科学技术管理, 35(7): 40-477.

朱原辉, 2012. 新中国成立以来林业政策变迁背后的价值观演变[D]. 北京: 北京林业大学.

卓越, 2008. 政府交易成本的类型及其成因分析[J]. 中国行政管理(9): 38-43.

AGRICULTURE F M O F. BMEL-Homepage [EB/OL]. [0501]. https://www.bmel.de/EN/ministry/history/history_node.html.

ANGELSEN A, KAIMOWITZ, 1999. Rethinking the causes of deforestation: lessons from economic models[J] The World Bank Research Observe, 14(1): 73-98.

ANNE S, HELEN I, 1988. Systematically Pinching Ideas: A Comparative Approach to Policy Design [J]. Journal of Public Policy, 8(1): 61-80.

ATHEY S, IMBENS G W, 2017. The state of applied econometrics: Causality and policy evaluation [J]. Journal of Economic Perspectives, 31(2): 3-32.

BORGATTI S, EVERETT M, FREEMAN L. Ucinet [EB/OL]. 2002. http://www.analytictech.com/ucinet/. LIU C, WANG S, LIU H, et. al., 2017, Why did the 1980's reform of collective forestland tenure in southern Chinafail?. Forest policy and economics, (83): 131-141.

CARDNO C, 2018. Policy Document Analysis: A Practical Educational Leadership Tool and a Qualitative Research Method[J]. Educational Administration: Theory & Practice, 24(4): 623-640.

CHEN C, PARK T, WANG X, et al, 2019, . China and India lead in greening of the world through land-use management[J]. Nature Sustainability2(2): 122-129.

CHOWDHURY N, KATSIKAS S, GKIOULOS V, 2022. Modeling effective cybersecurity training frameworks: A delphi method-based study[J]. Computers & Security, 113: 102551.

CHRISTINA P, 2012. Social network analysis: History, theory and methodology[M]. Sage.

COOLS M, BRIJS K, TORMANS H, et al, 2012. Optimizing the implementation of policy measures through social acceptance segmentation[J]. Transport Policy, 22(3): 80-87.

DAOWEI Z, 2018. China's forest expansion in the last three plus decades: why and how? [J], Forest Policy and Economics, (98): 75-81.

FRANCISCO X, YALI W, 2021. Socio-economic and ecological impacts of China's forest sector policies[J]. Forest Policy and Economics, 127: 102454.

GANESAN S, 1994. Determinants of Long-Term Orientation in Buyer-Seller Relationships[J]. Journal of Marketing, 58(2): 1-19.

HARMELINK M, NILSSON L, HARMSEN R, 2008. Theory-based policy evaluation of 20 energy efficiency instruments[J]. Energy Efficiency, 1(2): 131-148.

JAMES D T, 1967. Organizations in Action[M]. New York: McGraw-Hill.

JIE L I, 2021. A simulation approach to optimizing the vegetation covers under the water constraint in the Yellow River Basin[J]. Forest Policy and Economics, 123: 102377.

KE S F, QIAO D, ZHANG X X, et al, 2019. Changes of China's forestry and forest products industry over the past 40 years and challenges lying ahead [J]. Forest Policy and Economics, 106: 101949.

LANOIE P, LAURENT-LUCCHETTIJ, JOHNSTONE N, et al, 2011. Environmental policy, innovation and performance: New insights on the porter hypothesis [J]. Journal of Economics&Management Strategy, 20(3): 803-842.

LIBECAP G D, 1978. Economic variables and the development of the law. The case of western mineral rights[J]. Journal of Economic History, 38(2): 338-362.

METZE T, 2020. Visualization in environmental policy and planning: A systematic review and research agenda[J]. Journal of Environmental Policy & Planning, 22(5): 745-760.

REN G P, YOUNG S S, WANG L, et al, 2015. Effectiveness of China's national forest protection program and nature reserves[J]. Conservation Bioligy, 29(5): 1368-1377.

ROTHWELL ROY, ZEGVELD WALTER, 1985. Reindustrialization and Technology. London: Longman Group Limited.

RYAN B, JULIA L, 2015. Community forestry research in Canada: A bibliometric perspective[J]. Forest Policy and Economics, (59): 47-55.

SACHS J D, WARNER A M, 1995. Natural resource abundance and economic growth[R]. Cambridge: National Bureau of Economic Research, 1-54.

SEN W, G CORNELIS V K, BILL W, 2004. Mosaic of reform: forest policy in post-1978 China [J]. Forest Policy & Economics, (6): 71-83.

SOLOW R, 1957. Technical change and the aggregate production function[J]. The Review of Economics and Statistics, 39(3): 312-320.

USDA. U. S. Forest Service[EB/OL]. [1/1]. https://www.fs.usda.gov/.

WANG S, Cornelis van Kooten G, Wilson B, 2004. Mosaic of reform: forest policy in post-1978 China. Forest policy and economics, (6): 71-83.

WILLIAM F H, RUNSHENG Y, 2018. 40 Years of China's forest reforms: Summary and outlook [J]. Forest Policy and Economics, (98): 90-95.

XU J, YANG Y, JEFFERSON F, et al, 2007. Forest transition, its causes and environmental consequences: empirical evidence from Yunnan of Southwest China [J]. Tropical Ecology, 48(2): 137-150.

XU J, YIN R, LI Z, et al, 2006. China's ecological rehabilitation: unprecedented efforts dramatic impacts, and requisite policies[J]. Ecol. Econ. (57), 595-607.

YAN Z, WEI F, DENG X, et al, 2022. Does the Policy of Ecological Forest Rangers (EFRs) for the Impoverished Populations Reduce Forest Disasters? —Empirical Evidence from China[J]. Forests, 13(1): 80-93.

YIN R, 2021. Evaluating the socioeconomic and ecological impacts of China's forest policies, program, and practices: Summary and outlook[J]. Forest Policy and Economics, 127: 102439.

ZHANG D, 2019. China's forest expansion in the last three plus decades: why and how? [J]. Forest policy and economics, (98): 74-81.

ZHANG G, ZHANG Z, GAO X, et al, 2017. Impact of energy conservation and emissions reduction policy means coordination on economic growth: Quantitative evidence from China[J]. Sustainability, 9(5): 686.

ZHANG K, SONG C, ZHANG Y, et al, 2017. Natural disasters and economic development drive forest dynamics and transition in China[J]. Forest policy and economics, (76): 56-64.

ZHAO X G, MENG X, ZHOU Y, et al, 2020. Policy inducement effect in energy efficiency: an empirical analysis of China[J]. Energy, 211: 118726.

ZINDA J A, TRAC C J, ZHAI D, et. al, 2017. Dual-function forests in the returning farmland to forest program and the flexibility of environmental policy in China[J]. Geoforun. (78), 119-132.

附录　1949—2020 年政策文件清单

发布时间	政策名称	文号	发布主体
1949/9/29	中国人民政治协商会议共同纲领		中国人民政治协商会议
1950/3/11	关于公路行道树栽植试行办法		林垦部、交通部
1950/3/18	林垦部关于春季造林的指示		林垦部
1950/5/6	西北地区护林补充办法		西北军政委员会
1950/5/16	关于全国林业工作的指示		政务院
1950/5/20	关于华北、西北等区雨季造林的指示		林垦部
1950/6/15	关于严禁铁路沿线居民砍伐路植树木的通令		政务院
1950/6/30	中华人民共和国土地改革法		全国人民代表大会
1950/7/6	关于发动群众育苗的通知		林垦部
1950/7/28	关于恢复和发展海南岛树胶的指示		中共中央
1950/8/3	关于1950年采集树木种籽的指示		林垦部
1950/9/30	关于秋冬季林业工作的指示		林垦部
1950/10/19	关于各级部队不得自行采伐森林的通令		政务院、人民革命军事委员会
1951/2/1	保护森林暂行条例（草案）		林垦部
1951/2/1	国有林采伐暂行条例（草案）		林垦部
1951/2/1	奖励造林暂行办法（草案）		林垦部
1951/2/1	林权划分办法（草案）		林垦部
1951/2/2	关于1951年农林生产的决定		政务院
1951/3/17	关于春季严禁烧荒烧垦，防止森林火灾的指示		政务院
1951/4/21	关于适当地处理林权明确管理保护责任的指示		政务院
1951/4/27	关于木材供给及收购问题的处理办法		政务院
1951/4/27	中财委关于伐木业务中存在问题处理意见		政务院
1951/7/2	关于山林经营和分配问题的指示		中南局
1951/7/21	关于育林费的征收及使用办法之补充规定		政务院

（续）

发布时间	政策名称	文号	发布主体
1951/7/25	中共中央批转中南局关于山林经营和分配问题的指示		中共中央
1951/8/13	关于节约木材的指示		政务院
1951/9/11	关于加强林业工作的指示		华东军政委员会
1952/2/12	政务院财政经济委员会批复《育林费收入处理办法》		政务院
1952/2/16	关于一九五二年春季造林工作的指示		林业部
1952/3/4	关于防止森林火灾问题给各级党委的指示		中共中央
1952/3/4	关于严防森林火灾的指示		政务院
1952/3/17	关于严防森林火灾对各级建委的指示		政务院、人民监察委员会
1952/4/8	关于分工造林的指示		华东军政委员会
1952/8/14	关于加强一九五二年秋季采集树木种子工作的指示		林业部
1952/11/19	关于与私有林有关的一些政策问题的报告		林业部
1952/11/20	关于自1953年度起全国统一试行木材规格、木材检尺办法、木材材积表的命令		政务院
1952/12/19	关于发动群众继续开展防旱抗旱运动并大力推动水土保持工作的指示		政务院
1953/2/19	关于东北国有林内划定母树及母树林有关问题的决定		林业部
1953/3/2	关于护林防火的指示		林业部
1953/6/10	关于木材经营管理方针政策的报告		林业部
1953/7/12	关于全国木材业务划归林业部门统一经营管理的决定		政务院、林业部、商业部
1953/9/13	关于发动群众开展造林、育林、护林工作的指示		政务院
1953/11/11	关于加强基本建设工作的指示		林业部
1954/1/8	全国木材统一支拨暂行办法		林业部
1954/1/22	关于征收私有林木的育林费用作为育林基金的决定		政务院
1954/3/31	育林基金管理办法		林业部
1954/5/22	关于部队参加植树造林工作的指示		人民革命军事委员会
1954/7/8	关于征收私有林育林费问题的联合通知		林业部、财政部

(续)

发布时间	政策名称	文号	发布主体
1954/7/22	关于加强和扩大森林更新和抚育工作的指示		林业部
1954/8/12	关于进一步开展与改进造林工作的指示		林业部
1954/11/18	关于进一步加强木材市场管理工作的指示		国务院
1955/5/11	东北及内蒙古铁路沿线林区防火办法		政务院
1955/5/11	东北及内蒙古铁路沿线林区的防火办法		铁道部、林业部
1955/6/25	关于抓紧季节大力领导组织垦复、抚育油茶林的通知		林业部
1955/7/26	关于进行幼林检查的通知		林业部
1955/7/30	第一个五年计划		全国人民代表大会
1955/12/17	国营造林技术规程		林业部
1956/1/2	国营苗圃育苗技术规程		林业部
1956/1/6	国有林主伐试行规程		林业部
1956/1/23	一九五六年到一九六七年全国农业发展纲要草案		中共中央
1956/1/31	关于发布国有林主伐试行规程的指示		林业部
1956/3/10	关于十二年绿化规划的几个意见		林业部
1956/3/10	绿化规划(草案)		林业部
1956/4/18	关于加强护林防火工作的紧急指示		中共中央、国务院
1956/5/18	关于发动广大青少年进行采种、育苗工作的指示		共青团中央、林业部
1956/6/5	关于保护和发展竹林的通知		国务院
1956/6/19	关于组织群众及时垦复抚育油桐的通知		国务院
1956/11/20	关于新辟和移植桑园、茶园、果园和其他经济林木减免农业税的规定		国务院
1956/12/27	森林抚育采伐规程		林业部
1957/1/18	采种技术规程		林业部
1957/1/26	国营林场经营管理试行办法		林业部
1957/2/27	发布关于进一步做好防治森林虫害的指示		林业部
1957/3/5	关于机关、团体、企业等部门以及林区居民采伐国有林的几项规定		林业部
1957/3/23	关于积极开展国有林迹地更新工作的指示		林业部
1957/3/25	关于要求各地加强木材管理工作的指示		森林工业部
1957/4/8	关于进一步加强护林防火工作的通知		国务院

（续）

发布时间	政策名称	文号	发布主体
1957/4/12	林木种子品质检验技术规程（草案）		林业部
1957/4/29	山区林业规划纲要		林业部
1957/6/3	农林牧业生产用火管理暂行办法		农业部、农垦部、公安部、林业部
1957/7/25	中华人民共和国水土保持暂行纲要		国务院
1957/12/4	国内植物检疫试行办法		农业部
1958/1/11	关于加强种子检验工作的通知		林业部
1958/2/11	关于成立种子机构的意见的报告		粮食部、农业部
1958/4/7	关于在全国大规模造林的指示		中共中央、国务院
1958/5/27	关于良种经营若干具体问题的联合通知		粮食部、农业部
1958/8/28	（1958—1962）第二个五年计划		全国人民代表大会
1958/9/13	关于采集植物种子绿化沙漠的指示		中共中央
1958/11/20	关于大力组织栲胶生产的联合通知		林业部、轻工业部、商业部
1959/9/23	关于积极开展狩猎事业的指示		林业部
1959/9/24	关于加强护林防火工作的联合指示		公安部、林业部
1960/1/7	关于由林业部统一归口安排和管理全国木材市场的报告		商业部、林业部
1960/2/16	关于加强次生林经营工作的通知		林业部
1960/2/17	关于国营木材采伐企业的迹地更新经费列入木材采伐成本的几项规定		财政部、林业部
1960/4/1	国有林主伐试行规程（修订本）		林业部
1960/4/7	关于加强松香生产和采购供应工作的指示		国务院
1960/5/9	新造林清查暂行办法（草案）		林业部
1961/3/3	关于烧垦烧荒、烧灰积肥和林副业生产安全用火试行办法		林业部、公安部、农业部、农垦部
1961/3/25	关于开展国营森林更新普查工作的通知		林业部
1961/6/26	关于确定林权、保护山林和发展林业的若干政策规定（试行草案）		中共中央
1961/10/25	关于发展紫胶生产问题的报告		林业部、商业部
1961/12/28	开展国有速生林造林规划设计提纲		林业部
1962/2/17	关于开荒、挖矿、修筑水利和交通工程应注意水土保持的通知		国务院

(续)

发布时间	政策名称	文号	发布主体
1962/3/19	国有林区采伐企业更新改造资金管理试行办法		财政部、林业部
1962/3/28	国有林区育林基金使用管理暂行办法		财政部、林业部
1962/4/1	国务院批转林业部关于加强护林防火工作的报告的通知		国务院
1962/4/13	东北内蒙古林区国营森林更新工作试行条例		林业部
1962/4/15	关于节约木材的指示		国务院
1962/5/11	国营林场经营管理狩猎事业的几项规定		林业部
1962/6/7	关于南方五省区林业问题的批示		中共中央
1962/9/14	关于积极保护和合理利用野生动物资源的指示		国务院
1962/9/27	农村人民公社工作条例(修正草案)		中共中央
1962/10/18	1963年对集体所有制木材生产的收购指标和奖售问题的决定		国务院
1963/3/3	中共中央转批中南局对重点林区工作的几点意见		中共中央
1963/3/15	关于社队造林补助费使用的暂行规定(草案)		财政部、林业部
1963/3/16	国务院批转林业部关于加强东北、内蒙古地区护林防火工作的报告的通知		林业部
1963/4/4	森林工业基本建设工作条例(草案)		林业部
1963/4/4	森林工业基本建设设计及概算编制暂行办法(草案)		林业部
1963/5/27	森林保护条例		国务院
1963/6/6	松脂采集试行规程		林业部
1963/7/6	关于加强木材管理工作的规定		国家计划委员会、国家经济委员会、林业部
1963/8/21	关于加强粮食、农产品、种子、苗木检疫工作的通知		国务院
1963/8/27	关于竹子、油茶、油桐长期无息贷款使用的暂行规定(修正草案)		林业部、财政部、人民银行总行
1963/9/18	关于高等林业院校修订教学大纲和实习大纲的原则规定(修正草案)		林业部
1963/11/5	关于扩大营林村试点的通知		林业部
1963/12/2	对国外引进的种苗必须经过严格的检疫处理方可使用的通知		农业部

（续）

发布时间	政策名称	文号	发布主体
1963/12/26	关于调剂良种必须保证质量的通知		农业部
1964/1/22	关于安排引种油橄榄的通知		林业部
1964/1/22	油橄榄栽培技术规程		林业部
1964/2/5	关于建立集体林育林基金的联合通知		财政部、林业部、农业银行
1964/2/10	关于开发大兴安岭林区的报告		林业部、铁道部
1964/4/24	林业资金使用管理的暂行规定		林业部、财政部
1964/8/20	更新跟上采伐的标准		林业部
1964/11/6	关于部队参加植树造林问题的通知		中国人民解放军总政治部、林业部
1965/2/12	关于加强公路绿化工作的联合通知		交通部、林业部
1965/4/16	关于加强东北林区防火灭火的紧急通知		国务院
1965/7/15	关于国有林区建立营林村若干问题的暂行规定		林业部
1965/7/15	关于营林村建村经费开支标准的具体规定		林业部
1965/7/15	关于在国有林区建立营林村的决定		林业部
1965/8/6	关于建立黄河中游水土保持建设兵团的决定		中共中央西北局
1965/8/6	关于向国外引种应严格控制的通知		农业部
1965/8/31	关于解决农村烧柴问题的指示		中共中央、国务院
1965/12/15	关于迅速恢复发展毛竹生产的报告		全国供销合作总社、林业部
1966/1/1	(1966—1970)第三个五年计划		全国人民代表大会
1966/9/16	关于执行对外植物检疫工作的几项规定（草案）		农业部
1967/9/23	关于加强山林保护管理，制止破坏山林树木的通知		中共中央、国务院、中央军委、中央文革小组
1967/10/6	关于对林业部实行军事管制的决定（试行草案）		中共中央、国务院、中央文革小组
1967/10/27	对于农业部对外植物检疫工作几项规定的补充意见		农业部
1967/10/27	对于植物检疫工作中一些具体问题的意见		农业部
1968/2/21	关于护林防火工作的通知		国务院、中央军委
1968/9/16	关于解决西北林业建设兵团建制等问题的意见		林业部、军管会
1970/1/18	关于改进省间调剂办法的通知		粮食部、农业部

（续）

发布时间	政策名称	文号	发布主体
1970/2/16	军管会关于加速铁路、公路绿化的通知		铁道部、交通部、林业部
1970/5/15	关于加强护林防火工作的通知		国务院
1971/3/1	（1971—1975）第四个五年计划		全国人民代表大会
1971/11/29	国务院批转商业部 外贸部 农林部关于发展狩猎生产的报告的通知		国务院
1973/4/14	关于加强选种留种工作的通知		农林部
1973/10/10	森林采伐更新规程		农林部
1974/12/14	对外植物检疫操作规程		农林部
1975/8/14	关于防止桑树危险病害传播的通知		农林部
1975/12/10	关于保护、发展和合理利用珍贵树种的通知		农林部
1976/1/1	（1976—1980）第五个五年计划		全国人民代表大会
1976/8/21	关于福建省部分地区发生大规模破坏森林事件的调查报告		农林部
1977/8/2	关于福建省处理破坏山林案件情况的通报		农林部
1977/9/10	关于外国驻华外交代表机关、外交官进口的植物及其产品应受检疫的通知		农林部、外贸部、外交部
1977/11/22	关于做好落叶松枯梢病检疫防治工作的通知		农林部
1978/3/5	中华人民共和国宪法		全国人民代表大会
1978/4/3	关于加强种子工作的报告		农业部
1978/8/11	南方木材水运管理办法	林木字4号	国家林业总局
1978/8/12	木材检疫条例		国家林业总局
1978/8/12	造林技术规程		国家林业总局
1978/8/12	贮木场管理办法	林木字23号	国家林业总局
1978/12/23	林木种子发展规划	林造字28号	国家林业总局
1978/12/23	林木种子经营管理试行办法	林造字28号	国家林业总局
1979/1/15	国务院关于保护森林制止乱砍滥伐的布告		国务院
1979/2/6	关于大力开展植树造林绿化祖国的联合通知		国家林业总局、国家建设委员会、铁道部、交通部、水利电力部
1979/2/23	中华人民共和国森林法（试行）		全国人民代表大会
1979/4/4	飞机播种造林技术规程（试行）		林业部、中国民用航空总局

(续)

发布时间	政策名称	文号	发布主体
1979/6/19	关于严肃财经纪律的规定(试行)		林业部
1979/6/19	森林工业企业经济核算条例(试行)		林业部
1979/8/29	林业安全生产工作管理办法(试行)		林业部
1979/8/29	林业安全生产责任制的暂行规定		林业部
1979/8/29	杨树苗木检疫暂行规定		林业部
1979/9/13	中华人民共和国环境保护法(试行)		全国人民代表大会
1979/10/6	关于加强自然保护区管理、区划和科学考察工作的通知		林业部、中国科学院、国家科学技术委员会、国家农委、国务院环保领导小组、农业部、国家水产总局、地质部
1979/10/23	关于坚决制止乱砍滥伐公路两旁树木的报告	国发〔1979〕275号	国务院、交通部
1980/3/5	中共中央、国务院关于大力开展植树造林的指示		中共中央、国务院
1980/12/1	关于在重点林区建立和健全林业公安、检察、法院机构的通知		林业部、公安部、司法部、最高人民检察院
1980/12/5	关于坚决制止乱砍滥伐森林的紧急通知		国务院
1981/2/9	关于加强护林防火工作的通知		国务院
1981/2/10	关于加强风景名胜区保护管理工作的报告		国家城市建设总局、国务院环境保护领导小组、国家文物事业管理局、中国旅行游览事业管理总局
1981/3/7	关于发放国营林业企、事业单位职工个人防护用品的通知	〔81〕林计字24号	林业部、国家劳动总局
1981/3/8	关于保护森林发展林业若干问题的决定		中共中央、国务院
1981/3/10	关于开展爱护树木、花草文明教育活动的通知		林业部、国家城市建设总局
1981/3/14	国营苗圃经营管理试行办法		林业部、财政部
1981/3/17	关于加强风景名胜保护管理工作报告的通知	国发〔1981〕38号	国务院、国家城建总局、国务院环境保护领导小组、国家文物事业管理局、中国旅行游览事业管理总局

（续）

发布时间	政策名称	文号	发布主体
1981/5/13	林木选择育种技术要领		林业部
1981/5/30	行政区域边界争议处理办法	国发〔1981〕92号	国务院、民政部
1981/6/30	关于稳定山权林权落实林业生产责任制情况简报的通知	国办发〔1981〕61号	国务院、林业部
1981/7/28	国家优质工程奖励暂行条例		国家建委、国家计划委员会
1981/8/11	关于林业多种经营周转金使用管理的几项规定	〔81〕财农197	林业部、财政部
1981/9/25	关于加强鸟类保护执行中日候鸟保护协定的请示的通知		国务院
1981/10/10	关于制止木材变相议价和随便加价的通知		国务院
1981/10/14	关于造纸厂建立纸浆林基地和提取育林费的试行办法		轻工业部、财政部、林业部
1981/12/13	关于开展全民义务植树运动的决议		全国人民代表大会
1982/1/1	1982年中央一号文件：全国农村工作会议纪要		中共中央、国务院
1982/1/1	关于颁发《中华人民共和国林业部林业科学技术研究成果管理办法》的通知	〔82〕林科字34号	林业部
1982/1/28	国务院办公厅转发林业部关于加强松香集中统一管理的请示的通知		国务院
1982/2/12	关于军队参加营区外义务植树的指示		国务院、中央军委
1982/2/23	关于配合全民义务植树运动，广泛开展有关科普宣传活动的联合通知	〔（1982）3号〕	林业部、文化部、中国科学技术协会、共青团中央
1982/2/27	关于开展全民义务植树运动的实施办法	国发〔1982〕36号	国务院
1982/3/29	关于查处森林案件的管辖问题的联合通知	82高检发经5号	最高人民法院、最高人民检察院、公安部、林业部、工商行政管理总局
1982/4/3	关于全国城市绿化工作会议报告的通知		国家城市建设总局
1982/4/26	民政部印送《关于查处森林案件的管辖问题的联合通知》的函	〔82〕民民字第53号	民政部
1982/5/14	关于公布《国家建设征用土地条例》的通知	国发〔1982〕80号	国务院
1982/5/28	关于东北、吉林、内蒙古林学院试行面向林区招生的通知		林业部、教育部
1982/6/4	中华人民共和国进出口动植物检疫条例		国务院
1982/6/30	水土保持工作条例	国发〔1982〕95号	国务院

(续)

发布时间	政策名称	文号	发布主体
1982/7/30	关于国营林场、苗圃进行全面整顿的通知		林业部
1982/8/26	关于全国林木种子生产基地建设规划的通知		林业部
1982/8/31	修改《飞机播种造林技术规程(试行)》		林业部
1982/10/20	关于制止乱砍滥伐森林的紧急指示	中发〔1982〕45号	中共中央、国务院
1982/12/1	中华人民共和国林业科学技术研究成果管理办法		林业部
1982/12/4	中华人民共和国宪法(摘录)	第五届人大第五次会议	全国人民代表大会
1982/12/10	(1981—1985)第六个五年计划		全国人民代表大会
1982/12/20	关于印发《军队营区植树造林与林木管理办法》	〔1982〕42号	国务院、中央军委
1983/1/1	1983年中央一号文件:当前农村经济政策的若干个问题		中共中央、国务院
1983/1/3	中华人民共和国植物检疫条例	国发〔1982〕2号	国务院
1983/3/9	关于在全国青少年中开展义务植树竞赛的决定		中央绿化委员会、共青团中央
1983/4/13	关于严格保护珍贵稀有野生动物的通令		国务院
1983/7/28	关于建立和完善林业生产责任制的意见		林业部
1983/8/17	关于发放林业贷款、促进林业发展的联合通知		林业部、中国农业银行
1983/9/23	最高人民检察院关于转发二厅《关于查处盗伐滥伐森林案件的情况和意见》的通知	〔83〕高检二函第13号	最高人民检察院
1984/1/1	1984年中央一号文件:关于一九八四年农村工作的通知		中共中央、国务院
1984/3/1	关于深入扎实地开展绿化祖国运动的指示		中共中央、国务院
1984/4/13	《林业基本建设优质工程奖励评选条例》(试行)	林发(I)〔1984〕178号	林业部
1984/6/9	林业部、民政部等部门关于调处省际山林权纠纷的报告	国发〔1984〕95号	林业部、民政部、公安部、司法部、国家民族事务委员会
1984/9/17	《植物检疫条例》实施细则(林业部分)		林业部
1984/9/20	中华人民共和国森林法	中华人民共和国主席令第十七号	全国人民代表大会
1984/9/29	关于帮助贫困地区尽快改变面貌的通知		中共中央、国务院
1984/10/13	关于改革部属林学院管理体制的几点意见(试行稿)		林业部

（续）

发布时间	政策名称	文号	发布主体
1985/1/1	1985年中央一号文件：关于进一步活跃农村经济的十项政策		中共中央、国务院
1985/1/19	林业部关于核发林木采伐许可证的意见	林护〔1985〕21号	林业部
1985/2/28	国家优质工程奖励条例		国家计划委员会
1985/4/27	国务院批转国家计委等部门关于解决南方集体林区木材放开后的价格和木材调拨问题的报告的通知		国务院
1985/5/13	公安部、最高人民检察院、最高人民法院关于盗伐滥伐森林案件改由公安机关管辖的通知	〔85〕高检会二字第1号	公安部、最高人民检察院、最高人民法院
1985/6/8	制定年森林采伐限额暂行规定		林业部
1985/6/10	林业部关于颁发《森林资源档案管理办法》的通知	林资〔1985〕232号	林业部
1985/6/18	中华人民共和国草原法		全国人民代表大会
1985/6/20	林业部、公安部关于盗伐滥伐森林案件划归公安机关管辖后有关问题的通知		林业部、公安部
1985/7/6	森林和野生动植物类型自然保护区管理办法		林业部
1985/7/15	国务院办公厅转发国家计委《关于解决南方集体林区木材放开后有关问题的意见》的通知	国办发〔1985〕51号	国家计划委员会
1986/1/1	1986年中央一号文件：关于一九八六年农村工作的部署		中共中央、国务院
1986/1/26	关于搞活和改善国营林场经营问题的通知		林业部、国家计划委员会、财政部、国家物价局
1986/1/26	森林植物检疫人员制服供应办法		林业部、财政部
1986/3/22	国务院关于切实加强护林防火工作的紧急通知	国发明传〔1986〕5号	国务院
1986/4/12	（1986—1990）第七个五年计划		全国人民代表大会
1986/5/10	中华人民共和国森林法实施细则	林护〔1986〕173号	林业部
1986/6/25	中华人民共和国土地管理法		全国人民代表大会
1986/7/9	批转林业部关于审定国家级森林和野生动物类型自然保护区请示的通知	国发〔1986〕75号	国务院
1986/8/19	国家工商行政管理局、林业部关于集体林区木材市场管理的暂行规定	〔86〕工商181号	工商局
1986/9/15	关于加强对国有林场的管理和维护其合法权益的决定		林业部

(续)

发布时间	政策名称	文号	发布主体
1986/9/19	关于速生丰产用材林基地建设若干问题的暂行规定		林业部
1986/10/6	转发《关于研究解决国有林区森林工业问题的会议纪要》的通知	国办发〔1986〕75号	国务院
1986/12/30	林业部 公安部关于林区木材检查站有关问题的通知		林业部、公安部
1987/1/15	关于加强松香管理的联合通知		林业部、经贸部、国家计划委员会、国家经委、国家工商行政管理局
1987/2/4	关于国有林区森林工业企业财务改革若干问题的规定	〔87〕财农2	财政部、林业部
1987/2/13	林业行业贯彻国务院《节约能源管理暂行条例》实施细则		林业部
1987/2/16	关于颁发《东北、内蒙古国有林区森工企业木材生产总产量计划管理暂行办法》的通知	林计字〔1987〕79号	林业部、国家计划委员会
1987/3/4	关于各省、自治区、直辖市年森林采伐限额审核意见的报告	国发〔1987〕35号	国务院、林业部
1987/4/9	关于印发《林业行业贯彻国务院<节约能源管理暂行条例>实施细则》的通知	林物字〔1987〕103号	林业部
1987/4/17	关于颁发林业建筑安装工程劳动定额管理办法的通知	林计字〔1987〕123号	林业部
1987/4/23	关于印发《速生丰产用材林基地种苗管理暂行办法》的通知	林种字〔1987〕124号	林业部
1987/6/6	国务院关于大兴安岭特大森林火灾事故的处理决定		国务院
1987/6/30	关于加强南方集体林区森林资源管理坚决制止乱砍滥伐的指示	中发〔1987〕20号	中共中央、国务院
1987/7/4	林产化工优质产品评选具体办法	林计字〔1987〕235号	林业部
1987/7/17	关于印发《林业工业产品生产许可证管理的若干规定》的通知	林科字〔1987〕260号	林业部
1987/8/15	关于坚决制止乱捕滥猎和倒卖、走私珍稀野生动物的紧急通知	国发〔1987〕77号	国务院
1987/9/5	关于办理盗伐、滥伐林木案件应用法律的几个问题的解释		最高人民法院、最高人民检察院
1987/9/8	华北中原平原县绿化标准	林造字〔1987〕332号	林业部

(续)

发布时间	政策名称	文号	发布主体
1987/9/8	中华人民共和国林业部表彰平原绿化先进县、旗(市、区)的暂行办法	林造字〔1987〕332号	林业部
1987/9/10	森林采伐更新管理办法	林工字〔1987〕338号	林业部
1987/10/8	林业财会人员奖励暂行办法	林财字〔1987〕375号	林业部
1987/10/9	林业部《关于加强森林防火工作的报告》		林业部
1987/11/3	森林病虫害预测预报管理办法	林护字〔1987〕424号	林业部
1987/11/28	国务院办公厅转发林业部关于发展林产工业问题报告的通知		林业部
1988/1/16	森林防火条例	国发〔1988〕6号	国务院
1988/1/26	关于印发《森林植物检疫人员制服供应办法》的通知	林护字〔1988〕32号	林业部、财政部
1988/2/1	北方平原县绿化标准	林造字〔1988〕34号	林业部
1988/2/1	南方平原县绿化标准	林造字〔1988〕34号	林业部
1988/2/2	《关于林业部试行聘任森工企业质量管理咨询诊断师的暂行规定》	林工字〔1988〕48号	林业部
1988/2/2	印发林业部《关于林业部试行聘任森工企业质量管理咨询诊断师的暂行规定》的通知	林工字〔1988〕48号	林业部
1988/2/4	关于节约使用、合理利用木材和采用木材代用品的若干规定(修订)的通知	〔1988〕物木字29号	国家经委、国家计划委员会、国家物资部、林业部
1988/2/4	关于水产品、林产品工价标准的通知	〔1988〕价农字36号	物价局、农牧渔业部、林业部
1988/3/2	关于整顿和调整南方集体林区木材费用负担问题的通知	经重〔1988〕122号	国家经济委员会、林业部、财政部、物价局、工商行政管理局
1988/3/3	林业部、国家土地管理局关于加强林地保护和管理的通知		林业部、国家土地管理局
1988/3/17	关于发布《林业企业设备管理办法》的通知	林工字〔1988〕113号	林业部
1988/3/29	关于加强森林资源管理工作的通知		林业部、劳动人事部
1988/4/18	关于加强国有林林地权属管理几个问题的通知		林业部
1988/4/19	封山育林管理暂行办法	林造字〔1988〕173号	林业部
1988/4/20	关于《森林采伐更新管理办法》有关问题的解释	林工字〔1988〕186号	林业部
1988/4/21	关于调整和整顿南方集体林区木材费用负担问题的补充通知	林财字〔1988〕176号	林业部、财政部

（续）

发布时间	政策名称	文号	发布主体
1988/4/22	关于调整和整顿南方集体林区木材费用负担问题的补充通知的说明	林财字〔1988〕192号	林业部
1988/4/25	关于印发《林业部关于直属高等院校预算外资金管理的几项规定》的通知	林财字〔1988〕187号	林业部
1988/4/25	建设一亿亩速生丰产商品用材林基地规划		林业部
1988/4/27	关于加强南方集体林区木材价格管理的规定的通知	〔1988〕价农字204号	物价局、林业部、物资部、工商行政管理局
1988/5/9	国务院关于公布第二批国家级森林和野生动物类型自然保护区的通知		国务院、林业部
1988/5/18	关于下达南方集体林区木材指导价格差价率表的通知	〔1988〕价农字220号	物价局、林业部
1988/5/23	关于印发国有林业局国家级先进企业标准的通知	林工字〔1988〕243号	林业部
1988/5/24	关于加强松香价格管理的几项规定	林财字〔1988〕240号	林业部、物价局、工商行政管理局
1988/5/27	关于印发《国有林区林业企业节约能源管理升级（定级）暂行规定》的通知	林物字〔1988〕257号	林业部
1988/5/30	关于印发《林产工业企业节约能源管理升级（定级）暂行规定》的通知	林物字〔1988〕249号	林业部
1988/5/31	关于颁发《林业基本建设优质工程奖励评选颁发》的通知	林计字〔1988〕256号	林业部
1988/6/1	关于发布《关于加速发展森工企业多种经营若干问题的暂行规定》的通知	林工字〔1988〕261号	林业部
1988/6/4	关于林业企业认真贯彻《全民所有制企业承包经营责任制暂行条例》的意见	林工字〔1988〕268号	林业部
1988/6/8	关于武装森林警察部队非现役干警转现役问题的规定	林警字〔1988〕86号	林业部、公安部
1988/6/13	关于颁发《关于加强森林资源管理若干问题的规定》的通知	林资字〔1988〕297号	林业部
1988/7/7	区、乡（镇）林业工作站管理办法	林造字〔1988〕336号	林业部
1988/7/11	关于东北、内蒙古国有林区森工企业实行承包经营责任制有关财务问题的规定	林财字〔1988〕339号	林业部、财政部
1988/7/18	关于发布《林木良种基地验收办法（试行）》的通知	林种字〔1988〕326号	林业部

（续）

发布时间	政策名称	文号	发布主体
1988/7/18	关于发布《林业调查野外作业安全管理办法》的通知	林资字〔1988〕331号	林业部
1988/7/27	关于野生动植物进出口管理收费的通知	濒办字〔1988〕8号	国家濒管办、物价局、财政部
1988/7/31	关于林业系统从事有毒有害工作人员实行岗位津贴的实施办法	林计字〔1988〕373号	林业部、人事部、财政部
1988/8/18	林业部对实施《森林法》若干问题的答复		林业部
1988/8/26	关于林业部机关工作人员必须保持廉洁的决定	林办字〔1988〕397号	林业部
1988/8/29	全国平原绿化"五七九"达标规划		林业部
1988/9/21	关于加强国有林区林业企业营林工作若干问题的规定	林工字〔1988〕423号	林业部
1988/11/8	关于惩治捕杀国家重点保护的珍贵、濒危野生动物犯罪的补充规定		全国人民代表大会
1988/11/8	中华人民共和国野生动物保护法	七届人大常委会第四次会议	全国人民代表大会
1988/12/5	国内森林植物检疫收费办法（修订）	林护字〔1988〕492号	林业部、物价局
1988/12/29	中华人民共和国土地管理法（修订）		全国人民代表大会
1988/12/31	对新成林资源验收中若干问题的规定（试行）	林资字〔1988〕540号	林业部
1988/12/31	全日制普通中等林业学校协作代培办法	林教字〔1988〕536号	林业部
1989/1/16	关于调整林业专项贷款利率及利息负担比例的通知	林财字〔1988〕10号	林业部、财政部、中国农业银行、中国工商银行
1989/1/26	林业部关于确定盗伐滥伐林木、毁坏幼树数量计算方法的意见	林检法〔1989〕1号	林业部
1989/2/12	林业部关于实行"特许猎捕证"有关问题的通知		林业部
1989/2/21	关于当前乱砍滥伐森林情况的通报		国务院
1989/2/21	关于建立全国森林资源监测体系有关问题的决定	林资字〔1989〕41号	林业部
1989/3/2	农业部、林业部关于加强松材线虫病检疫防治工作的通知	林护字〔1989〕48号	农业部、林业部
1989/3/13	中华人民共和国种子管理条例	中华人民共和国国务院令第31号	国务院
1989/3/17	平原县绿化标准的补充说明	林造字〔1989〕53号	林业部
1989/3/17	平原县绿化达标县、旗（市、区）呈报表	林造字〔1989〕53号	林业部

(续)

发布时间	政策名称	文号	发布主体
1989/4/14	国家重点保护野生动物名录	林业部、农业部第1号令	林业部、农业部
1989/4/27	林业部关于切实加强年森林采伐限额管理的通知	林资字〔1989〕61号	林业部
1989/5/19	关于印发林业勘查设计单位推行全面质量管理达标验收办法的通知	林计字〔1989〕112号	林业部
1989/5/31	关于加强林木采伐许可证管理的通知	林资字〔1989〕138号	林业部
1989/6/12	关于加强森林和野生动物类型自然保护区建设和管理问题的通知	林护字〔1989〕165号	林业部
1989/6/21	国家计划委员会批复林业部《关于长江中上游防护林体系建设第一期工程总体规划》		林业部
1989/6/30	农业部关于贯彻执行《野生动物保护法》,加强珍贵濒危水生野生动物保护工作的通知		农业部
1989/7/11	全民义务植树和国营企业、事业单位造林绿化资金的使用管理办法	(89)财工字第231号	财政部、中央绿化委员会、林业部
1989/7/15	关于进一步加强煤炭行业造林绿化工作意见的通知	林资字〔1989〕209号	林业部、国家绿化委员会、能源部、财政部
1989/7/17	关于划分森林消防监督职责范围的通知	国森防〔1989〕13号	国家森林防火总指挥部、公安部、林业部
1989/7/28	关于加强林区木材经营、加工单位监督管理的通知	林资字〔1989〕222号	林业部、工商行政管理局
1989/8/10	关于出省木材运输证发放和管理有关问题的通知	林资字〔1989〕235号	林业部
1989/8/25	关于发布《森林铁路行车事故处理规则》的通知	林工字〔1989〕250号	林业部
1989/8/30	关于加强森林案件管理工作若干规定的通知	林安字〔1989〕243号	林业部
1989/9/21	关于切实做好出省木材运输证发放工作的通知	林资字〔1989〕293号	林业部
1989/9/22	关于进一步加强廉政建设的规定	林办字〔1989〕295号	林业部
1989/10/4	关于东北、内蒙古国有林区森工企业凭证运输木材有关问题的通知	林资字〔1989〕305号	林业部
1989/10/5	关于颁发林机企业会计工作达标升级标准(二、三级)和实施细则的通知	林财字〔1989〕302号	林业部
1989/10/20	关于加强非统配木材管理的通知	林工字〔1989〕321号	林业部、工商行政管理局
1989/10/20	林业调查规划设计单位资格认证管理暂行办法	林资字〔1989〕327号	林业部、工商行政管理局

(续)

发布时间	政策名称	文号	发布主体
1989/11/22	关于实行"特许猎捕证"有关问题的通知	林护字〔1989〕353号	林业部
1989/12/1	关于加强非统配木材管理的补充通知	林工字〔1989〕365号	林业部、工商行政管理局
1989/12/5	东北、内蒙古国有林区森工企业试行采伐限额计划管理的决定	林资字〔1989〕363号	林业部
1989/12/18	森林病虫害防治条例	中华人民共和国国务院令第46号	国务院
1989/12/26	中华人民共和国环境保护法		全国人民代表大会
1989/12/30	关于贯彻执行两个《通知》中有关问题的通知	林资字〔1989〕401号	林业部
1989/12/30	关于印发国家级国有林业局企业、林产工业企业、林业机械工业企业、林业施工企业标准（修订、试行）的通知	林工字〔1989〕418号	林业部
1989/12/31	关于林业部优质产品评选及管理有关问题的通知	林工字〔1989〕417号	林业部
1990/2/14	栲胶产品生产许可证实施细则	林工字〔1990〕18号	林业部
1990/2/14	刨花板生产许可证实施细则	林工字〔1990〕18号	林业部
1990/2/14	热固性树脂装饰层压板生产许可证实施细则	林工字〔1990〕18号	林业部
1990/2/14	紫胶产品生产许可证实施细则	林工字〔1990〕18号	林业部
1990/3/7	农村基层林业工作站人员编制标准（试行）	人地编发〔1990〕6号	人事部、林业部
1990/3/10	中华人民共和国公安部关于积极做好森林防火工作的通知	公通字〔1990〕第28号	公安部
1990/3/14	国家科委、国家工商行政管理局关于加强科技开发企业登记管理的暂行规定	〔90〕国科发策字183号	国家科委、国家工商行政管理局
1990/3/16	物资部关于木材运输和木材市场管理问题的通知	〔1990〕物木字75号	物资部
1990/3/31	关于印发《长江中上游防护林体系建设工程管理办法（试行）》的通知	林造字〔1990〕63号	林业部
1990/4/9	关于调整林业项目贷款和森工企业多种经营贷款利息承担额的通知		林业部、财政部、中国农业银行、中国工商银行
1990/5/12	国务院办公厅关于当前非法捕杀、收购、倒卖珍稀野生动物情况的通报	国办发明电〔1990〕11号	国务院
1990/7/12	林业部关于加强林业科学技术工作的若干政策性意见	林科字〔1990〕244号	林业部
1990/7/12	林业部科技兴林方案（1990—1995）	林科字〔1990〕244号	林业部

（续）

发布时间	政策名称	文号	发布主体
1990/7/16	关于印发《森工企业多种经营专项贴息贷款使用办法》的通知	林工字〔1990〕254号	林业部
1990/7/18	关于加强林产工业建设项目管理的通知		林业部、国家计划委员会
1990/8/3	关于加强乡村林场建设若干问题的通知	林造字〔1990〕291号	林业部
1990/9/1	1989—2000年全国造林绿化规划纲要	国函〔1990〕75号	国务院、林业部
1990/9/3	关于印发《油茶低产林改造项目三个管理办法》的通知	林造字〔1990〕327号	林业部
1990/9/4	关于印发《部属院校教育事业计划、招生计划和招生来源计划编制工作暂行规定》的通知	林教字〔1990〕327号	林业部
1990/9/6	关于对部分非统配木材试行指导性销售的意见		林业部
1990/9/6	关于进一步加强非统配木材经营管理的若干意见		林业部
1990/9/8	关于印发《林业部推广100项科技成果实施方案》的通知	林教字〔1990〕361号	林业部
1990/10/15	关于印发《乡村林场全面质量管理评比竞赛办法》的通知	林造字〔1990〕407号	林业部
1990/10/23	关于印发《林业部法规管理工作规定》的通知	林策字〔1990〕421号	林业部
1990/10/24	国营林场苗圃财务管理办法	〔1990〕财农第283号	财政部、林业部
1990/10/29	关于提高东北、内蒙古国有林区统配木材价格及加强对非统配木材价格管理的通知	国家物价局、林业部〔1990〕价农878号	国家物价局、林业部
1990/11/1	关于颁发《木材检查站管理办法》的通知	林策字〔1990〕436号	林业部
1990/11/1	关于颁发《木材运输检查监督办法》的通知	林策字〔1990〕436号	林业部
1990/11/8	关于各省、自治区、直辖市"八五"期间年森林采伐限额审核意见的报告	国发〔1990〕66号	国务院、林业部
1990/11/13	关于印发《"三北"防护林体系建设计划管理暂行办法》的通知	林策字〔1990〕466号	林业部
1990/11/19	关于印发《林木种子检验管理办法》的通知	林策字〔1990〕434号	林业部
1990/12/5	关于进一步加强环境保护工作的决定		国务院
1990/12/15	关于严厉打击非法捕杀、收购、倒卖、走私野生动物活动的通知	林安字〔1990〕514号	最高人民法院、最高人民检察院、林业部、公安部、国家工商行政管理局

(续)

发布时间	政策名称	文号	发布主体
1990/12/20	关于加强珍稀野禽、野味和观赏野生动物出口管理工作的通知	林护字〔1990〕527号	林业部、农业部、经贸部、海关总署、国家商检局、国家濒管办
1990/12/26	关于发布《林业行政处罚程序规定》的通知	林策字〔1990〕526号	林业部
1990/12/31	关于颁布《林业部贯彻国务院<关于当前产业政策要点的决定>的实施办法》的通知	林计字〔1990〕536号	林业部
1991/1/8	关于加强野生动物保护严厉打击违法犯罪活动的紧急通知		国务院
1991/1/9	关于发布《国家重点保护野生动物驯养繁殖许可证管理办法》的通知	林策字〔1991〕6号	林业部
1991/2/19	关于印发《林业部直属普通高等学校招收有实践经验人员的暂行办法》的通知	林教字〔1991〕39号	林业部、国家教育委员会
1991/4/9	(1991—2000)第八个五年计划纲要和国民经济和社会发展十年规划		全国人民代表大会
1991/5/6	关于印发《集体林区调度工作规定》的通知	林工字〔1991〕100号	林业部
1991/5/8	关于实行凭证运输木材制度有关问题的通知		林业部、铁道部、交通部
1991/5/20	林业部关于进一步加强种苗工作的决定	林种字〔1991〕117号	林业部
1991/5/29	关于印发《林业工作中国家秘密及其密级具体范围的规定》的通知	林办通字〔1990〕9号	林业部、国家保密局
1991/6/29	中华人民共和国水土保持法	中华人民共和国主席令第四十九号	全国人民代表大会
1991/7/8	林业部关于进一步加强林地管理的通知	林资字〔1991〕120号	林业部
1991/7/25	关于发布《会计证管理办法(试行)实施细则》的通知	林财字〔1991〕129号	林业部
1991/7/25	关于印发《沿海防护林体系建设工程管理暂行办法》的通知	林造字〔1991〕128号	林业部
1991/7/26	关于印发"三北"防护林体系建设资金管理暂行办法》的通知	林策字〔1991〕127号	林业部
1991/7/31	关于加强国营林业局林地管理的通知		林业部、国家计划委员会
1991/8/7	关于发布《林业部对外国专家奖励实施细则》的通知	林策字〔1991〕132号	林业部
1991/8/27	关于印发《林业企业安全技术措施计划编制和实施办法》的通知	林工字〔1991〕140号	林业部

（续）

发布时间	政策名称	文号	发布主体
1991/8/15	关于治沙工作若干政策措施意见	国办发〔1991〕54号	全国绿化委员会、林业部
1991/10/5	国务院关于1991—2000年全国治沙工程规划要点的批复	国函〔1991〕65号	国务院
1991/10/17	关于盗伐、滥伐林木案件几个问题的解答	法研发〔1991〕31号	最高人民法院，最高人民检察院
1991/10/23	国务院办公厅转发林业部关于加强野生动物保护管理工作报告的通知	国办发〔1991〕68号	国务院
1991/10/25	关于印发《林业系统内部审计实施办法》的通知	林策字〔1991〕157号	林业部
1991/10/29	关于颁发《松香产品运输管理办法》的通知	林策字〔1991〕155号	林业部、国家工商行政管理局
1991/10/30	中华人民共和国进出境动植物检疫法		全国人民代表大会
1991/11/1	关于林业系统征免土地使用税问题的通知	国税函〔1991〕1404号	国家税务局
1991/11/7	1991—2000年全国治沙工程规划要点	林计字〔1991〕161号	林业部
1991/11/29	关于陕、甘、宁、蒙、晋五省区杨树天牛防治工作的紧急报告		林业部
1991/12/16	关于发布《长江中上游防护林体系建设工程管理办法》的通知	林资字〔1991〕166号	林业部
1991/12/26	关于颁布《沿海防护林体系建设县级总体设计规划》的通知	林资字〔1991〕174号	林业部
1991/12/28	关于按照法律、法规规定收取征占用林地四项费用有关问题的通知		林业部
1991/12/28	关于印发《林业部关于进一步加强林业科技成果推广工作的决定》的通知	林科字〔1991〕176号	林业局
1991/12/28	关于印发《林业科学技术发展十年规划和"八五"计划》的通知	林科字〔1991〕176号	林业局
1992/1/7	林业部关于征用、占用林地审核程序有关问题的通知		林业部
1992/2/12	中华人民共和国陆生野生动物保护实施条例	国函〔1992〕13号	林业部
1992/5/13	中华人民共和国植物检疫条例(1992年修订)		国务院
1992/6/8	国务院办公厅转发林业部等部门关于进一步加强林地保护管理工作请示的通知	国办发〔1992〕32号	国务院、林业部、国家计划委员会、国家土地管理局、国家物价局
1992/6/22	城市绿化条例	国务院令第100号	国务院

(续)

发布时间	政策名称	文号	发布主体
1992/7/7	林业部关于进一步加强木树检查站工作的通知		林业部
1992/7/14	林业部关于山林定权发证有关问题的答复	林函策字〔1992〕165号	林业部
1992/9/7	1992—2000年全国沿海防护林体系建设达标规划		林业部
1992/9/7	沿海防护林体系建设"八五"计划		林业部
1992/9/7	沿海防护林体系建设达标检查验收办法		林业部
1992/9/9	林业部关于妥善处理非正常来源陆生野生动物及其产品的通知		林业部
1992/10/8	关于保护珍贵树种的通知	林护字〔1992〕56号	林业部
1992/10/29	印发《林业部关于实施"四位一体"促科技成果转化运行机制的暂行规定》的通知	林科通字〔1992〕139号	林业部
1992/12/5	国务院批准林业部《关于当前乱砍滥伐、乱捕滥猎情况和综合治理措施的报告》	国办发〔1992〕60号	林业部
1992/12/17	捕捉、猎捕国家重点保护野生动物资源管理费收费标准		林业部、财政部、国家林业局
1992/12/19	陆生野生动物资源保护管理费收费办法	林护字〔1992〕72号	林业部、财政部、国家物价局
1993/1/1	关于《林业工程建设标准化工作管理办法》的通知	林计通字〔93〕14号	林业部
1993/1/1	关于发布《全国森林火险天气等级》的通知	中气天发〔1993〕2号	中国气象局、林业部
1993/1/1	关于加强《出省木材运输证》管理的通知	林资通字〔93〕124号	林业部
1993/1/1	关于进一步保护森林资源和加强松香宏观总量调控有关问题的通知	林工通字〔93〕113号	林业部
1993/1/1	关于进一步加强林业多种经营周转金管理的通知	林财通字〔93〕111号	林业部
1993/1/1	关于进一步加强林业站工作发挥林业站职能的通知	林办字〔1993〕18号	林业部
1993/1/1	关于进一步扩大林业部属普通高校办学自主权的若干意见的通知	林教通字〔1993〕80号	林业部
1993/1/1	关于进一步明确"三总量"控制管理中有关问题的通知	林资通字〔1993〕178号	林业部
1993/1/1	关于开展保护野生动物执法检查严厉打击违法犯罪活动的通知	林护通字〔1993〕55号	林业部
1993/1/1	关于落实以工代赈有关问题的通知	林计通字〔1993〕17号	林业部

(续)

发布时间	政策名称	文号	发布主体
1993/1/1	关于认真贯彻落实中办发[1993]18、19号文件有关坚决制止林业乱收费问题的通知	林财通字[93]174号	林业部
1993/1/1	关于深入开展纠正行业不正之风工作的通知	林办通字[1993]54号	林业部
1993/1/1	关于提高四川、云南省国有林区上调木材出厂价格的通知	[1993]价农字133号	国家物价局、林业部
1993/1/1	关于印发《部属高等院校财务工作若干问题的暂行规定》的通知	林财通字[93]77号	林业部
1993/1/1	关于印发《干果、药材、调香料高产优质示范基地和名特优经济林高产优质示范基地项目管理办法》的通知	林造通字[93]137号	林业部
1993/1/1	关于印发《各省、自治区、直辖市消灭宜林荒山时间表》和《各省、自治区、直辖市完成造林绿化规划任务时间表》的通知		林业部
1993/1/1	关于印发《林业部关于有突出贡献专家和享受政府特殊津贴专家选拔工作试行办法》的通知	林人通字[1993]186号	林业部
1993/1/1	关于印发《林业部门直属科研单位财务管理若干暂行规定》的通知	林财通字[1993]57号	林业部
1993/1/1	关于印发《林业部直属普通高等学校专业设置暂行规定》的通知	林教通字[1993]87号	林业部
1993/1/1	关于印发《林业部直属事业单位财务管理若干暂行规定》的通知	林财通字[1993]22号	林业部
1993/1/1	关于印发《林业行业干部岗位规范》(试行)的通知	林教通字[1993]103号	林业部
1993/1/1	关于印发《林业行业高级技师评聘试行办法》的通知	林人字[1993]55号	林业部
1993/1/1	关于印发《中国保护大熊猫及其栖息地工程资金募集和使用管理办法》的通知	林护通字[1993]8号	林业部
1993/1/1	关于有偿使用林业种子周转金和印发《林业部林业种子周转金使用管理暂行规定》的通知	林种通字[1993]25号	林业部
1993/1/1	关于自然保护区开展旅游活动有关问题的通知	林护通字[1993]3号	林业部
1993/1/1	印发《关于改革林业工程建设标准定额工作若干意见》的通知	林计通字[1993]58号	林业部
1993/1/1	印发《关于高等林业院校发展校办产业的意见》的通知	林教通字[1993]38号	林业部
1993/1/1	印发《审计局关于加强改进审计工作更好地为林业改革开放服务的意见》的通知	林审通字[1993]9号	林业部

(续)

发布时间	政策名称	文号	发布主体
1993/1/1	印发关于林业企业认真贯彻执行《全国所有制工业企业转换经营机制条例》的意见的通知	林工通字〔1993〕27号	林业部
1993/2/20	关于调整农林特产税税率的通知	国发〔1993〕14号	国务院
1993/2/22	关于在东北内蒙古国有林区森工企业全面推行林木生产商品化改革的意见	林财字〔1993〕8号	林业部
1993/2/26	国务院关于进一步加强造林绿化工作的通知	国发〔1993〕15号	国务院
1993/3/8	关于印发《林业部在京直属企事业单位设立全民所有制公司审批意见》的通知	林工通字〔1993〕26号	林业部
1993/3/12	关于开展加强环境保护执法检查严厉打击违法活动的通知	国发〔1993〕18号	国务院
1993/4/14	林业部关于核准部分濒危野生动物为国家重点保护野生动物的通知	林护通字〔1993〕48号	林业部
1993/5/13	关于坚决制止乱砍滥伐、乱捕滥猎和加强林地管理的紧急通知	林安字〔93〕24号	林业部
1993/5/27	关于加强国有森林资源产权管理的通知	国资事发〔1993〕22号	林业部、国家国有资产管理局
1993/5/29	关于禁止犀牛角和虎骨贸易的通知	国发〔1993〕39号	国务院
1993/6/6	国务院批转林业部关于进一步加强森林防火工作报告的通知	国发〔1993〕42号	林业部
1993/6/14	财政部关于森工企业贯彻执行新的财务会计制度有关问题的通知	〔93〕财农字第144号	财政部
1993/7/2	关于稳定农业技术推广体系的通知	〔1993〕农(政)字第4号	农业部、林业部、水利部、人事部、国家计划委员会、财政部
1993/7/2	中华人民共和国农业技术推广法		全国人民代表大会
1993/8/30	林地管理暂行办法	林业部令第1号	林业部
1993/10/27	关于《中华人民共和国猎枪弹具管理办法》的批复	国函〔1993〕150号	国务院、林业部、公安部
1993/11/2	关于加强森检员队伍建设进一步做好森检工作的通知	林护通字〔1993〕158号	林业部
1993/11/11	关于大力加强野生动物保护和依法禁止濒危物种及其产品贸易宣传的通知	林护字〔1993〕63号	中宣部、林业部、国家工商行管局
1993/11/19	建设部关于加强动物园野生动物移地保护工作的通知	建城〔1993〕835号	建设部
1993/12/11	关于执行《陆生野生动物资源保护管理费收费办法》有关问题的通知	林护字〔1993〕74号	林业部、国家计划委员会、财政部

（续）

发布时间	政策名称	文号	发布主体
1994/1/1	《大袋蛾预测预报办法》	林护通字〔1994〕15号	林业部
1994/1/1	《林业部重点开放性实验室管理办法》		林业部
1994/1/1	《泡桐叶甲预测预报办法》		林业部
1994/1/1	《榆蓝叶甲预测预报办法》		林业部
1994/1/1	关于1990年度人工造林、更新合格面积保存状况调查情况的通报	林资字〔1994〕94号	林业部
1994/1/1	关于1993年度林木资源消耗量及消耗结构调查情况的通报	林资字〔1994〕92号	林业部
1994/1/1	关于1993年度全国人工造林、更新实绩核查情况的通报	林资字〔1994〕93号	林业部
1994/1/1	关于颁发《国家森林资源连续清查主要技术规定》的通知	林资通字〔1994〕42号	林业部
1994/1/1	关于颁发《林产工业设备安装工程预算定额》的通知	林计通字〔1994〕9号	林业部
1994/1/1	关于颁发《林业建筑安装工程概预算编制办法》的通知	林计通字〔1994〕52号	林业部
1994/1/1	关于颁发《1994—1995林业部直属公司承包经营办法》的通知	林财通字〔1994〕80号	林业部
1994/1/1	关于部署编制1996—2000年森林采伐限额工作的通知	林资通字〔1994〕1号	林业部
1994/1/1	关于成立林业部直属普通高等学校专业设置评议委员会的通知	林人通字〔1994〕75号	林业部
1994/1/1	关于东北、内蒙古国有森工企业森林资源管理的通知	林资字〔1994〕77号	林业部
1994/1/1	关于发布《林区桥梁技术鉴定规范》的通知	林计通字〔1994〕10号	林业部
1994/1/1	关于发布《林业重点开放性实验室评审办法》的通知	林科通字〔1994〕133号	林业部
1994/1/1	关于发布1994年推广100项林业科技成果的通知	林科通字〔1994〕129号	林业部
1994/1/1	关于加强和改进部直属企事业单位内部审计工作的通知		林业部
1994/1/1	关于加强林业法制建设的决定	林策字〔1994〕25号	林业部
1994/1/1	关于加强中幼林抚育采伐限额管理有关问题的通知	林资通字〔1994〕11号	林业部

（续）

发布时间	政策名称	文号	发布主体
1994/1/1	关于建立普通高等林业院校教学指导委员会的通知	林人通字〔1994〕138号	林业部
1994/1/1	关于进一步加强基层林业工作站林地保护管理职能的通知	厅资字〔1994〕98号	林业部
1994/1/1	关于进一步加强林业宣传工作的通知	林办字〔1994〕28号	林业部
1994/1/1	关于进一步加强森林旅游安全工作的紧急通知	林种通字〔1994〕51号	林业部
1994/1/1	关于开展森林和野生动植物保护执法检查工作的通知	林策通字〔1994〕54号	林业部
1994/1/1	关于陆生野生动物行使案件的管辖及其立案标准的规定		林业部、公安部
1994/1/1	关于强化林业工作站野生动物保护管理职能的通知	林护通字〔1994〕20号	林业部
1994/1/1	关于切实保护国家珍贵濒危树种的紧急通知	林护字〔1994〕43号	林业部
1994/1/1	关于清产核资中暂不进行林地清查估价的通知	林资通字〔1994〕154号	林业部
1994/1/1	关于确定张家界等20处国家森林公园为示范森林公园的通知	林造通字〔1994〕26号	林业部
1994/1/1	关于认真执行《国家农业综合开发资金管理办法》和进一步做好农业综合开发中林业建设工作的通知	林计通字〔1994〕72号	林业部
1994/1/1	关于实施林业行业艰苦岗位津贴标准的通知	林人通字〔1994〕39号	林业部
1994/1/1	关于印发《产地检疫合格证》等检疫单证格式的通知	林护通字〔1994〕117号	林业部
1994/1/1	关于印发《关于加强审计监督为林业改革和发展服务的意见》的通知	林审通字〔1994〕23号	林业部
1994/1/1	关于印发《国有森工企业、国有林场普法考核验收标准》的通知	厅策字〔1994〕25号	林业部
1994/1/1	关于印发《林业部自有资金管理暂行规定》的通知	林财通字〔1994〕83号	林业部
1994/1/1	关于印发《林业行政管理单位普法考核验收标准》的通知	厅策字〔1994〕25号	林业部
1994/1/1	关于印发《消灭宜林荒山荒地主要指标及其要求》(试行)的通知	林造通字〔1994〕39号	林业部
1994/1/1	关于做好森林病虫害防治工作的通知	林护通字〔1994〕36号	林业部
1994/1/10	关于发布第三批国家重点风景名胜区名单的通知	国函〔1994〕4号	国务院

(续)

发布时间	政策名称	文号	发布主体
1994/1/22	森林公园管理办法	林业部令第3号	林业部
1994/1/24	财政部、国家计委关于收取林业保护建设费的通知	[94]财综字第7号	财政部、国家计划委员会
1994/1/30	林业部职能配置、内设机构和人员编制方案	国办发[1994]21号	国务院
1994/2/3	国家计委、财政部关于林业保护建设费收费标准的通知	计价格[1994]138号	国家计划委员会、财政部
1994/2/24	关于在全国开展争创造林绿化千佳村、百佳乡、百佳县、十佳城市活动的实施方案		全国绿化委员会、林业部
1994/2/24	中国人民解放军绿化条例	1994年2月24日中央军委发布	中央军事委员会
1994/3/14	国务院办公厅转发农业部关于实施"绿色证书工程"意见的通知	国办发[1994]41号	国务院
1994/3/18	关于改革1994、1995年森林采伐限额管理办法的通知	林资通字[1994]38号	林业部
1994/4/5	关于发布牡丹峰等国家级自然保护区名单的通知	国函[1994]26号	国务院
1994/4/27	国家教委、林业部关于严禁中小学生参加扑救山林火灾的紧急通知	教基[1994]6号	国家教委、林业部
1994/5/4	关于印发加强专项经费管理的几项规定的通知	林财通字[1994]58号	林业部
1994/5/16	关于加强森林资源保护管理工作的通知	国办发[1994]64号	国务院
1994/6/15	关于颁发《全国消灭宜林荒山荒地检查验收技术规定(暂行)》的通知	林资通字[1994]93号	林业部
1994/6/28	关于授予县级以上陆生野生动物行政主管部门行政处罚权的函	工商市函字[1994]第134号	国家工商局
1994/7/8	关于印发《林业部林业改革试验区管理办法》的通知	林策通字[1994]100号	林业部
1994/7/26	植物检疫条例实施细则(林业部分)	林业部令第4号	林业部
1994/8/31	关于将沿海基干林带划为国家特殊保护林带的请示	国办函[1994]109号	国务院
1994/9/12	关于严厉打击破坏森林资源违法犯罪活动的通知	林安字[1994]68号	林业部、公安部、最高人民法院、最高人民检察院
1994/10/5	关于印发太行山绿化工程管理有关规定的通知	厅造字[1994]91号	林业部
1994/10/9	中华人民共和国自然保护区条例	中华人民共和国国务院令第167号	国务院

(续)

发布时间	政策名称	文号	发布主体
1994/11/23	国有林场与苗圃财务制度[暂行]	[94]财农字第371号	财政部
1994/12/16	国家税务总局关于森工企业、林场、苗圃所得税征免问题的通知	国税发[1994]264号	国家税务局
1995/1/1	关于颁布《林产工业设备安装工程概算定额》的通知	林计通字[1995]33号	林业部
1995/1/1	关于颁发《木材水运建筑安装工程预算定额》、《木材水运建筑安装工程概、预算编制办法及费用额定》的通知	林计通字[1995]100号	林业部
1995/1/1	关于编制《"九五"山区林业综合开发实施计划》的通知	林计通字[1995]123号	林业部
1995/1/1	关于编制《全国生物防火林带工程建设规划》有关问题的通知	林计通字[1995]102号	林业部
1995/1/1	关于成立中国森林风景资源评价委员会的通知	林场通字[1995]10号	林业部
1995/1/1	关于从国外引进林木"种用种子"检疫审批问题的通知	林护通字[1995]19号	林业部
1995/1/1	关于对东北、内蒙古国有森工企业1993年"三总量"执行情况检查结果的通报	林资通字[1995]24号	林业部
1995/1/1	关于安排全国陆生野生动物普查工作有关问题的通知	林护通字[1995]60号	林业部
1995/1/1	关于继续深入贯彻落实国办发[1994]64号文件的通知	林资通字[1995]63号	林业部
1995/1/1	关于开展全国森工系统更新造林普查的通知	林造通字[1995]7号	林业部
1995/1/1	关于清"小金库"问题的紧急通知	林财通字[1995]59号	林业部
1995/1/1	关于认真贯彻实施《中华人民共和国赔偿法》有关问题的通知	林策通字[1995]31号	林业部
1995/1/1	关于印发《林木种子生产许可证》和《林木种子经营许可证》的通知	林场通字[1995]143号	林业部
1995/1/1	关于印发《林业部1995年清产核资工作方案》的通知	林财通字[1995]16号	林业部
1995/1/1	关于印发《林业部关于加强干部培训管理暂行办法》的通知	林人通字[1995]159号	林业部
1995/1/1	关于印发《林业科技发展"九五"计划和到2010年长期规划》的通知	林科通字[1995]113号	林业部
1995/1/10	关于实行使用林地许可证制度的通知	林资通字[1995]6号	林业部
1995/1/12	关于林业部驻东北、内蒙古森林资源监督专员办事处有关问题的通知	林资字[1995]2号	林业部

(续)

发布时间	政策名称	文号	发布主体
1995/1/20	关于切实加强木材检查站管理的通知	林资通字〔1995〕5号	林业部
1995/1/26	关于印发"林业部技术开发试验示范区管理试行办法"的通知	林科通字〔1995〕13号	林业部
1995/2/25	林业部关于转发国务院法制局《对林业部关于解释<森林和野生动物类型自然保护区管理办法>法律效力的请示的意见》的通知	林资通字〔1995〕26号	林业部、国务院
1995/3/22	关于禁止在阿尔金山自然保护区非法采金、非法捕猎有关问题的通知	国办函〔1995〕24号	国务院
1995/5/10	中国21世纪议程林业行动计划	林计通字〔1995〕57号	林业部
1995/6/11	关于印发《林业部中央预算内基本建设经营性基金管理暂行办法》的通知	林财通字〔1995〕67号	林业部
1995/6/27	关于进一步规范木材检查站执法行为等有关问题的通知	林资通字〔1995〕79号	林业部
1995/7/3	关于发布《森林植物检疫对象确定管理办法》的通知	林策通字〔1995〕83号	林业部
1995/8/30	林业经济体制改革总体纲要		国家体制改革委、林业部
1995/9/12	中华人民共和国种子管理条例林木种子管理实施细则	林业部令第6号	林业部
1995/9/21	关于森林资源资产化管理试点工作有关问题的通知	林财字〔1995〕59号	林业部、国家国有资产管理局
1995/9/27	关于各省、自治区、直辖市"九五"期间年森林采伐限额审核意见的报告	国函〔1995〕120号	国务院、林业部
1995/9/29	关于印发"林业部关于贯彻《中共中央、国务院关于加速科学技术进步的决定》的意见"的通知	林科通字〔1995〕118号	林业部
1995/10/11	关于听取森林防火和森工企业有关问题汇报的会议纪要	国阅〔1995〕130号	国务院
1995/10/12	关于进一步加强松香产品运输凭证管理有关问题的补充通知	林产字〔1995〕62号	林业部、铁道部、交通部、国家工商行政管理局
1995/10/23	关于进一步加强督促检查工作的意见	厅办字〔1995〕103号	林业部
1995/10/25	印发《林业部关于培养跨世纪学术和技术带头人规划实施办法》的通知	林人通字〔1995〕117号	林业部
1995/10/31	关于木片生产经营管理有关问题的通知	林资通字〔1995〕130号	林业部
1995/11/6	关于同意建立八仙山等国家级自然保护区的通知	国函〔1995〕108号	国务院

(续)

发布时间	政策名称	文号	发布主体
1995/11/8	关于进一步加强林业信息工作的意见	厅办字〔1995〕104号	林业部
1995/11/10	发布《关于森林资源资产产权变动有关问题的规范意见(试行)》的通知	林财字〔1995〕67号	林业部、国家国有资产管理局
1995/11/20	关于开展木材检查站标准化建设的通知	林资通字〔1995〕152号	林业部
1995/11/22	淮河太湖流域综合治理防护林体系建设工程总体规划		林业部
1995/11/22	黄河中游防护林工程总体规划		林业部
1995/11/22	辽河流域综合治理防护林体系建设工程总体规划		林业部
1995/11/22	珠江流域防护林体系建设工程总体规划		林业部
1995/12/29	关于加强林业项目贴息贷款和治沙贴息贷款管理的联合通知	林财字〔1995〕79号	林业部、财政部、中国人民银行、中国农业发展银行
1996/1/1	关于颁发《国有林森林经营方案编制技术原则规定》和《国有林森林经营方案执行情况检查及实施效益评价办法(试行)》的通知	林资通字〔1996〕101号	林业部
1996/1/1	关于贯彻执行《国务院关于整顿会计工作秩序进一步提高会计工作质量的通知》的通知	林财通字〔1996〕82号	林业部
1996/1/1	关于进一步加强全国飞播造林工作的决定	林造字〔1996〕58号	林业部、国家计划委员会、财政部、中国民用航空总局、中国人民解放军空军
1996/1/1	关于实施《林业系统法制宣传教育第三个五年规划》的通知	林策通字〔1996〕97号	林业部
1996/1/1	关于印发"GEF中国自然保护区管理项目小型科研鼓励基金管理办法"的通知	林护通字〔1996〕89号	林业部
1996/1/1	关于印发《林业部直属企业法定代表人劳动合同管理暂行规定》的通知	林人通字〔1996〕80号	林业部
1996/1/1	关于印发《林业科技专项经费管理办法(试行)》的通知	林财通字〔1996〕100号	林业部
1996/1/1	关于印发《林业行业特有工种职业技能鉴定实施办法》的通知	林人通字〔1996〕162号	林业部
1996/1/1	关于印发《世界银行贷款国家造林项目还贷准备金管理办法》的通知	林贷通字〔1996〕167号	林业部
1996/1/1	关于组织实施林业部富山计划的通知	林科通字〔1996〕77号	林业部

(续)

发布时间	政策名称	文号	发布主体
1996/1/1	林业部直属事业单位编报综合财务收支计划的几项规定(试行)	林财通字〔1996〕4号	林业部
1996/1/1	林业部直属事业单位增收节支(创收)考核评比办法(试行)	林财通字〔1996〕4号	林业部
1996/1/1	印发《关于加强外事归口管理若干问题的规定》的通知	厅外字〔1996〕80号	林业部
1996/1/3	关于发布森林植物检疫对象和应施检疫的森林植物及其产品名单的通知	林护通字〔1996〕29号	林业部
1996/1/15	关于在野生动物案件中如何确定国家重点保护野生动物及其产品价值标准的通知	林策通字〔1996〕8号	林业部
1996/2/12	关于印发《森林和野生动物类型自然保护区档案管理办法》(试行)的通知	林办字〔1996〕17号	林业部、国家档案局
1996/2/29	关于加强保护古树名木工作的决定		全国绿化委员会
1996/2/29	关于树立"造林绿化功臣碑"的决定		全国绿化委员会、林业部
1996/3/17	(1996—2000)第九个五年计划和2010年远景目标纲要		全国人民代表大会
1996/3/19	关于印发《林业部直属事业单位国有资产管理实施细则》的通知	林财通字〔1996〕44号	林业部
1996/4/2	林业系统内部审计工作规定	1996年4月2日中华人民共和国林业部令第7号发布施行	林业部
1996/4/12	林业部关于印发《林业行业关键岗位持证上岗管理暂行办法》的通知	林人通字〔1996〕57号	林业部
1996/5/6	关于加强野生动物园建设管理的通知	林护通字〔1996〕68号	林业部
1996/5/8	关于开展林业分类经营改革试点工作的通知	林策通字〔1996〕69号	林业部
1996/5/28	关于印发《林业工作中国家秘密及其密级具体范围的规定》的通知	林办字〔1996〕39号	林业部、国家保密局
1996/6/17	关于认真贯彻实施《中华人民共和国行政处罚法》有关问题的通知	林策通字〔1996〕84号	林业部
1996/7/5	关于加强林业项目和治沙贴息贷款财政贴息资金管理的通知	财农字〔1996〕151号	财政部、林业部
1996/7/19	关于进一步加强森林、林木和林地权属管理工作的通知	林策通字〔1996〕94号	林业部

（续）

发布时间	政策名称	文号	发布主体
1996/9/2	关于印发《引进国际先进林业科学技术项目及资金管理实施细则》的通知	林财通字〔1996〕109号	林业部
1996/9/6	林业部关于印发《林业部基本建设财务管理实施办法》的通知	林财通字〔1996〕119号	林业部
1996/9/13	关于国有林场深化改革加快发展若干问题的决定	林场字〔1996〕49号	林业部
1996/9/18	关于清理整顿木片经营加工单位加强木片生产经营监督管理的通知	林办字〔1996〕48号	林业部、国家工商行政管理局
1996/9/26	关于加强林业部工作人员应聘到外国企业常驻代表机构工作的保密管理规定	厅办字〔1996〕103号	林业部
1996/9/26	林业行政执法监督办法	林业部令第9号	林业部
1996/9/27	林业行政处罚程序规定	林业部令第8号	林业部
1996/9/30	中华人民共和国野生植物保护条例	中华人民共和国国务院令第204号	国务院
1996/10/3	关于布置《林业总产值试点方案》工作的通知	林计字〔1996〕55号	林业部、国家统计局
1996/10/14	林木林地权属争议处理办法	林业部令第10号	林业部
1996/10/24	发布《关于国有森林资源资产管理督查实施办法（试行）》的通知	林财字〔1996〕65号	林业部、国家国有资产管理局
1996/11/4	关于印发《林业部关于全国重点生态林业工程建设项目及资金使用管理暂行办法》的通知	林计通字〔1996〕137号	林业部
1996/11/5	印发《林业部关于国家预算内森工（企业）非经营性基本建设项目及投资使用管理的暂行办法》的通知	林计通字〔1996〕138号	林业部
1996/11/19	办公厅关于印发《林业部"九五"档案工作计划》的通知	厅办字〔1996〕123号	林业部
1996/11/29	关于同意建立大兴安岭汗马等国家级自然保护区的批复	国函〔1996〕113号	国务院
1996/12/2	关于印发《林业建设工程质量监督管理办法》的通知	林计通字〔1996〕153号	林业部
1996/12/9	沿海国家特殊保护林带管理规定	林业部令第11号	林业部
1997/1/1	关于部署企业部分职工实行综合计算工时工作制和不定时工作制的通知	林人通字〔1997〕85号	林业部
1997/1/1	关于部署全国重点保护野生植物资源调查工作的通知	林护通字〔1997〕79号	林业部
1997/1/1	关于调整林业工程建设定额日工资标准的通知	林计通字〔1997〕6号	林业部

(续)

发布时间	政策名称	文号	发布主体
1997/1/1	关于建立森林旅游安全事故报告制度的通知	厅场字〔1997〕24号	林业部
1997/1/1	关于进一步加强森林植物检疫工作的通知	厅护字〔1997〕32号	林业部
1997/1/1	关于开展林木采伐管理情况检查的通知	林资通字〔1997〕15号	林业部
1997/1/1	关于深化林业教育改革的决定	林人字〔1997〕63号	林业部
1997/1/1	关于印发《加强基本建设项目审计的几项规定》的通知	林审通字〔1997〕81号	林业部
1997/1/1	关于印发《林业部直属事业单位非经营性基本建设投资项目管理规定(试行)》的通知	厅计字〔1997〕36号	林业部
1997/1/1	关于印发《林业行业干部岗位培训指导性教学大纲》的通知	林人通字〔1997〕91号	林业部
1997/1/1	关于印发《美国白蛾预测预报办法》的通知	厅护字〔1997〕71号	林业部
1997/1/1	关于印发《全国防沙治沙工程"九五"实施计划》的通知	林计通字〔1997〕89号	林业部
1997/1/6	林业行政执法证件管理办法	林业部令第12号	林业部
1997/1/28	关于印发《中国工商银行森工多种经营专项贴息贷款掌握意见》的通知	工银工字〔1997〕第8号	中国工商银行
1997/1/30	关于加强对东北、内蒙古国有林区国有林业局林地管理的决定	林资字〔1997〕9号	林业部
1997/2/3	关于加强森林资源资产评估管理工作若干问题的通知	国资办发〔1997〕16号	国家国有资产管理局、林业部
1997/2/25	关于加强山区综合开发贴息贷款管理工作的联合通知	林财字〔1997〕11号	林业部、财政部、中国人民银行、中国农业发展银行
1997/3/5	关于加强育林基金管理的通知	林财通字〔1997〕24号	林业部
1997/3/20	中华人民共和国植物新品种保护条例	中华人民共和国国务院令第213号	国务院
1997/3/31	关于进一步加强林木种苗质量监督工作有关问题的通知	林科字〔1997〕18号	林业部、国家技术监督局
1997/4/7	关于加强森林采伐限额管理若干问题的通知	林资通字〔1997〕40号	林业部
1997/5/6	关于进一步贯彻落实国务院办公厅《关于加强森林资源保护管理工作的通知》的通知	林资字〔1997〕24号	林业部
1997/5/13	印发《关于进一步加强森林病虫害防治工作的决定》的通知	林护字〔1997〕27号	林业部

(续)

发布时间	政策名称	文号	发布主体
1997/6/15	林木良种推广使用管理办法	林业部令第13号	林业部
1997/6/26	关于进一步加强林业行业技术监督工作的通知	林科通字〔1997〕76号	林业部
1997/7/14	关于加强国有林区森林复合经营管理工作的若干规定	财造字〔1997〕45号	林业部
1997/7/14	林业事业费管理办法	财农字〔1997〕131号	财政部
1997/7/18	开设边境森林防火隔离带补助费管理办法	财农字〔1997〕144号	财政部
1997/8/25	关于印发《林业部部级产品质量监督检验机构管理办法(试行)》的通知	林科通字〔1997〕105号	林业部
1997/11/19	关于印发《林业行业(关键岗位上岗资格证)管理暂行办法》的通知	林人通字〔1997〕140号	林业部
1997/12/8	国务院关于发布芦芽山等国家级自然保护区名单的通知	国函〔1997〕109号	国务院
1998/1/1	贫困国有林场扶贫资金管理办法	林财字〔1998〕29号	国家林业局
1998/1/12	关于加强林业公安基层建设工作的通知	林安字〔1998〕3号	林业部
1998/1/27	关于在全国范围内大力开展绿色通道工程建设的通知		全国绿化委员会、林业部、交通部、铁道部
1998/2/13	关于实行林业(林农)技术资格证书制度的通知	林人通字〔1998〕12号	林业部
1998/2/18	关于发布《林业部森林病虫害工程治理项目管理暂行办法》的通知	林护通字〔1998〕15号	林业部
1998/2/18	森林病虫害工程治理管理暂行办法		林业部
1998/3/29	关于议事协调机构和临时机构设置的通知		国务院
1998/4/29	关于进一步加强防护林经营管理工作的通知	林造通字〔1998〕11号	林业部
1998/4/29	中华人民共和国森林法(1998修正)	中华人民共和国主席令第三号	全国人民代表大会
1998/6/23	国家林业局职能配置、内设机构和人员编制规定	国办发〔1998〕81号	国务院
1998/6/25	关于开展跨世纪保卫绿色行动的通知	林资通字〔1998〕28号	国家林业局
1998/6/26	关于授权森林公安机关代行行政处罚权的决定	国家林业局令第1号	国家林业局
1998/6/26	关于印发《贫困县国有林场扶贫资金管理办法》的通知	林财字〔1998〕29号	国家林业局、财政部

(续)

发布时间	政策名称	文号	发布主体
1998/7/17	关于在全国范围内开展森林植物检疫对象普查的通知	林护通字〔1998〕36号	国家林业局
1998/7/21	关于开展全国荒漠化监测工作的通知	林造通字〔1998〕40号	国家林业局
1998/7/27	森林植物检疫技术规程	林护通字〔1998〕43号	国家林业局
1998/8/4	国务院办公厅关于进一步加强自然保护区管理工作的通知	国办发〔1998〕111号	国务院
1998/8/5	关于保护森林资源制止毁林开垦和乱占林地的通知	国发明电〔1998〕8号	国务院
1998/8/18	国务院关于发布红松洼等国家级自然保护区名单的通知	国函〔1998〕68号	国务院
1998/8/29	中华人民共和国土地管理法（1998修订）		全国人民代表大会
1998/9/21	关于加强自然保护区建设管理有关问题的通知	林护通字〔1998〕77号	国家林业局
1998/10/7	关于实行全国统一林木采伐年度有关问题的通知	林资通字〔1998〕83号	国家林业局
1998/10/13	关于进一步规范木材凭证运输管理有关问题的通知	林资通字〔1998〕86号	国家林业局
1998/10/20	关于开展严厉打击破坏森林资源违法犯罪活动专项斗争的通知	林安字〔1998〕45号	最高人民法院、最高人民检察院、国家林业局、公安部、监察部
1998/11/13	天然林资源保护工程财政专项资金管理暂行办法	财农字〔1998〕350号	财政部
1998/11/26	关于审批进口种子苗木有关事宜的通知	厅场字〔1998〕47号	国家林业局
1998/11/30	关于印发《国家林业局新闻报道管理暂行办法》的通知	林宣通字〔1998〕113号	国家林业局
1998/12/15	关于认真落实《国务院关于保护森林资源制止毁林开垦和乱占林地的通知》的通知	林资字〔1998〕38号	国家林业局
1999/1/20	关于冻结征占用林地期间严格征占用林地审批有关问题的通知	林资发〔1999〕15号	国家林业局
1999/2/5	关于调整武警黄金、森林、水电、交通部队领导管理体制及有关问题的通知		国务院、中央军委
1999/2/8	关于进一步加强林业科技推广工作有关问题的通知	林科发〔1999〕47号	国家林业局

(续)

发布时间	政策名称	文号	发布主体
1999/3/23	关于开展森林病虫害防治检疫标准站建设的通知	林造发〔1999〕66号	国家林业局
1999/3/25	全国人工造林、更新实绩核查管理办法(试行)	林资发〔1999〕67号	国家林业局
1999/3/25	全国人工造林、更新实绩核查技术规定(试行)	林资发〔1999〕67号	国家林业局
1999/3/30	关于切实维护国有林场合法权益的通知	林计发〔1999〕82号	国家林业局
1999/4/2	关于印发全国土地利用总体规划纲要的通知		国务院
1999/4/9	关于编制2001—2005年森林采伐限额工作的通知	林资发〔1999〕99号	国家林业局
1999/4/12	关于《重点地区天然林资源保护工程建设项目管理办法(试行)》的通知	林计发〔1999〕126号	国家林业局
1999/4/15	关于我国防治荒漠化面临的严峻形势及对策建议的调研报告		全国政协
1999/4/22	中华人民共和国植物新品种保护名录(林业部分)(第一批)	国家林业局令第2号	国家林业局
1999/4/26	对外贸易经济合作部、国家林业局关于加强中俄森林资源开发和利用业务管理的通知	〔1999〕外经贸合发第245号	对外贸易经济合作部、国家林业局
1999/5/6	关于加强重点林业建设工程科技支撑的指导意见	林科发〔1999〕136号	国家林业局
1999/5/14	关于印发《重点地区天然林资源保护工程建设资金管理规定》的通知	财基字〔1999〕92号	财政部、国家林业局
1999/6/7	关于加强非盈利性种用野生动植物管理的通知	濒办综字〔1999〕42号	国家濒管办
1999/6/24	中华人民共和国水生野生动物利用特许办法	农业部令第15号	农业部
1999/6/29	关于开展全国森林分类区划界定工作的通知	林策发〔1999〕191号	国家林业局
1999/7/12	关于加强中央级林业预算外资金管理的规定	林计发〔1999〕208号	国家林业局
1999/7/15	关于印发全国重点地区天然林保护工程区森林分类区划技术规则的通知	林策发〔1999〕218号	国家林业局
1999/7/29	关于坚决制止超限额采伐森林的紧急通知	林资发〔1999〕235号	国家林业局
1999/7/30	关于继续冻结各项建设工程征占用林地的通知	国办发明电〔1999〕9号	国务院
1999/8/4	关于认真落实《国务院办公厅关于继续冻结各项建设工程征占用林地的通知》的通知	林资发〔1999〕249号	国家林业局
1999/8/10	中华人民共和国植物新品种保护条例实施细则(林业部分)	国家林业局令第3号	国家林业局

(续)

发布时间	政策名称	文号	发布主体
1999/9/6	关于印发《林业部基本建设财务管理实施办法》的通知		林业部
1999/9/9	国家重点保护野生植物名录(第一批)	农业部、林业局第4号	国家林业局、农业部
1999/10/12	关于进一步加强林业宣传工作有关问题的决定	林宣发〔1999〕359号	国家林业局
2000/1/1	关于切实加强扑火安全工作的紧急通知	林传字〔2000〕11号	国家林业局
2000/1/1	国家林业局关于加强松香管理有关问题的通知	林资发〔2000〕522号	国家林业局
2000/1/1	退耕还林还草生态林与经济林认定标准(试行)	办造字〔2000〕72号	国家林业局
2000/1/29	中华人民共和国森林法实施条例	国务院令第278号	国务院
2000/2/2	中华人民共和国植物新品种保护名录(林业部分)(第二批)	国家林业局令第5号	国家林业局
2000/2/22	关于进一步加强自然保护区管理工作的通知	林护发〔2000〕131号	国家林业局
2000/3/9	关于开展2000年长江上游、黄河上中游地区退耕还林(草)试点示范工作的通知	林计发〔2000〕111号	国家林业局、国家计划委员会、财政部
2000/3/13	林业工作站管理办法	国家林业局令第6号	国家林业局
2000/3/20	《进出口野生动植物种商品目录》(调整)		国家濒管办、国家海关总署
2000/3/20	中华人民共和国濒危物种进出口管理办公室、海关总署关于调整《进出口野生动植物种商品目录》的通知	濒办字〔2000〕9号	国家濒管办、国家海关总署
2000/3/22	关于重点林业工程资金稽查工作的暂行规定	林基发〔2000〕129号	国家林业局
2000/3/24	长江上游、黄河上中游地区2000年退耕还林(草)试点示范科技支撑实施方案		国家林业局
2000/3/31	民政部办公厅关于清明节期间防止发生火灾的紧急通知	民电〔2000〕42号	民政部办公厅
2000/4/27	关于调整扩大白马雪山国家级自然保护区有关问题的通知	国办函〔2000〕35号	国务院
2000/4/27	关于将怒江省级自然保护区纳入高黎贡山国家级自然保护区有关问题的通知	国办函〔2000〕34号	国务院
2000/4/27	关于墨脱国家级自然保护区扩界更名为雅鲁藏布大峡谷国家级自然保护区有关问题的通知	国办函〔2000〕36号	国务院
2000/6/21	印发《关于在湖南、河北、吉林和黑龙江省开展退耕还林(草)试点示范工作的请示》的通知	林计发〔2000〕268号	国家林业局、国家计划委员会、财政部
2000/7/8	中华人民共和国种子法		全国人民代表大会

(续)

发布时间	政策名称	文号	发布主体
2000/7/15	国家濒管办关于加强活体爬行动物进出口管理工作的通知	濒办动字〔2000〕51号	国家濒管办
2000/7/17	关于加强林木采伐许可证核发管理工作的通知	林资发〔2000〕331号	国家林业局
2000/7/19	关于野生动植物进出口管理费收费标准的通知		国家计划委员会、财政部
2000/7/21	国家濒管办关于禁止出口发菜及其制品有关问题的通知	濒办植字〔2000〕69号	国家濒管办
2000/8/1	国家保护的有益的或者有重要经济、科学研究价值的陆生野生动物名录	国家林业局令第7号	国家林业局
2000/9/10	关于进一步做好退耕还林还草试点工作的若干意见	国发〔2000〕24号	国务院
2000/9/11	中国湿地行动计划		国家林业局
2000/10/7	关于印发《退耕还林还草试点粮食补助资金财政财务管理暂行办法》的通知	财建〔2000〕292号	财政部、国务院、国家发展计划委员会、国家粮食局、国家林业局、农业部、中国农业发展银行
2000/10/11	国务院关于进一步推进全国绿色通道建设的通知	国发〔2000〕31号	国务院
2000/11/17	关于审理破坏野生动物资源刑事案件具体应用法律若干问题的解释		最高人民法院
2000/11/22	关于审理破坏森林资源刑事案件具体应用法律若干问题的解释	法释〔2000〕36号	最高人民法院
2000/11/23	关于进一步加强红松子(仁)出口管理有关问题的通知	濒办字〔2000〕24号	国家濒管办
2000/12/1	关于组织实施长江上游、黄河上中游地区和东北、内蒙古等重点国有林区天然林资源保护工程实施方案	林计发〔2000〕661号	国家林业局、国家计划委员会、财政部、劳动和社会保障部
2000/12/7	国家濒管办关于野生动植物允许进出口证明书管理有关问题的通知	濒办字〔2000〕26号	国家濒管办
2000/12/8	天然林保护工程财政资金管理规定	财农〔2000〕151号	财政部
2000/12/29	2000年中国林业发展报告		国家林业局
2000/12/29	中华人民共和国濒危物种进出口管理办公室、海关总署关于修订《进出口野生动植物种商品目录》的通知	濒办字〔2001〕1号	国家濒管办、国家海关总署
2000/12/31	林木和林地权属登记管理办法	国家林业局令第1号	国家林业局

（续）

发布时间	政策名称	文号	发布主体
2001/1/3	国务院批转国家林业局关于各省、自治区、直辖市"十五"期间年森林采伐限额审核意见报告的通知	国发〔2001〕2号	国务院
2001/1/4	占用征用林地审核审批管理办法	国家林业局令第2号	国家林业局
2001/1/20	关于申报国家级自然保护区有关问题的通知	办护字〔2001〕10号	国家林业局
2001/1/28	关于印发《退耕还林还草工程建设检查验收办法（试行）》的通知	林生发〔2001〕43号	国家林业局、国务院
2001/2/3	关于印发《退耕还林还草工程建设种苗管理办法（试行）的通知》	林场发〔2001〕27号	国家林业局
2001/2/7	关于加快造纸工业原料林基地建设的若干意见		国家计划委员会、财政部、国家林业局
2001/2/7	关于建立退耕还林还草工程统计报告制度的通知	办生字〔2001〕16号	国家林业局
2001/2/14	关于印发《吉林省重点国有林区林木采伐许可证核发程序》的通知	办资字〔2001〕21号	国家林业局
2001/2/27	关于印发野外大熊猫救助工作规定的通知	林护发〔2001〕68号	国家林业局
2001/3/9	国家公益林认定办法（暂行）	林策发〔2001〕88号	国家林业局
2001/3/14	关于加强天保工程信息统计月报工作的通知	办天字〔2001〕34号	国家林业局
2001/3/15	(2001—2005)第十个五年计划纲要		全国人民代表大会
2001/3/16	关于实行《林木种子生产许可证》和《林木种子经营许可证》制度的通知	林场发〔2001〕105号	国家林业局
2001/4/9	关于加强林地保护落实还林工作的通知	林资发〔2001〕135号	国家林业局
2001/4/14	关于"十五"期间对国有森工企业减免原木农业特产税的通知	财税〔2001〕60号	财政部、国家税务总局
2001/4/16	关于森林公安机关查处林业行政案件有关问题的通知	林安发〔2001〕146号	国家林业局
2001/4/17	国家林业局立法工作管理规定	林策发〔2001〕150号	国家林业局
2001/5/8	天然林资源保护工程管理办法	林天发〔2001〕180号	国家林业局
2001/5/8	天然林资源保护工程核查验收办法	林天发〔2001〕180号	国家林业局
2001/4/16	关于印发森林和陆生野生动物刑事案件管辖及立案标准的通知	林安发〔2001〕156号	国家林业局、公安部
2001/6/1	中华人民共和国主要林木目录（第一批）	国家林业局令第3号	国家林业局
2001/6/2	关于加强鳄类管理的通知	林护发〔2001〕215号	国家林业局
2001/6/11	关于进一步加强松茸出口管理有关问题的通知	濒办字〔2001〕46号	国家濒管办、国家海关总署

(续)

发布时间	政策名称	文号	发布主体
2001/6/16	关于发布内蒙古大黑山等16处新建国家级自然保护区的通知	国办发〔2001〕45号	国务院
2001/6/26	对《国家公益林认定办法(暂行)》有关问题的通知	林策发〔2001〕254号	国家林业局
2001/7/3	关于加强林木种苗质量监督管理的紧急通知	办场字〔2001〕87号	国家林业局
2001/7/30	关于"十五"期间进口种子(苗)种畜(禽)鱼种(苗)和非盈利性种用野生动植物种源免征进口环节增值税有关具体事项的通知	财税〔2001〕130号	财政部、国家税务总局
2001/8/20	关于加强野生动物外来物种管理的通知	林护发〔2001〕345号	国家林业局
2001/8/25	关于批准山东黄河三角洲国家级自然保护区功能区调整方案的通知	国办函〔2001〕46号	国务院
2001/8/31	中华人民共和国防沙治沙法	中华人民共和国主席令第五十五号	全国人民代表大会
2001/9/24	印发《国家林业局关于造林质量事故行政责任追究制度的规定》的通知	林造发〔2001〕416号	国家林业局
2001/9/27	关于禁止出口锹甲类昆虫的通知	濒办字〔2001〕73号	国家濒管办
2001/9/29	关于西部大开发若干政策措施实施意见的通知	国办发〔2001〕73号	国务院
2001/10/21	全国林业发展第十个五年计划		国家林业局
2001/10/22	关于在天保工程区采伐竹子有关问题的通知	林资发〔2001〕464号	国家林业局
2001/10/30	关于造林质量事故行政责任追究制度的规定		国家林业局
2001/11/1	关于林业税收政策问题的通知	财税〔2001〕171号	财政部、国家税务总局
2001/11/26	关于印发《退耕还林工程建设检查验收办法》的通知	林退发〔2001〕521号	国家林业局
2001/11/26	森林生态效益补助资金管理办法(暂行)	财农〔2001〕190号	财政部
2001/11/27	关于国内托运、邮寄森林植物及其产品实施检疫的联合通知	林造发〔2001〕523号	国家林业局、铁道部、交通部、国家民航总局、国家邮政局
2001/11/28	关于当前环北京地区防沙治沙工程急需抓好的几项工作的通知		国家林业局
2001/12/4	国家林业局、铁道部、交通部、民航总局、国家邮政局要求切实加强国内托运、邮寄森林植物及其产品检疫工作的通知		国家林业局
2001/12/5	关于印发《林木种苗工程管理办法》的通知	林场发〔2001〕531号	国家林业局

（续）

发布时间	政策名称	文号	发布主体
2001/12/11	林业重点工程档案管理办法	林办发〔2001〕540号	国家林业局、国家档案局
2001/12/14	关于对采伐国有林区原木的企业减免农业特产税问题的通知	财税〔2001〕200号	财政部、国家税务总局
2001/12/15	关于切实加强东北、内蒙古重点国有林区林木采伐作业管理的通知	林资发〔2001〕547号	国家林业局
2001/12/15	关于做好退耕还林后颁发林权证工作的通知	林资发〔2001〕544号	国家林业局
2001/12/16	关于破坏森林资源重大行政案件报告制度的规定	林资发〔2001〕549号	国家林业局
2001/12/16	关于违反森林资源管理规定造成森林资源破坏的责任追究制度的规定	林资发〔2001〕549号	国家林业局
2001/12/17	关于印发退耕还林工程生态林与经济林认定标准的通知	林退发〔2001〕550号	国家林业局
2001/12/26	进口原木加工锯材出口试点管理办法	林计发〔2001〕560号	国家林业局、对外经济与贸易部、国家海关总署
2002/1/1	关于加强松科植物产品检疫管理的紧急通知	林发明电〔2002〕14号	国家林业局
2002/1/1	关于天然林保护工程区内种苗工程建设申请林木采伐指标有关问题的通知	办资字〔2002〕16号	国家林业局
2002/3/3	京津风沙源治理工程规划		国务院
2002/3/12	关于进一步推进全民义务植树运动加快国土绿化进程的意见	全绿字〔2002〕第2号	全国绿化委员会
2002/3/15	关于印发《林业重点工程资金违规责任追究暂行规定》的通知	林计发〔2002〕67号	国家林业局
2002/3/19	关于2001年天然林保护工程信息统计月报情况的通报	天综通字〔2002〕12号	国家林业局
2002/4/11	关于进一步完善退耕还林政策措施的若干意见	国发〔2002〕10号	国务院
2002/4/12	关于进一步加强松材线虫病预防和除治工作的通知	国办发明电〔2002〕5号	国务院
2002/4/17	关于印发《林木种苗质量监督抽查暂行规定》的通知	林场发〔2002〕93号	国家林业局
2002/4/17	造林质量管理暂行办法	林造发〔2002〕92号	国家林业局
2002/4/23	京津风沙源工程建设管理办法		国家计划委员会、国家林业局、农业部、水利部

(续)

发布时间	政策名称	文号	发布主体
2002/7/1	关于进一步加强林业国债项目建设管理工作的通知	林计发〔2002〕160号	国家林业局
2002/7/4	重点地区速生丰产用材林基地建设工程规划		国家计划委员会
2002/7/8	关于印发《全国松材线虫病预防和除治工作实施方案》及有关规定的通知	林造发〔2002〕164号	国家林业局
2002/7/15	关于加强森林风景资源保护和管理工作的通知	林场发〔2002〕170号	国家林业局
2002/7/17	关于印发《边境草原森林防火隔离带补助费管理规定》的通知	财农〔2002〕70号	财政部
2002/7/18	关于印发《森林病虫害预测预报管理办法》的通知	林造发〔2002〕171号	国家林业局
2002/8/14	关于印发《林木种子包装和标签管理办法》的通知	林场发〔2002〕186号	国家林业局
2002/8/22	关于调整人工用材林采伐管理政策的通知	林资发〔2002〕191号	国家林业局
2002/8/29	中华人民共和国农村土地承包法	主席令第73号	全国人民代表大会
2002/9/16	关于加强草原保护与建设的若干意见	国发〔2002〕19号	国务院
2002/10/15	林木种子生产、经营许可证管理办法		国家林业局
2002/10/25	森林植被恢复费征收使用管理暂行办法	财综〔2002〕73号	财政部、国家林业局
2002/10/26	中国可持续发展林业战略研究总论		国家林业局
2002/10/31	关于印发《天然林资源保护工程"四到省"考核办法（试行）》的通知	林天发〔2002〕251号	国家林业局
2002/11/2	林业行政处罚听证规则		国家林业局
2002/11/6	退耕还林工程现金补助资金管理办法	财农〔2002〕156号	财政部
2002/11/8	关于京津风沙源治理工程人工造林有关标准问题的通知	林沙发〔2002〕258号	国家林业局
2002/11/8	林业持续发展项目人工林营造部分的实施规定	财际函〔2002〕72号	国家林业局、财政部
2002/11/11	林业治沙贷款财政贴息资金管理规定		财政部
2002/11/12	关于印发《林业重点生态工程建设资金管理暂行规定》的通知	林计发〔2002〕261号	国家林业局
2002/11/26	关于印发《全国绿化评比表彰活动实施办法》的通知	全绿字〔2002〕8号	全国绿化委员会
2002/11/28	关于审批主办全国性经济林产品节（会）活动的暂行规定		林业部
2002/12/2	中华人民共和国植物新品种保护名录（林业部分）（第三批）	国家林业局令第6号	国家林业局

(续)

发布时间	政策名称	文号	发布主体
2002/12/8	关于加强红豆杉资源保护管理工作有关问题的通知	林护发〔2002〕287号	国家林业局
2002/12/11	关于印发《国家林业局关于加强林木种苗质量监督管理的规定》的通知	林监发〔2002〕291号	国家林业局
2002/12/14	退耕还林条例	国务院令第367号	国务院
2003/1/1	全国营造林实绩综合核查办法	林资发〔2003〕92号	国家林业局
2003/1/2	关于对利用野生动物及其产品的生产企业进行清理整顿和开展标记试点工作的通知	林护发〔2003〕3号	国家林业局、国家工商行政管理总局
2003/1/2	国家林业局2003年工作要点	林办发〔2003〕1号	国家林业局
2003/1/2	关于进一步加强京津风沙源治理工程区宜林荒山荒地造林的若干意见	林沙发〔2003〕2号	国家林业局
2003/1/7	关于切实加强东北、内蒙古重点国有林区冬季林木采伐管理的通知		国家林业局
2003/1/13	关于做好造林绿化工作的意见		全国绿化委员会
2003/1/14	关于印发中国21世纪初可持续发展行动纲要的通知	国发〔2003〕3号	国务院
2003/1/20	国家林业局公告2003年第1号	国家林业局公告2003年第1号	国家林业局
2003/1/21	关于印发《世界银行贷款林业持续发展项目人工林营造部分财务管理办法》的通知	林贷财字〔2003〕3号	国家林业局
2003/1/25	关于加强林产品交易会管理的通知	林行发〔2003〕29号	国家林业局
2003/1/27	关于印发《林木种子生产经营许可证年检制度规定》的通知	林场发〔2003〕13号	国家林业局
2003/1/29	关于印发《全国林业工作站建设示范县检查验收办法》的通知	办站字〔2003〕2号	国家林业局
2003/2/9	关于进一步加强京津风沙源治理工程林业建设的通知		国家林业局
2003/2/10	关于调查外来鳄类养殖状况的通知		国家濒管办
2003/2/19	关于授予内蒙古自治区赤峰市敖汉旗"再造秀美山川先进旗"的决定	全绿字〔2003〕2号	国家林业局
2003/2/21	国家重点保护野生动物名录（2003调整）	国家林业局令第7号	国家林业局
2003/2/27	关于进一步加强麝类资源保护管理工作的通知	林护发〔2003〕30号	国家林业局
2003/3/8	2002年中国国土绿化状况公报		全国绿化委员会
2003/3/22	关于规范树木采挖管理有关问题的通知	林资发〔2003〕41号	国家林业局
2003/4/1	森林资源规划设计调查主要技术规定	林资发〔2003〕61号	国家林业局

(续)

发布时间	政策名称	文号	发布主体
2003/4/7	关于进一步加强退耕还林林权登记发证工作的通知		国家林业局
2003/4/21	林木种苗质量监督检验机构建设规定	林场发〔2003〕54号	国家林业局
2003/4/22	关于印发《数字林业标准与规范(一)》的通知		国家林业局
2003/4/23	关于颁发2002年度"全国绿化奖章"的通报		国家林业局
2003/4/29	关于严格控制野生动物经营利用和驯养繁殖活动的紧急通知	林发明电〔2003〕34号	国家林业局、国家工商行政管理总局
2003/4/30	关于做好天然林资源保护工程区森工企业金融机构债务处理工作有关问题的通知		国家林业局、财政部、中国人民银行
2003/5/15	关于进一步加强林农培训工作的若干意见		国家林业局
2003/5/30	关于印发《引进林木种子苗木及其他繁殖材料检疫审批和监管规定》	林造发〔2003〕80号	国家林业局
2003/6/2	关于进一步加强红树林资源保护管理工作的通知	林资发〔2003〕81号	国家林业局
2003/6/10	关于适应形势需要做好严禁违法猎捕和经营陆生野生动物工作的通知	林护发〔2003〕99号	国家林业局、最高人民检察院、公安部、铁道部、交通部、信息产业部、商务部、卫生部、国家海关总署、国家工商行政管理总局、国家质量监督检查检疫总局、中国民用航空总局
2003/6/16	关于扩大进口原木加工锯材出口试点范围的通知		国家林业局、商务部、海关总署
2003/6/18	退耕还林工程作业设计技术规定	林退发〔2003〕90号	国家林业局
2003/6/20	关于印发《天然林保护工程财政资金会计核算操作规程》的通知	林计发〔2003〕95号	国家林业局
2003/6/25	关于加快林业发展的决定	中发〔2003〕9号	中共中央、国务院
2003/6/30	关于省级林木种苗质量监督检验机构检验水平考核情况的通报	林场发〔2003〕97号	国家林业局
2003/7/8	关于开展向王有德同志学习活动的决定		全国绿化委员会、国家林业局
2003/7/14	主要林木品种审定办法	国家林业局令第8号	国家林业局
2003/7/15	关于进一步加强红豆杉及其产品进出口管理有关问题的通知	濒办字〔2003〕63号	国家濒管办、国家海关总署

(续)

发布时间	政策名称	文号	发布主体
2003/7/21	林业标准化管理办法	国家林业局令第9号	国家林业局
2003/7/22	关于表彰"中国可持续发展林业战略研究"项目组的通报		国家林业局、科技部
2003/7/23	关于表彰东北、西南航空护林中心(总站)的通报		国家林业局
2003/7/23	退耕还林工程档案管理办法(试行)	办退字〔2003〕33号	国家林业局
2003/7/24	关于印发《退耕还林工程建设监理规定》(试行)的通知	办退字〔2003〕34号	国家林业局
2003/8/1	关于授予黑龙江省森林总队大兴安岭地区支队二大队"灭火攻坚先锋大队"荣誉称号的决定		国家林业局
2003/8/1	关于追授沈宏渊烈士"舍己救人扑火英雄"荣誉称号的决定		国家林业局
2003/8/4	关于发布商业性经营利用驯养繁殖技术成熟的梅花鹿等54种陆生野生动物名单的通知	林护发〔2003〕121号	国家林业局
2003/8/4	关于全面清理整顿涉及木材生产经营收费项目的通知	财综〔2003〕56号	财政部、国家发展和改革委员会、国家林业局
2003/8/11	关于印发《京津风沙源治理工程年度检查验收办法》(试行)的通知	办沙字〔2003〕41号	国家林业局
2003/8/13	关于印发《林木种苗质量检验机构考核办法》的通知	林场发〔2003〕131号	国家林业局
2003/8/14	关于印发《占用征用林地审核审批管理规范》的通知	林资发〔2003〕139号	国家林业局
2003/8/21	发布《关于执行〈中华人民共和国刑法〉确定罪名的补充规定(二)》,公布7项新确立的罪名,其中有3项新罪名与林业相关		最高人民法院、最高人民检察院
2003/9/9	关于改革长江上游、黄河上中游天然林资源保护工程区内因占用征用林地采伐林木审批程序的通知	林资发〔2003〕150号	国家林业局
2003/9/22	关于印发《森林采伐管理改革试点工作方案》的通知	林资发〔2003〕167号	国家林业局
2003/9/24	关于加强重点地区防护林体系工程建设和管理工作的若干意见		国家林业局
2003/10/8	关于切实加强森林资源保护管理的通知		国家林业局
2003/10/8	营造林质量考核办法(试行)	林造发〔2003〕177号	国家林业局

(续)

发布时间	政策名称	文号	发布主体
2003/10/14	关于印发《国家林业局关于实行林业综合行政执法的试点方案》的通知	林策发〔2003〕179号	国家林业局
2003/10/15	关于印发《国家林业局财政国库管理制度改革资金支付管理办法(暂行)》的通知		国家林业局
2003/10/20	关于加强森林公安派出所执法工作和内部管理的通知		国家林业局
2003/10/21	关于进一步加强野生动物保护管理的通知	林护发〔2003〕185号	国家林业局
2003/11/9	关于下发《全国绿化模范城市(区)、全国绿化模范县(市)和全国绿化模范单位检查办法》的通知		国家林业局
2003/11/12	关于确认全国无检疫对象苗圃和森林病虫害防治检疫标准站的通报		国家林业局
2003/11/26	关于印发《国家林业局关于森林资源林政管理机构负责人任免事项审核的规定(暂行)》的通知	林资发〔2003〕208号	国家林业局
2003/11/26	林木种苗工程项目建设标准(试行)		国家林业局
2003/12/3	关于调整航空护林飞行费投入分担比例有关问题的通知	财办农〔2003〕126号	国家林业局、财政部
2003/12/15	关于表彰全国林木种苗行政执法和质量监督先进单位和先进个人的通报	林场发〔2003〕222号	国家林业局
2003/12/15	关于严格天然林采伐管理的意见	林资发〔2003〕223号	国家林业局
2003/12/18	关于加强森林公安队伍建设的意见	林安字〔2003〕234号	国家林业局、公安部
2003/12/22	关于2003年林木种苗质量抽查情况的通报	林安	国家林业局
2003/12/23	关于印发《全国荒漠化和沙化监测管理办法(试行)》的通知	林沙发〔2003〕239号	国家林业局
2003/12/28	关于加强森林资源规划设计调查工作的通知		国家林业局
2003/12/30	关于完善人工商品林采伐管理的意见	林资发〔2003〕244号	国家林业局
2003/12/31	2004年中央一号文件：关于促进农民增加收入若干政策的意见		中共中央、国务院
2004/1/4	关于2002年全国林业工作站建设合格县的通报		国家林业局
2004/1/6	关于进一步完善退耕还林工程人工造林初植密度标准的通知	林造发〔2004〕9号	国家林业局
2004/1/18	国家林业局2004年工作要点	林办发〔2004〕1号	国家林业局
2004/1/29	关于颁发《"国家特别规定的灌木林地"的规定》(试行)的通知	林资发〔2004〕14号	国家林业局

(续)

发布时间	政策名称	文号	发布主体
2004/2/4	关于颁布《森林重点火险区综合治理工程项目建设标准》	林计发〔2004〕16号	国家林业局
2004/2/13	关于印发《野生动植物进出口管理制度》(试行)的通知	濒办字〔2004〕11号	国家濒管办
2004/2/26	关于进一步加强松材线虫病发生区松木采伐运输管理工作的通知	林资发〔2004〕30号	国家林业局
2004/3/9	2003年中国国土绿化状况公报		全国绿化委员会
2004/3/11	关于进一步推进西部大开发的若干意见	国发〔2004〕6号	国务院
2004/3/15	关于颁布《森林病虫害综合治理工程项目建设标准》(试行)的通知	林计发〔2004〕36号	国家林业局
2004/3/18	关于表彰2001—2003年度全国森林防火工作先进单位和先进个人的通报		国家林业局
2004/3/18	关于印发《国家林业局专家咨询委员会工作规则》的通知	办科字〔2004〕20号	国家林业局
2004/3/20	关于坚决制止占用基本农田进行植树等行为的紧急通知		国务院
2004/3/22	关于颁发2003年度"全国绿化奖章"的通报		国家林业局
2004/4/9	关于追授罗布玉杰同志"森林卫士"称号的决定		国家林业局
2004/4/11	《进出口野生动植物种商品目录》(修订)		国家濒管办、国家海关总署
2004/4/12	关于2002年度天然林资源保护工程核查结果的通报		国家林业局
2004/4/13	关于完善退耕还林粮食补助办法的通知	国办发〔2004〕34号	国务院
2004/4/14	关于进一步加强森林防火工作的通知	国办发〔2004〕33号	国务院
2004/4/18	关于2002年度天然林资源保护工程"四到省"考核结果的通报		国家林业局
2004/5/19	关于天然林保护工程实施企业和单位有关税收政策的通知	财税〔2004〕37号	财政部、国家税务总局
2004/5/25	关于印发《森林资源资产抵押登记办法(试行)》的通知	林计发〔2004〕89号	国家林业局
2004/5/26	关于印发《国家林业局财政部重点公益林区划界定办法》的通知	林策发〔2004〕94号	国家林业局、财政部
2004/5/26	关于征用、占用自然保护区林地采伐林木有关问题的通知	林资发〔2004〕95号	国家林业局
2004/6/2	林业科技重奖工作暂行办法	林科发〔2004〕100号	国家林业局

(续)

发布时间	政策名称	文号	发布主体
2004/6/5	关于加强湿地保护管理的通知	国办发〔2004〕50号	国务院
2004/6/25	国家林业局行政许可工作管理办法	办策字〔2004〕43号	国家林业局
2004/6/29	关于进一步加强林业项目资金管理的意见	林计发〔2004〕113号	国家林业局
2004/6/30	关于东北、内蒙古重点国有林区森林资源管理体制改革试点的意见	林资发〔2004〕114号	国家林业局
2004/7/1	关于加强国有林场林地管理的通知	林资发〔2004〕115号	国家林业局
2004/7/1	营利性治沙管理办法	国家林业局令第11号	国家林业局
2004/7/2	关于印发《造林质量举报工作管理的暂行规定》的通知		国家林业局
2004/7/5	关于加快京津风沙源治理工程区沙产业发展的指导意见	林沙发〔2004〕116号	国家林业局
2004/7/6	关于印发《全国林业标准化示范县(区、项目)考核验收办法》的通知		国家林业局
2004/7/14	关于进一步做好退耕还林成果巩固工作的通知	林退发〔2004〕122号	国家林业局
2004/7/16	关于加强实验用猴管理有关问题的通知	林护发〔2004〕124号	国家林业局
2004/7/23	关于印发《森林公安机关人民警察省级统一招录暂行办法》的通知	办安字〔2004〕53号	国家林业局
2004/7/26	国家林业局公告2004年第3号	国家林业局公告2004年第3号	国家林业局
2004/7/28	关于退耕还林、退牧还草、禁牧舍饲粮食补助改补现金后有关财政财务处理问题的紧急通知	财建明电〔2004〕2号	财政部、国家发展和改革委员会、国务院西部开发办、农业部、国家林业局、国家粮食局、中国农业发展银行
2004/7/28	关于退耕还林林权登记发证有关问题的意见		国家林业局
2004/7/29	关于表彰"全国封山育林先进单位"的通报		国家林业局
2004/7/29	关于加快林木种苗发展的意见	林场发〔2004〕135号	国家林业局
2004/7/29	关于开展向"中国武警十大忠诚卫士"安国善同志学习的决定		国家林业局
2004/7/29	国家林业局公告2004年第4号		国家林业局
2004/7/30	关于天然林资源保护工程区内因占用征用林地采伐林木有关问题的通知		国家林业局
2004/8/3	重点公益林管护核查办法(试行)	林资发〔2004〕138号	国家林业局

（续）

发布时间	政策名称	文号	发布主体
2004/8/3	重点公益林认定核查办法	林资发〔2004〕138号	国家林业局
2004/8/5	2003年六大林业重点工程统计公报		国家林业局
2004/8/20	关于印发《野生动植物进出口单位备案登记和表现评估管理办法》(试行)的通知		国家濒管办
2004/8/20	关于做好退耕还林工程大户承包管理工作的通知	林退发〔2004〕145号	国家林业局
2004/8/25	天然林资源保护工程森林管护管理办法	林天发〔2004〕149号	国家林业局
2004/8/28	中华人民共和国土地管理法（2004修订）		全国人民代表大会
2004/8/28	中华人民共和国野生动物保护法（2004修正）		全国人民代表大会
2004/9/1	关于表彰太行山绿化工程先进单位和先进个人的通报		国家林业局
2004/9/6	关于内蒙古二连浩特市进行进口原木加工锯材出口试点工作的通知		国家林业局
2004/9/6	中央财政飞播种草补助费管理暂行规定	财农〔2004〕139号	财政部、农业部
2004/9/9	关于下发《关于促进野生动植物可持续发展的指导意见》的通知	林护发〔2004〕157号	国家林业局
2004/9/10	关于进一步做好天然林保护工程区森工企业金融机构债务处理工作有关问题的通知	林计发〔2004〕159号	国家林业局
2004/9/25	关于加强未成年人生态道德教育的实施意见	林护发〔2004〕164号	国家林业局
2004/9/29	全国沿海防护林体系建设二期工程规划		国家林业局
2004/9/29	太行山绿化二期工程规划		国家林业局
2004/9/29	长江流域防护林体系建设二期工程规划		国家林业局
2004/9/29	珠江流域防护林体系建设二期工程规划		国家林业局
2004/10/14	中华人民共和国植物新品种保护名录（林业部分）（第四批）	国家林业局令第12号	国家林业局
2004/10/21	财政部、国家林业局关于印发《中央森林生态效益补偿基金管理办法》的通知	财农〔2004〕169号	财政部、国家林业局
2004/10/22	关于公布第一批全国重点公益林面积的报告	林资字〔2004〕37号	国家林业局、财政部
2004/11/5	关于印发全面推进依法治林实施纲要的通知	林策发〔2004〕196号	国家林业局
2004/11/5	全面推进依法治林实施纲要	林策发〔2004〕196号	国家林业局
2004/11/15	关于表彰森林病虫害防治工作先进单位和个人及颁发森防工作荣誉证书的通报		国家林业局
2004/11/15	林木良种名录审定通过品种	国家林业局公告第10号	国家林业局

(续)

发布时间	政策名称	文号	发布主体
2004/11/15	林木良种目录	国家林业局公告第5号	国家林业局
2004/11/19	国家林业局中央级行政事业类项目支出预算管理办法（试行）	林计发〔2004〕206号	国家林业局
2004/11/28	关于印发《全国林业产业发展规划纲要》的通知	林计发〔2004〕212号	国家林业局
2004/12/6	关于规范申请临时增加采伐限额或年度木材生产计划有关事项的通知	林资发〔2004〕218号	国家林业局
2004/12/8	关于授予罗启辉同志"模范公务员"荣誉称号的决定		国家林业局
2004/12/9	关于进一步加强林业规范性文件前置审查和备案管理工作的通知	林策发〔2004〕222号	国家林业局
2004/12/10	关于印发新修订的《林业重点生态工程建设资金会计核算办法》的通知		国家林业局
2004/12/10	中央财政森林生态效益补偿基金管理办法	财农〔2004〕169号	财政部、国家林业局
2004/12/11	关于合作（托管）造林有关问题的通知	林策发〔2004〕228号	国家林业局
2004/12/20	关于2004年林木种苗质量抽查情况的通报	林场发〔2004〕229号	国家林业局
2004/12/20	关于开展向罗启辉同志学习的决定		全国绿化委员会、国家林业局
2004/12/21	关于表彰全国林木种苗质量年活动先进单位和先进个人的通报	林场发〔2004〕230号	国家林业局
2004/12/22	关于公布第三批中国名特优经济林之乡名单的通知		国家林业局
2004/12/23	关于进一步加强麝、熊资源保护及其产品入药管理的通知	林护发〔2004〕252号	国家林业局、卫生部、国家工商行政管理总局、国家食品药品监督管理局、国家中医药管理局
2004/12/31	2005年中央一号文件：关于进一步加强农村工作 提高农业综合生产能力若干政策的意见		中共中央、国务院
2005/1/1	珍稀树种基地建设作业设计规定（试行）	办造字〔2005〕16号	国家林业局
2005/1/12	关于2004年度全国林政案件统计分析结果的通报		国家林业局
2005/1/14	关于表彰2004年森林资源监测工作先进个人的通报		国家林业局
2005/1/15	关于加强林业人才工作的意见	林人发〔2005〕1号	国家林业局

(续)

发布时间	政策名称	文号	发布主体
2005/1/18	关于2003年度天然林资源保护工程核查结果的通报		国家林业局
2005/1/18	关于发布《滩地"抑螺防病林"营造技术规程》林业行业标准的通知	LY/T1625-2005	国家林业局
2005/1/19	关于2003年全国林业工作站建设合格县的通报		国家林业局
2005/1/21	关于切实做好京津风沙源治理工程区林分抚育和管护工作的通知	林沙发〔2005〕12号	国家林业局
2005/1/31	关于印发《国家林业局行政许可文书办理暂行规则》的通知		国家林业局
2005/2/5	关于追授白连友同志"森林卫士"称号的决定		国家林业局
2005/3/9	2004年中国国土绿化状况公报		全国绿化委员会
2005/3/14	关于贯彻实施《财政违法行为处罚处分条例》的通知		国家林业局
2005/3/14	关于省级林木种苗质量检验机构检验水平和检测能力考核情况的通报		国家林业局
2005/3/20	关于印发《国家林业局表彰奖励工作规定(试行)》的通知	林人发〔2005〕38号	国家林业局
2005/3/23	飞播造林技术规程		国家标准化管理委员会、国家质量监督检验检疫总局
2005/3/29	关于颁发2004年度"全国绿化奖章"的通报		国家林业局
2005/3/29	关于占用征用国家级森林公园林地有关问题的通知	林资发〔2005〕16号	国家林业局
2005/4/1	关于确定第一批陆生野生动物疫源疫病监测站点实施单位的通知		国家林业局
2005/4/10	关于开展全国营造林质量管理先进单位和个人评选表彰活动的通知	办造字〔2005〕22号	国家林业局
2005/4/14	关于加强自然保护区建设管理工作的意见	林护发〔2005〕55号	国家林业局
2005/4/17	关于切实搞好"五个结合"进一步巩固退耕还林成果的通知	国办发〔2005〕25号	国务院
2005/4/21	关于2003年度天然林资源保护工程"四到省"考核结果的通报		国家林业局
2005/4/25	关于加强一次性木筷子生产流通管理的通知	林行发〔2005〕72号	国家林业局
2005/4/28	国家林业局2005年工作要点	林办发〔2005〕61号	国家林业局

（续）

发布时间	政策名称	文号	发布主体
2005/5/17	关于停止施行林木种子生产经营许可证年检制度的通知	林场发〔2005〕72号	国家林业局
2005/5/21	关于依法加强征占用林地审核审批管理的通知	林资发〔2005〕76号	国家林业局
2005/5/23	关于进一步加强林业有害生物防治工作的意见	林造发〔2005〕77号	国家林业局
2005/5/23	突发林业有害生物事件处置办法	国家林业局令第13号	国家林业局
2005/5/24	关于印发《林业贷款中央财政贴息资金管理规定》的通知	财农〔2005〕45号	财政部、国家林业局
2005/5/25	关于印发《林业有害生物防治补助费管理办法》的通知	财农〔2004〕44号	财政部、国家林业局
2005/5/27	林业建设项目竣工验收实施细则	办计字〔2005〕31号	国家林业局
2005/5/27	林业行政处罚案件文书制作管理规定	国家林业局令第14号	国家林业局
2005/6/1	林业统计管理办法	国家林业局令第15号	国家林业局
2005/6/2	关于做好核发野生动植物允许进出口许可证明工作的通知		国家濒管办
2005/6/16	关于继续深入落实《中共中央国务院关于加快林业发展的决定》的意见	林办发〔2005〕90号	国家林业局
2005/6/16	国家级森林公园设立、撤销、合并、改变经营范围或者变更隶属关系审批管理办法	国家林业局令第16号	国家林业局
2005/6/17	关于开展省级林业重点龙头企业扶持工作的通知	办行字〔2005〕35号	国家林业局
2005/6/18	关于印发《毛皮野生动物（兽类）驯养繁育利用技术管理暂行规定》的通知	林护发〔2005〕91号	国家林业局
2005/6/27	关于下达天然林保护工程区森工企业金融机构债务免除名单及免除额（第一批）的通知		中国银行业监督委员会、国家林业局
2005/6/30	关于印发《国家林业局处置重、特大森林火灾应急预案》的通知		国家林业局
2005/7/1	关于进一步加强红豆杉资源管理的紧急通知	林发明电〔2005〕26号	国家林业局
2005/7/4	关于加强林业利用国际金融组织和外国政府贷款投资项目管理工作的通知	林计发〔2005〕96号	国家林业局
2005/7/4	关于印发《国有贫困林场扶贫资金管理办法》的通知	财农〔2005〕104号	财政部、国家林业局
2005/7/11	关于表彰全国打击森林资源专项行动先进单位和先进个人的通报		国家林业局

(续)

发布时间	政策名称	文号	发布主体
2005/7/11	关于尽快落实林业世界银行贷款项目2004年度审计意见的通知		国家林业局
2005/7/14	关于印发《国家林业局林木种子经营行政许可监督检查办法》的通知	林策发〔2005〕98号	国家林业局
2005/7/15	重大林业生态破坏事故应急预案	林造发〔2005〕100号	国家林业局
2005/7/15	重大沙尘暴灾害应急预案	林造发〔2005〕100号	国家林业局
2005/7/15	重大外来林业有害生物灾害应急预案	林造发〔2005〕100号	国家林业局
2005/7/18	关于继续开展第二批林业综合行政执法试点工作的通知	林策发〔2005〕102号	国家林业局
2005/7/19	关于做好林业行业节约工作的通知	林行发〔2005〕103号	国家林业局
2005/7/28	关于2005年上半年全国林政案件统计分析结果的通报		国家林业局
2005/7/28	关于解决森林公安及林业检法编制和经费问题的通知	国办发〔2005〕42号	国务院
2005/7/28	关于印发《国家林业局政府采购工作程序》的通知		国家林业局
2005/8/5	关于印发大熊猫栖息地主食竹大面积开花应急预案的通知	林护发〔2005〕117号	国家林业局
2005/8/5	关于做好湿地公园发展建设工作的通知	林护发〔2005〕118号	国家林业局
2005/8/22	关于表彰第六次全国森林资源清查先进单位和先进个人的通报		国家林业局
2005/8/22	关于表彰全国森林资源管理先进单位和先进工作者的通报		国家林业局
2005/8/22	关于切实做好解决森林公安及林业检法编制和经费问题有关工作的通知	林安发〔2005〕126号	国家林业局
2005/8/27	全国湿地保护工程实施规划（2005—2010年）		国务院
2005/9/6	关于加快速生丰产用材林基地工程建设的若干意见	林贷发〔2005〕129号	国家林业局
2005/9/2	关于进一步加强森林资源管理工作的意见	林资发〔2005〕131号	国家林业局
2005/9/8	关于进一步加强防沙治沙工作的决定	国发〔2005〕29号	国务院
2005/9/13	关于加强林业机电产品进口管理工作的通知	林计发〔2005〕134号	国家林业局
2005/9/16	关于印发《国家林业局工作规则》的通知	林办发〔2005〕137号	国家林业局
2005/9/20	关于公布国家级林业有害生物中心测报点的通知		国家林业局
2005/9/20	关于加强林木采种基地建设管理的通知	林场发〔2005〕141号	国家林业局

(续)

发布时间	政策名称	文号	发布主体
2005/9/23	普及型国外引种试种苗圃资格认定管理办法	国家林业局令第17号	国家林业局
2005/9/23	松材线虫病疫木加工板材定点加工企业审批管理办法	国家林业局令第18号	国家林业局
2005/9/27	引进陆生野生动物外来物种种类及数量审批管理办法	国家林业局令第19号	国家林业局
2005/9/28	关于进一步做好基本农田保护有关工作的意见		国土资源部、农业部、国家发展和改革委员会、财政部、建设部、水利部、国家林业局
2005/9/28	全国防沙治沙规划(2005—2010年)		国家林业局、国家发展和改革委员会、财政部、国土资源部、水利部、农业部、国家环境保护总局
2005/10/31	关于进一步加强林业科技工作的决定	林科发〔2005〕184号	国家林业局
2005/10/31	关于印发《2005—2007年林业科教振兴行动方案》的通知	林科发〔2005〕185号	国家林业局
2005/11/2	关于印发《林业植物检疫人员检疫执法行为规范》的通知	办造字〔2005〕59号	国家林业局
2005/11/3	关于做好退耕还林工程封山育林工作的通知	林退发〔2005〕169号	国家林业局
2005/11/3	国务院有关部门所属在京单位从国外引进林木种子、苗木检疫行政许可被许可人监督管理办法	林策发〔2005〕166号	国家林业局
2005/11/3	普及型国外引种试种苗圃资格认定行政许可被许可人监督管理办法	林策发〔2005〕166号	国家林业局
2005/11/3	松材线虫病疫木加工板材定点加工企业行政许可被许可人监督管理办法	林策发〔2005〕166号	国家林业局
2005/11/17	关于建立健全重大沙尘暴灾害应急体系的通知	林沙发〔2005〕188号	国家林业局
2005/11/19	关于深入学习贯彻《国务院关于进一步加强防沙治沙工作的决定》的通知	林沙发〔2005〕189号	国家林业局
2005/11/29	关于加快推进木材节约和代用工作意见的通知	国办发〔2005〕58号	国家发展和改革委、科技部、财政部、人事部、建设部、铁道部、农业部、商务部、税务总局、质检总局、环保总局、林业局

(续)

发布时间	政策名称	文号	发布主体
2005/11/30	关于进一步推进政务公开的意见	林办发〔2005〕200号	国家林业局
2005/12/6	关于进一步加强东北、内蒙古重点国有林区林木采伐管理的通知	林资发〔2005〕207号	国家林业局
2005/12/7	关于正确引导社会投资造林加强内部监督管理有关问题的通知	林策发〔2005〕208号	国家林业局
2005/10/15	关于加强农田防护林采伐更新管理的通知	林资发〔2005〕217号	国家林业局
2005/12/15	关于授予孙建博同志"全国林业系统先进工作者"荣誉称号的决定		国家林业局
2005/12/19	关于审理破坏林地资源刑事案件具体应用法律若干问题的解释	法释〔2005〕15号	最高人民法院
2005/12/19	国务院批转国家林业局关于各地区"十一五"期间年森林采伐限额审核意见的通知	国发〔2005〕41号	国务院
2005/12/24	关于2005年全国林木种苗质量抽查情况通报		国家林业局
2005/12/28	关于进一步加大退耕还林工程有关问题查处力度,切实巩固退耕还林成果的紧急通知	林发明电〔205〕56号	国家林业局
2005/12/29	关于2004年全国林业工作站建设合格县的通报		国家林业局
2005/12/30	林木良种目录	国家林业局公告2005年第6号	国家林业局
2005/12/31	2006年中央一号文件:关于推进社会主义新农村建设的若干意见		中共中央、国务院
2005/12/31	关于2004年度天然林资源保护工程核查结果的通报		国家林业局
2006/1/1	林业科技成果推广计划管理办法(试行)	林科发〔2006〕252号	国家林业局
2006/1/4	关于印发《林业重点工程科技支撑项目管理办法(试行)》的通知	林科发〔2006〕3号	国家林业局
2006/1/10	关于认真做好"十一五"期间年森林采伐限额管理工作的通知	林资发〔2006〕6号	国家林业局
2006/1/12	关于切实抓好2006年造林绿化工作的通知	林造发〔2006〕7号	国家林业局
2006/1/18	关于公布第八届中国林业青年科技奖评选结果的通报		国家林业局
2006/1/23	关于2005年林业工作站"文明窗口单位"的表彰通报		国家林业局
2006/1/25	关于印发《林业基本建设项目竣工财务决算编制办法》的通知		国家林业局

（续）

发布时间	政策名称	文号	发布主体
2006/1/26	关于"十一五"期间进口种子（苗）种畜（禽）鱼种（苗）和种用野生动植物种源税收问题的通知	财关税〔2006〕3号	财政部、国家税务总局
2006/2/17	关于开展向孙建博同志学习的决定		国家林业局
2006/2/28	中国国家森林公园专用标志使用暂行办法	林场发〔2006〕31号	国家林业局
2006/3/6	关于进一步加强美国白蛾防治工作的通知	国办发明电〔2006〕6号	国务院
2006/3/7	关于印发《陆生野生动物疫源疫病监测规范（试行）》的通知		国家林业局
2006/3/9	林业鼠害防治对策与技术措施	林造发〔2006〕38号	国家林业局
2006/3/9	林业兔害防治技术方案（试行）	林造发〔2006〕38号	国家林业局
2006/3/9	沙棘木蠹蛾防治技术方案	林造发〔2006〕38号	国家林业局
2006/3/10	2005年中国国土绿化状况公报		全国绿化委员会
2006/3/14	（2006—2010）第十一个五年规划纲要		全国人民代表大会
2006/3/14	关于推行林业行政执法责任制的通知	林策发〔2006〕42号	国家林业局
2006/3/15	关于进一步加强国有林区森工非经营性建设项目管理工作的通知	林计发〔2006〕44号	国家林业局
2006/3/16	关于做好推进华南虎野化放归工作的通知		国家林业局
2006/3/27	关于表彰"全国绿化模范城市（区）""全国绿化模范县（市）"和"全国绿化模范单位"的决定		全国绿化委员会
2006/3/28	关于2006年为推进社会主义新农村建设组织办好16件实事的通知	林造发〔2006〕52号	国家林业局
2006/3/28	关于贯彻落实《中共中央国务院关于推进社会主义新农村建设的若干意见》的实施意见	林造发〔2006〕50号	国家林业局
2006/3/29	关于加强全国防沙治沙综合示范区建设的意见	林沙发〔2006〕53号	国家林业局
2006/4/4	关于切实加强当前森林防火工作的紧急通知	国办发明电〔2006〕11号	国务院
2006/4/7	国家林业局2006年工作要点	林办发〔2006〕1号	国家林业局
2006/4/10	关于认真实施《防沙治沙法》切实加强沙区林草植被保护工作的通知	林沙发〔2006〕59号	国家林业局
2006/4/10	关于印发《林业固定资产投资建设项目管理办法》的通知	林计发〔2006〕61号	国家林业局
2006/4/12	关于进一步加强京津风沙源治理工程造林管理工作的通知	林沙发〔2006〕65号	国家林业局
2006/4/12	关于在全国林业系统开展治理商业贿赂专项工作的通知	林监发〔2006〕68号	国家林业局

(续)

发布时间	政策名称	文号	发布主体
2006/4/20	关于印发《抓好京津风沙源治理工程促进区域新农村建设的实施方案》的通知	林沙发〔2006〕72号	国家林业局
2006/4/27	关于认真贯彻落实胡锦涛总书记重要指示精神促进造林绿化事业又快又好发展的通知	全绿字〔2006〕9号	全国绿化委员会、国家林业局
2006/4/29	国家林业局行政许可违规行为责任追究办法	林人发〔2006〕78号	国家林业局
2006/4/29	中华人民共和国濒危野生动植物进出口管理条例	国务院令第465号	国务院
2006/6/3	关于对部分野生植物出口实行年度审批的通知	林护发〔2006〕105号	国家林业局
2006/5/10	关于贯彻实施《血吸虫病防治条例》的通知	林策发〔2006〕86号	国家林业局
2006/5/11	开展林木转基因工程活动审批管理办法	国家林业局令第20号	国家林业局
2006/5/24	关于加强红松资源保护与野生红松籽采集利用管理的通知	林护发〔2006〕95号	国家林业局
2006/5/19	关于做好天然林保护工程区森工企业职工"四险"补助和混岗职工安置等工作的通知	林计发〔2006〕92号	国家林业局、财政部
2006/5/21	关于切实抓好当前林业有害生物防治几项重点工作的通知	林造发〔2006〕98号	国家林业局
2006/5/23	关于加强派驻森林资源监督机构自身建设的意见	林资发〔2006〕96号	国家林业局
2006/5/29	关于成立国家森林防火指挥部的通知	国办发〔2006〕41号	国务院
2006/5/31	全国森林公安机关加强基层基础工作方案	林安发〔2006〕102号	国家林业局
2006/6/7	关于进一步加强木材经营加工监督管理有关问题的通知	林资发〔2006〕109号	国家林业局
2006/6/8	关于加强工业原料林采伐管理的通知	林资发〔2006〕110号	国家林业局
2006/6/8	国家林业局关于进一步规范森林资源清查成果使用的通知	林资发〔2006〕111号	国家林业局
2006/6/12	关于"十一五"期间临时性增加采伐限额等审批管理有关问题的通知	林资发〔2006〕113号	国家林业局
2006/6/13	国家林业局公告2006年第3号		国家林业局
2006/6/16	关于印发《国家林业局部门集中采购项目操作规程》的通知	林计发〔2006〕116号	国家林业局
2006/6/20	关于印发《国家林业局新闻发布制度实施办法》的通知	林宣发〔2006〕119号	国家林业局
2006/6/21	关于加强自然保护区内进行影视拍摄等活动管理的通知	林护发〔2006〕120号	国家林业局

（续）

发布时间	政策名称	文号	发布主体
2006/7/3	关于印发《林业专业技术人才知识更新工程实施办法》的通知		国家林业局
2006/7/6	关于印发《全国林业工作站建设重点县检查验收办法》(试行)的通知	办站字〔2006〕53号	国家林业局
2006/7/9	关于贯彻落实温家宝总理加快林业改革和发展重要指示的实施意见	林办发〔2006〕138号	国家林业局
2006/7/18	全国林业自然保护区发展规划(2006—2030年)		国家林业局
2006/7/26	关于下达天然林保护工程区森工企业金融机构债务免除额(第二批)等有关问题的通知		中国银监会、国家林业局
2006/8/3	关于以三剩物和次小薪材为原料生产加工的综合利用产品增值税即征即退政策的通知		财政部、国家税务总局
2006/8/15	关于做好天然林保护工程区木材加工等企业关闭破产工作的通知	林计发〔2006〕159号	国家林业局、财政部、中国银行业监督管理委员会
2006/8/16	关于开展政府采购领域治理商业贿赂专项工作的通知	林计发〔2006〕157号	国家林业局
2006/8/18	关于印发《黑龙江省伊春林权制度改革试点森林资源资产评估实施意见》的通知	林计发〔2006〕160号	国家林业局、财政部
2006/8/22	国家林业局公告2006年第6号		国家林业局
2006/8/28	关于深化改革加强基层农业技术推广体系建设的意见	国发〔2006〕30号	国务院
2006/8/30	关于印发《重点国有林区清理遗弃材、火灾烧死木工作方案》的通知	林资发〔2006〕167号	国家林业局
2006/9/1	关于实行征占用林地定额管理及编制"十一五"年度定额的通知	林资发〔2006〕184号	国家林业局
2006/9/1	关于认真贯彻落实回良玉副总理重要讲话精神切实抓好集体林权制度改革的通知	林策发〔2006〕170号	国家林业局
2006/9/19	风景名胜区条例	国务院令第474号公布	国务院
2006/10/25	关于开展示范自然保护区建设工作的通知	林护发〔2006〕208号	国家林业局
2006/10/25	天然林保护工程财政专项资金管理规定	财农〔2006〕223号	财政部
2006/11/1	关于发展生物能源和生物化工财税扶持政策的实施意见		国家林业局、财政部、发展改革委、农业部、税务总局
2006/11/9	关于加强合作促进林业产业发展的通知	林基发〔2006〕248号	国家林业局、中国农业发展银行

(续)

发布时间	政策名称	文号	发布主体
2006/11/10	关于进一步加强自然保护区自然资源管理的通知	林护发〔2006〕219号	国家林业局
2006/11/13	国家林业局林木种子质量管理办法	国家林业局令第21号	国家林业局
2006/11/13	关于印发《国家林业局关于贯彻落实<国务院关于深化改革加强基层农业技术推广体系建设的意见>的指导意义》的通知	林科发〔2006〕221	国家林业局
2006/11/15	关于规范国家一级保护野生动物《驯养繁殖许可证》批准核发工作的通知	林策发〔2006〕224号	国家林业局
2006/11/21	关于印发《森林经营方案编制与实施纲要》(试行)的通知	林资发〔2006〕227号	国家林业局
2006/11/21	国家林业局中国森林可持续经营指南		国家林业局
2006/11/27	关于印发《京津风沙源治理工程林分抚育和管护工作考核办法》(试行)的通知	林沙发〔2006〕242号	国家林业局
2006/11/27	国家林业局公告2006年第7号		国家林业局
2006/11/30	关于印发《天然林资源保护工程档案管理办法》的通知	办天字〔2006〕96号	国家林业局
2006/12/8	关于中国林业年鉴工作先进集体和先进个人评奖结果的通报		国家林业局
2006/12/12	《国家林业局科技成果推广计划管理办法》(试行)	林科发〔2006〕252号	国家林业局
2006/12/21	关于印发《退耕还林工程质量评估办法》(试行)的通知	林退发〔2006〕265号	国家林业局
2006/12/21	国家林业局关于加快森林公园发展的意见	林场发〔2006〕261号	国家林业局
2006/12/25	森林资源资产评估管理暂行规定	财企〔2006〕529号	财政部、国家林业局
2006/12/27	国家林业局关于发展油茶产业的意见	林造发〔2006〕第274号	国家林业局
2006/12/28	关于开展林业碳汇工作若干指导意见的通知		国家林业局
2006/12/31	"十一五"期间国家突发公共事件应急体系建设规划		国务院
2006/12/31	2007年中央一号文件：关于积极发展现代农业扎实推进社会主义新农村建设的若干意见		中共中央、国务院
2007/1/1	关于认真贯彻《中华人民共和国政府信息公开条例》的通知		国家林业局
2007/1/1	关于印发《国家林业产品质量监督检验检测机构基本条件》的通知	办科字〔2007〕41号	国家林业局

(续)

发布时间	政策名称	文号	发布主体
2007/1/4	关于科学编制森林经营方案全面推进森林可持续经营工作的通知	林资字〔2007〕1号	国家林业局
2007/1/5	关于公布100个"经济林产业示范县"的通知	林造发〔2007〕2号	国家林业局
2007/1/5	林木良种名录	国家林业局公告第1号	国家林业局
2007/1/8	关于表彰2006年度林业政务信息工作先进单位和先进个人的通报	办发字〔2007〕3号	国家林业局
2007/1/11	关于印发《中央部门预算支出绩效考评实施细则(试行)》的通知	林计发〔2007〕5号	国家林业局
2007/1/15	关于党员领导干部报告个人有关事项的通知	办人字〔2007〕6号	国家林业局
2007/1/16	关于部署开展2007年林木种苗质量抽查工作的通知	办场字〔2007〕8号	国家林业局
2007/1/21	关于局直属机关2007年党风廉政建设和反腐败工作的安排意见	林办发〔2007〕16号	国家林业局
2007/1/24	关于认真学习贯彻落实回良玉副总理在听取国家林业局工作汇报时重要讲话精神的通知	林办发〔2007〕18号	国家林业局
2007/1/31	关于做好2007年造林绿化工作的通知	林造发〔2007〕23号	国家林业局
2007/2/1	关于下达实验用猴2007年度销售限额的通知	林护发〔2007〕24号	国家林业局
2007/2/2	关于京津风沙源治理工程林分抚育和管护工作考核评比情况的通报	林沙发〔2007〕26号	国家林业局
2007/2/7	关于表彰2004—2006年度全国森林防火工作先进单位和先进个人及授予宁晋杰等同志全国森林防火工作纪念奖章的通报	国森防〔2007〕4号	国家林业局
2007/2/7	关于落实天保工程区新增造林且未享受天保管护经费重点公益林面积的通知	林资发〔2007〕31号	国家林业局
2007/2/7	关于涉嫌犯罪的非法占用林地项目办理征占用林地审核审批手续有关问题的通知	林资发〔2007〕30号	国家林业局
2007/2/8	关于加强候鸟高致病性禽流感等重大野生动物疫病监测防控工作的通知	林护发〔2007〕32号	国家林业局
2007/2/8	关于进一步加强和规范林权登记发证管理工作的通知	林资发〔2007〕33号	国家林业局
2007/2/13	关于2006年林业有害生物防治考核结果的通报	林造发〔2007〕39号	国家林业局
2007/2/25	关于印发《黑龙江省伊春林权制度改革试点森林资源资产收益管理暂行办法》的通知	财农〔2007〕4号	国家林业局、财政部
2007/2/27	关于印发《国家林业局征占用林地行政许可被许可人监督检查办法》的通知	林策发〔2007〕45号	国家林业局

(续)

发布时间	政策名称	文号	发布主体
2007/3/1	关于切实做好苹果蠹蛾疫情防控工作的通知	林造发〔2007〕43号	国家林业局
2007/3/2	关于下达2007年营造林生产计划的通知	林计发〔2007〕44号	国家林业局
2007/3/6	关于认真学习贯彻落实回良玉副总理在《国家林业局关于伊春国有林区林权制度改革试点情况的报告》上重要批示精神的通知	林资发〔2007〕48号	国家林业局
2007/3/7	2006年中国国土绿化状况公报	全绿字〔2007〕第1号	全国绿化委员会
2007/3/9	关于加强集体林权制度改革档案工作的意见	林策发〔2007〕61号	国家林业局
2007/3/12	关于进一步做好当前退耕还林工作的通知	林退发〔2007〕58号	国家林业局
2007/3/15	关于切实制止破坏植被行为搞好沙区林草植被保护的紧急通知	林沙发〔2007〕60号	国家林业局
2007/3/15	中央财政森林生态效益补偿基金管理办法（2007修订）	财农〔2007〕7号	财政部、国家林业局
2007/3/16	关于启动中国林业史料收集与整理工作的通知	林宣发〔2007〕72号	国家林业局
2007/3/20	关于认真做好当前沙尘暴灾害应急管理工作的紧急通知	林沙发〔2007〕65号	国家林业局
2007/3/23	关于加强新建国家级自然保护区建设和管理的通知	林护发〔2007〕68号	国家林业局
2007/3/26	关于开展全国林业发展区划工作的通知	林资发〔2007〕50号	国家林业局
2007/3/29	关于大力发展林业职业教育的意见	林人发〔2007〕76号	国家林业局
2007/4/6	关于发布河北塞罕坝等19处新建国家级自然保护区名单的通知	国办发〔2007〕20号	国务院
2007/4/9	关于进一步加强林业政务公开工作的通知	林办发〔2007〕85号	国家林业局
2007/4/10	关于进一步加强国家级森林公园建设管理的紧急通知	林场发〔2007〕87号	国家林业局
2007/4/12	关于加快2007年国债项目前期工作进度的通知	办计字〔2007〕44号	国家林业局
2007/4/17	关于在"五五"普法期间切实加强集体林权制度改革相关法律法规宣传教育的通知	林策发〔2007〕98号	国家林业局、司法部、全国普法办
2007/4/20	关于深入学习贯彻全国防沙治沙大会精神切实推进防沙治沙工作的通知	林沙发〔2007〕94号	国家林业局
2007/4/23	关于2007年森林资源监测等指令性生产任务的通知	林资发〔2007〕97号	国家林业局
2007/4/25	关于布置2007年国家林业重点工程社会经济效益监测制度的通知	林计发〔2007〕93号	国家林业局

(续)

发布时间	政策名称	文号	发布主体
2007/5/2	中国森林防火科学技术研究中长期发展纲要（2006—2020年）		国家林业局
2007/5/8	关于下达2007年中央预算内林业基本建设投资计划的通知	林计发〔2007〕108号	国家林业局
2007/5/10	关于进一步加强森林公园生态文化建设的通知	林场发〔2007〕109号	国家林业局
2007/5/10	森林防火项目资金管理办法	财农〔2007〕70号	国家林业局、财政部
2007/5/15	关于进一步加强防扑火统一指挥和协同作战工作的通知	林防发〔2007〕120号	国家林业局、中国人民武装警察部队
2007/5/16	关于印发《全国矿区植被保护与生态恢复工程规划本底调查方案》的通知	办资字〔2007〕54号	国家林业局
2007/5/18	关于建立国有林场改革联系点的通知	办场字〔2007〕57号	国家林业局
2007/5/23	关于印发《林业行政处罚案卷评查标准》的通知	林策发〔2007〕123号	国家林业局
2007/5/23	关于印发《天然林资源保护工程"四到省"考核办法》的通知	林天发〔2007〕124号	国家林业局
2007/5/24	关于进一步加强政务信息、电子政务、督查督办、政务公开工作的指导意见	林办发〔2007〕127号	国家林业局
2007/5/25	国家文化和自然遗产地保护"十一五"规划纲要		国家发展和改革委员会、财政部、国土资源部、建设部、国家环境保护总局、国家林业局、国家旅游局、国家文物局
2007/6/3	关于印发中国应对气候变化国家方案的通知		国务院
2007/6/15	关于印发《林木种子采收管理规定》的通知	林场发〔2007〕142号	国家林业局
2007/6/22	关于下达2007年农业综合开发林业生态示范和名优经济林花卉项目计划的通知	林计发〔2007〕152号	国家林业局
2007/6/25	关于贯彻实施《国家农业科技创新体系建设方案》的通知	林科发〔2007〕144号	国家林业局
2007/6/26	关于在平安边界建设中妥善调处林权争议的通知	林稽发〔2007〕145号	国家林业局
2007/6/27	关于切实加强森林资源管理行政许可工作有关问题的通知	林资发〔2007〕147号	国家林业局
2007/6/28	关于"十一五"期间进口种子（苗）种畜（禽）鱼种（苗）和种用野生动植物种源进口免税政策有关执行问题的通知	财关税〔2007〕13号	财政部、国家税务总局

(续)

发布时间	政策名称	文号	发布主体
2007/6/28	关于建立森林资源监督情况年度通报制度有关问题的通知	林资发〔2007〕150号	国家林业局
2007/7/2	关于认真组织学习《预防涉林渎职犯罪手册》的通知	办发字〔2007〕74号	国家林业局
2007/7/6	关于加强预防涉林职务犯罪工作的意见	林办发〔2007〕156号	国家林业局
2007/7/17	国家林业局社会团体管理办法（试行）	林人发〔2007〕162号	国家林业局
2007/7/19	关于做好第二批林业综合行政执法试点总结工作的通知	林策发〔2007〕163号	国家林业局
2007/7/23	国家林业局林业行政执法设定依据目录、行政执法事项目录	国家林业局公告第5号	国家林业局
2007/8/8	关于开展经济林产业发展情况调查的通知	办造字〔2007〕87号	国家林业局
2007/8/9	关于完善退耕还林政策的通知	国发〔2007〕25号	国务院
2007/8/10	关于印发《林业产业政策要点》的通知	林计发〔2007〕173号	国家林业局、国家发展和改革委员会、财政部、商务部、国家税务总局、中国银监会、中国证监会
2007/8/23	关于表彰全国退耕还林先进县、先进单位、先进个人、优秀农户的决定	林退发〔2007〕174号	国家林业局
2007/8/23	国家林业局引进国际先进林业科学技术项目资金管理实施细则		国家林业局
2007/8/24	关于进一步加强森林公安"三基"工程建设的通知	林安发〔2007〕177号	国家林业局
2007/8/27	关于2007年全国林木种苗质量检查情况的通报	林场发〔2007〕178号	国家林业局
2007/8/27	关于贯彻落实《国务院办公厅关于依法惩处非法集资有关问题的通知》的通知	林策发〔2007〕181号	国家林业局
2007/8/27	关于青海省2004—2006年度天然林资源保护工程资金使用和管理中存在问题的整改通知	林计发〔2007〕180号	国家林业局
2007/8/27	中国企业境外可持续森林培育指南	林造发〔2007〕185号	国家林业局、商务部
2007/9/3	关于开展林业生物产业统计试点工作的通知	办科字〔2007〕96号	国家林业局
2007/9/8	国家林业局林木种质资源管理办法	国家林业局令第22号	国家林业局
2007/9/20	关于进一步加强林业有害生物检疫工作的通知	林造发〔2007〕198号	国家林业局
2007/9/27	关于印发《引进国际先进林业科学技术项目管理办法》的通知	林科发〔2007〕199号	国家林业局

(续)

发布时间	政策名称	文号	发布主体
2007/9/28	国家林业局森林资源监督工作管理办法	国家林业局令第23号	国家林业局
2007/9/29	关于对虎皮、豹皮及其制品实行标识管理和进一步规范其经营利用活动的通知	林护发〔2007〕206号	国家林业局、国家民族事务委员会
2007/10/8	国家林业局关于加强林产品质量安全管理工作的通知	林科发〔2007〕204号	国家林业局
2007/10/12	关于认真贯彻落实温家宝总理、回良玉副总理重要批示精神积极稳妥推进集体林权制度改革的通知	林策发〔2007〕207号	国家林业局
2007/10/16	关于加强林业"菜篮子"工作的通知	林造发〔2007〕208号	国家林业局
2007/10/16	关于印发《林业生态工程建设资金管理办法》的通知	财建〔2007〕525号	财政部、国家林业局
2007/10/25	关于设定林业系统"文明窗口单位"的通知		国家林业局
2007/11/5	关于进一步明确全国森林资源数据库建设试点示范 扩建项目建设任务的通知	林资发〔2007〕238号	国家林业局
2007/11/5	关于印发《国家林业局直属事业单位 岗位设置管理实施意见》的通知	林人发〔2007〕231号	国家林业局
2007/11/5	关于印发《天然林资源保护工程营造林管理办法》的通知	林天发〔2007〕219号	国家林业局
2007/11/8	关于下达2007年林业有害生物防控体系基础设施建设项目中央预算内专项资金投资计划的通知	林计发〔2007〕228号	国家林业局
2007/11/9	关于认真贯彻国务院完善退耕还林政策精神开展退耕还林自查整改工作的通知	林退发〔2007〕225号	国家林业局
2007/11/12	关于加强赛加羚羊、穿山甲、稀有蛇类资源保护和规范其产品入药管理的通知	林护发〔2007〕242号	国家林业局、卫生部、国家工商行政管理总局、国家食品药品监督管理局、国家中医药管理局
2007/11/15	关于同意开展吉林磨盘湖等国家湿地公园试点工作的通知	林湿发〔2007〕233号	国家林业局
2007/11/17	关于恢复松岭林业局林木采伐的通知	林资发〔2007〕239号	国家林业局
2007/11/22	关于做好林业生物质能源工作的通知	林造发〔2007〕243号	国家林业局
2007/11/22	关于印发《林木种苗行政执法体系建设框架》的通知	林场发〔2007〕245号	国家林业局
2007/11/22	关于印发国家环境保护"十一五"规划的通知	国发〔2007〕37号	国务院

（续）

发布时间	政策名称	文号	发布主体
2007/11/26	完善退耕还林政策补助资金管理办法	财农〔2007〕339号	财政部
2007/11/28	巩固退耕还林成果专项资金使用和管理办法	财农〔2007〕327号	财政部、国务院、国家发展和改革委员会委、农业部、国家林业局、国家粮食局
2007/11/30	国家林业局产品质量检验检测机构管理办法	国家林业局令第24号	国家林业局
2007/11/30	关于表彰"全国绿化模范城市（区）"、"全国绿化模范县（市）"的决定	全绿字〔2007〕7号	国家林业局
2007/12/9	关于进一步加强森林资源管理 促进和保障集体林权制度改革的通知	林资发〔2007〕252号	国家林业局
2007/12/10	关于表彰全国林业系统先进集体和劳动模范、先进工作者的决定	国人部发〔2007〕149号	国家林业局
2007/12/18	关于印发《国家林业局<政府信息公开条例>实施办法》的通知	林办发〔2007〕259号	国家林业局
2007/12/18	关于印发《国家林业局内部审计工作规定（试行）》的通知	林审发〔2007〕258	国家林业局
2007/12/20	关于下达2008年度木材生产计划的通知	林资发〔2007〕264号	国家林业局
2007/12/27	关于开展第三批森林认证试点工作的通知	办技字〔2007〕125号	国家林业局
2007/12/28	关于印发《生物能源原料林基地建设检查验收暂行办法》的通知	办造字〔2007〕124号	国家林业局
2007/12/28	关于做好林业有害生物监测预报气象服务工作的通知	林造发〔2007〕280号	国家林业局、国家气象局
2007/12/29	关于印发《林业标准体系构建与"十一五"发展规划》的通知	林科发〔2007〕278号	国家林业局
2007/12/31	2008年中央一号文件：关于切实加强农业基础建设进一步促进农业发展农民增收的若干意见		中共中央、国务院
2008/1/7	关于移交吉林国有森工企业林木采伐许可证核发工作的通知		国家林业局
2008/1/11	关于下达2008年营造林生产计划的通知	林计发〔2008〕7号	国家林业局
2008/1/14	关于表彰全国林业系统先进集体和劳动模范、先进工作者的决定	国人部发〔2007〕149号	国家林业局
2008/1/14	林木良种名录	国家林业局公告2008年第1号	国家林业局
2008/1/16	关于做好2008年林业产业重点工作的通知	办行字〔2008〕1号	国家林业局
2008/1/17	关于切实加强林业行政案件管理工作的通知	林稽发〔2008〕11号	国家林业局

(续)

发布时间	政策名称	文号	发布主体
2008/1/18	关于进一步做好亚洲开发银行贷款"西北三省（区）林业生态发展项目"前期准备工作的通知	办贷字〔2008〕3号	国家林业局
2008/1/18	关于认真学习贯彻落实回良玉副总理重要批示和全国林业厅局长会议精神的通知	办发字〔2008〕2号	国家林业局
2008/1/29	关于印发《国家林业局工作规则补充规定》的通知	林办发〔2008〕1号	国家林业局
2008/1/30	关于印发2008年全国森林防火工作要点的通知	国森防办〔2008〕3号	国家林业局
2008/1/31	关于下达2008年实验用猴销售限额的通知	林护发〔2008〕18号	国家林业局
2008/2/1	关于印发《林业及相关产业分类（试行）》的通知	林计发〔2008〕21号	国家林业局、国家统计局
2008/2/2	关于2007年组织开展的全国林业重点工程营造林综合核查结果的通报	林资发〔2008〕25号	国家林业局
2008/2/11	南方雨雪冰冻灾害地区林业科技救灾减灾技术要点		国家林业局
2008/2/15	关于切实抓好2008年造林绿化工作的通知	林造发〔2008〕27号	国家林业局
2008/2/19	关于抓好灾后林业有害生物防治工作的紧急通知	林发明电〔2008〕18号	国家林业局
2008/2/20	关于做好受灾林木清理工作的紧急通知	林资发〔2008〕28号	国家林业局
2008/2/22	关于做好灾害木竹材收购工作的紧急通知	林行发〔2008〕31号	国家林业局
2008/2/26	关于做好灾区重建征占用林地服务工作的紧急通知	林资发〔2008〕34号	国家林业局
2008/2/27	关于做好春季候鸟高致病性禽流感等野生动物疫源疫病监测防控的紧急通知	林发明电〔2008〕23号	国家林业局
2008/2/28	关于开展雨雪冰冻灾害森林资源损失调查评估工作的通知	林资发〔2008〕38号	国家林业局
2008/2/28	关于印发《雨雪冰冻灾害受害林木清理指南》的通知	林资发〔2008〕37号	国家林业局
2008/3/3	关于印发《国家林业局2008年林业宣传工作要点》的通知	林宣发〔2008〕46号	国家林业局
2008/3/3	关于印发《国家林业局门户网站内容保障管理办法》的通知	办发字〔2008〕8号	国家林业局
2008/3/5	关于2007年林业有害生物防治绩效考核结果的通报	林造发〔2008〕47号	国家林业局
2008/3/6	关于加强国有林场灾后恢复重建工作的通知	林场发〔2008〕42号	国家林业局

(续)

发布时间	政策名称	文号	发布主体
2008/3/6	关于印发《南方雨雪冰冻灾害地区林业灾后恢复重建技术要点》的通知	林科发〔2008〕43号	国家林业局
2008/3/8	2007年国土绿化状况公报	全国绿化委员会第1号	全国绿化委员会
2008/3/13	关于加强灾后重建造林使用种苗质量管理的通知	林场发〔2008〕50号	国家林业局
2008/3/14	关于印发《集体林权制度改革2007年工作总结和2008年工作要点》的通知	林策发〔2008〕51号	国家林业局
2008/3/17	关于认真做好森林公安人员过渡等有关工作的通知	林安发〔2008〕52号	国家林业局
2008/3/19	京津风沙源治理工程区人工造林特大灾害损失面积核定办法（试行）	林沙发〔2008〕56号	国家林业局
2008/3/24	关于印发《促进野生动植物资源和自然保护区生态系统灾后恢复的指导意见》的通知	林护发〔2008〕63号	国家林业局
2008/3/24	岩溶地区石漠化综合治理规划大纲		国家发展和改革委员会、国家林业局、农业部、水利部
2008/3/31	关于印发《林业贷款财政贴息资金申报程序及管理规定》的通知	林计发〔2008〕65号	国家林业局
2008/4/3	关于表彰"全国绿化模范单位"和颁发2007年度"全国绿化奖章"的决定	全绿字〔2008〕2号	全国绿化委员会
2008/4/7	国家林业局关于加强退耕还林工程灾后恢复重建及成果巩固工作的通知	林退发〔2008〕70号	国家林业局
2008/4/9	关于加强灾后恢复重建中森林资源保护管理工作的通知	林资发〔2008〕76号	国家林业局
2008/4/10	国家林业局关于进一步加强科技救灾工作的通知	林科发〔2008〕77号	国家林业局
2008/4/15	国家林业局关于做好天然林保护工程区灾后恢复重建工作的通知	林天发〔2008〕79号	国家林业局
2008/4/23	关于印发《林木种子生产、经营档案管理办法》的通知	林场发〔2008〕88号	国家林业局
2008/4/30	国家林业局政府信息公开指南	林办发〔2008〕95号	国家林业局
2008/5/7	国家林业局关于进一步加强政务公开政务信息电子政务督查督办工作的通知	林办发〔2008〕94号	国家林业局
2008/5/13	关于全力做好抗震救灾工作的紧急通知	林办发〔2008〕99号	国家林业局

(续)

发布时间	政策名称	文号	发布主体
2008/5/14	国家林业局关于印发《林业专业技术人才知识更新科目指南》的通知	林人发〔2008〕103号	国家林业局
2008/5/14	栗山天牛防治技术方案	林造发〔2008〕104号	国家林业局
2008/5/14	苹果蠹蛾防治技术方案	林造发〔2008〕104号	国家林业局
2008/5/14	松突圆蚧防治技术方案	林造发〔2008〕104号	国家林业局
2008/5/14	舞毒蛾防治技术方案	林造发〔2008〕104号	国家林业局
2008/5/14	云杉八齿小蠹防治技术方案	林造发〔2008〕104号	国家林业局
2008/5/19	关于建立抗震救灾工作信息报送制度的紧急通知	办发字〔2008〕28号	国家林业局
2008/5/21	关于做好2008年珍稀树种培育基地建设示范项目有关工作的通知	办造字〔2008〕30号	国家林业局
2008/5/21	关于做好2008年重点生态公益林中幼龄林抚育示范项目工作的通知		国家林业局
2008/5/23	关于切实做好抗震救灾中采伐林木和使用林地事项的通知	林资发〔2008〕111号	国家林业局
2008/6/4	关于开展2008年度"全国绿化奖章"评选工作的通知	全绿办〔2008〕4号	全国绿化委员会
2008/6/8	关于全面推进集体林权制度改革的意见	中发〔2008〕10号	中共中央、国务院
2008/6/16	关于开展野生动物肇事补偿试点工作的通知	林护发〔2008〕127号	国家林业局
2008/6/18	国家林业局关于规范申请增加"十一五"期间年度征用林地定额有关事项的通知	林资发〔2008〕132号	国家林业局
2008/7/1	关于加强森林资源清查中林地变化情况调查的通知	办资字〔2008〕45号	国家林业局
2008/7/2	国家林业局关于做好强降雨防灾减灾救灾工作的紧急通知	林造发〔2008〕138号	国家林业局
2008/7/4	关于学习贯彻《中共中央国务院关于全面推进集体林权制度改革的意见》的通知	林改发〔2008〕142号	国家林业局
2008/7/10	关于采集(采伐)国家一级保护野生植物(树木)审批有关问题的通知	林策发〔2008〕150号	国家林业局
2008/7/15	退耕还林工程退耕地还林阶段验收办法(试行)	林退发〔2008〕146号	国家林业局
2008/7/21	关于规范林业系统自然保护区范围和功能区调整有关问题的通知	林护发〔2008〕161号	国家林业局
2008/7/25	关于进一步做好机关节能减排工作的通知	办发字〔2008〕57号	国家林业局
2008/7/28	国家林业局关于做好集体林权制度改革培训工作的意见	林人发〔2008〕163号	国家林业局

(续)

发布时间	政策名称	文号	发布主体
2008/8/1	林业行政许可听证办法	国家林业局令第25号	国家林业局
2008/8/18	关于加强林业应对气候变化及碳汇管理工作的通知	造碳函〔2008〕72号	国家林业局
2008/8/22	关于加强森林凋落物及腐殖质开发利用管理的通知	林资发〔2008〕170号	国家林业局
2008/8/26	关于公布资源综合利用企业所得税优惠目录（2008年版）的通知	财税〔2008〕117号	财政部、国家税务总局
2008/9/3	太行山绿化工程建设技术规程		国家林业局
2008/9/3	沿海防护林体系工程建设技术规程		国家林业局
2008/9/3	长江、珠江流域防护林体系工程建设技术规程		国家林业局
2008/9/9	关于印发《林业救灾资金物资管理使用暂行办法》的通知	林计发〔2008〕187号	国家林业局
2008/9/21	林业有害生物警示通报2008第1号		国家林业局
2008/9/21	林业有害生物警示通报2008第2号		国家林业局
2008/9/25	关于同意毕节地区为"全国林业生态建设示范区"的通知	林沙发〔2008〕195号	国家林业局
2008/10/6	关于积极发展现代农业扎实推进社会主义新农村建设的若干意见		中共中央、国务院
2008/10/8	关于下达东北、内蒙古重点国有林区国有森工企业局2008年度木材生产计划的通知	林资发〔2008〕202号	国家林业局
2008/10/12	关于推进农村改革发展若干重大问题的决定		中共中央
2008/10/14	关于加强退耕还林工程灌木林培育和利用工作的通知	林退发〔2008〕205号	国家林业局
2008/10/14	关于下达2009年木材生产计划的通知	林资发〔2008〕206号	国家林业局
2008/10/14	关于印发《林业统计工作评比办法（试行）》的通知	办计字〔2008〕78号	国家林业局
2008/10/16	关于授予张世勇等7位同志"森林卫士"称号的决定	林安发〔2008〕211号	国家林业局
2008/10/21	关于加快油茶种苗发展和强化种苗质量管理的通知	林场发〔2008〕213号	国家林业局
2008/10/24	汶川地震灾后恢复重建生态修复专项规划		国家发展和改革委员会、国家林业局、环境保护部、农业部、水利部

(续)

发布时间	政策名称	文号	发布主体
2008/10/28	关于加强涉案林地林木保护管理工作的通知	林资发〔2008〕223号	国家林业局
2008/10/28	关于授予广东省广州市、河南省新乡市、新疆维吾尔自治区阿克苏市"国家森林城市"称号的决定	林宣发〔2008〕218号	全国绿化委员会、国家林业局
2008/10/29	林业有害生物警示通报2008第3号		国家林业局
2008/10/29	中国应对气候变化的政策与行动白皮书(2008)		国务院
2008/10/30	关于开展2008年退耕还林工程管理实绩核查工作的通知	林退发〔2008〕219号	国家林业局
2008/11/14	重点国有林区伐区调查设计质量检查技术方案(试行)	林资发〔2008〕226号	国家林业局
2008/11/14	重点国有林区伐区作业质量检查技术方案(试行)	林资发〔2008〕226号	国家林业局
2008/11/17	关于下达2008年度重点科研项目计划的通知	林科发〔2008〕227号	国家林业局
2008/11/19	防护林造林工程投资估算指标(试行)	林计发〔2008〕232号	国家林业局
2008/11/19	关于同意开展哈尔滨太阳岛等20处湿地为国家湿地公园试点工作的通知	林湿发〔2008〕234号	国家林业局
2008/11/26	关于发布享受企业所得税优惠政策的农产品初加工范围(试行)的通知	财税〔2008〕149号	财政部、国家税务总局
2008/11/26	关于统一送达行政许可决定文书的通知	办策字〔2008〕90号	国家林业局
2008/11/26	关于印发《国家林业局政府采购管理实施》办法的通知	办计字〔2008〕92号	国家林业局
2008/11/27	关于下达2008—2009年穿山甲片和稀有蛇类库存原材料年度消耗控制量的通知	林护发〔2008〕238号	国家林业局
2008/11/29	草原防火条例(2008修订)	国务院令第542号	国务院
2008/12/1	关于切实抓好今冬明春造林绿化工作的通知	林造发〔2008〕241号	国家林业局
2008/12/1	森林防火条例(2008修订)	国务院令第541号	国务院
2008/12/5	关于部署开展第八次全国森林资源清查和做好2009年清查工作的通知	林资发〔2008〕250号	国家林业局
2008/12/8	关于做好国有林区棚户区改造试点工作的紧急通知	林计发〔2008〕251号	国家林业局、住房和城乡建设部、国家发展和改革委员会
2008/12/8	林业有害生物警示通报2008第4号		国家林业局
2008/12/9	关于认真做好新增天保工程投资用于公益林建设管理工作的通知	办天字〔2008〕95号	国家林业局
2008/12/15	关于印发《油茶种苗质量管理规定》的通知	林场发〔2008〕253号	国家林业局

(续)

发布时间	政策名称	文号	发布主体
2008/12/16	关于进一步加强象牙及其制品规范管理的通知	林护发〔2008〕258号	国家林业局
2008/12/17	关于传达贯彻全国深化政务公开经验交流会会议精神的情况报告	办函发字〔2008〕260号	国家林业局
2008/12/20	关于印发《〈国家森林资源连续清查技术规定〉补充技术规定》等的通知	办资字〔2008〕100号	国家林业局
2008/12/22	关于贯彻落实《森林防火条例》的通知	国森防〔2008〕34号	国家森林防火指挥部、国家林业局
2008/12/22	关于开展第四次全国荒漠化和沙化监测工作的通知	林沙发〔2008〕261号	国家林草局
2008/12/22	关于开展森林采伐管理改革试点工作的通知	林资发〔2008〕263号	国家林业局
2008/12/23	关于结转使用2008年采伐限额和木材生产计划指标的通知	林资发〔2008〕266号	国家林业局
2008/12/26	关于开展森林采伐管理改革试点的通知	林资发〔2008〕263号	国家林业局
2008/12/31	2009年中央一号文件：关于2009年促进农业稳定发展农民持续增收的若干意见		中共中央、国务院
2009/1/1	关于开展2009年森林抚育补贴试点工作的意见	财农〔2009〕464号	财政部、国家林业局
2009/1/6	关于印发《森林公安机关领导干部实行双重管理暂行规定》的通知	林安发〔2009〕5号	国家林业局、公安部
2009/1/9	关于建立征占用林地项目审核审批情况月报制度的通知	办资字〔2009〕2号	国家林业局
2009/1/14	关于公布第一批国家重点林木良种基地的通知	林场发〔2009〕11号	国家林业局
2009/1/15	关于2007年度天然林资源保护工程实施情况的通报	林天发〔2009〕14号	国家林草局
2009/1/20	关于公布首批森林经营示范国有林场的通知	林场发〔2009〕16号	国家林业局
2009/1/21	关于开展2009年度退耕还林工程退耕地还林阶段验收工作的通知	林退发〔2009〕17号	国家林业局
2009/1/21	国家林业局2009年工作要点	林办发〔2009〕19号	国家林草局
2009/1/22	关于认真做好2009年一季度林业重点工作的通知	林办发〔2009〕20号	国家林业局
2009/1/30	《全国林业信息化建设纲要》	林办发〔2009〕23号	国家林业局
2009/1/30	《全国林业信息化建设技术指南》	林办发〔2009〕23号	国家林业局
2009/2/16	关于印发《应对特大干旱林业科技救灾减灾技术要点》的通知	林科发〔2009〕29号	国家林业局
2009/2/20	关于协调将国有林场饮水安全纳入全国农村饮水安全工程规划的通知		国家林业局

(续)

发布时间	政策名称	文号	发布主体
2009/2/20	林木良种名录	国家林业局公告第2号	国家林业局
2009/2/28	关于印发《国家林业局2009年信息化与电子政务工作要点》的通知		国家林业局
2009/3/3	关于印发《国家林业局2009年林业宣传思想文化工作要点》的通知	办宣字〔2009〕22号	国家林业局
2009/3/5	关于表彰2008年度局级优秀勘察设计项目的通知	办计字〔2009〕30号	国家林业局
2009/3/6	关于进一步加强林业图书出版有关工作的通知	办宣字〔2009〕31号	国家林业局
2009/3/8	关于进一步加强林业国家标准和行业标准制修订管理确保标准质量的通知	林科发〔2009〕46号	国家林业局
2009/3/11	关于开展森林经营试点工作的通知	林造发〔2009〕50号	国家林业局
2009/3/23	关于美国白蛾防治情况及2009年防治任务的通知	林造发〔2009〕69号	国家林业局
2009/3/23	关于印发《中国企业境外森林可持续经营利用指南》的通知	林计发〔2009〕76号	国家林业局、商务部
2009/3/23	关于转发林业局等部门省级政府防沙治沙目标责任考核办法的通知	国办发〔2009〕29号	国务院
2009/3/26	关于组织开展对2008年度天然林资源保护工程实施情况进行核查的通知	林天发〔2009〕73号	国家林业局
2009/3/26	岩溶地区石漠化综合治理林业专项规划(2006—2015年)		国家林业局
2009/3/27	关于中央财政森林保险保费补贴试点方案	财金〔2009〕25号	财政部
2009/3/30	关于颁发2008年度"全国绿化奖章"的决定	全绿字〔2009〕5号	全国绿化委员会
2009/4/3	关于加强对勘查、开采矿藏占用东北、内蒙古重点国有林区林地审核监督管理的通知	林资发〔2009〕82号	国家林业局
2009/4/7	关于印发《国家林业局立法工作规定》的通知	林策发〔2009〕83号	国家林业局
2009/4/9	关于建立国有林区棚户区改造统计报告制度的通知	办天字〔2009〕52号	国家林业局
2009/4/9	关于印发《国家生态文明教育基地管理办法》的通知	林宣发〔2009〕84号	国家林业局、教育部、共青团中央
2009/4/13	关于进一步做好新增中央林业投资使用管理工作的通知	林计发〔2009〕86号	国家林业局
2009/4/14	关于加强国家重点林木良种基地管理工作的通知	林场发〔2009〕91号	国家林业局

（续）

发布时间	政策名称	文号	发布主体
2009/4/19	关于做好扩大内需建设项目征占用林地管理工作的通知	林资发〔2009〕100号	国家林业局
2009/4/21	关于进一步加强松材线虫病防治工作的意见	林造发〔2009〕97号	国家林业局
2009/4/21	关于建立岩溶地区石漠化综合治理工程信息报送制度的通知	林沙发〔2009〕109号	国家林业局、农业部、水利部、国家发展和改革委员会
2009/4/21	关于进一步提高造林绿化质量的通知	林造发〔2009〕98号	国家林业局
2009/4/24	关于认真做好防沙治沙目标责任考核工作的通知	林沙发〔2009〕104号	国家林业局
2009/4/27	关于切实抓好油茶良种种苗生产的紧急通知	林场发〔2009〕103号	国家林业局
2009/4/30	国家林业局产品质量检验检测机构监督检查办法	林科发〔2009〕106号	国家林业局
2009/5/8	国家林业局产品质量检验检测机构设立专家评审规范	林科发〔2009〕114号	国家林业局
2009/5/13	关于禁止大树古树移植进城的通知	全绿字〔2009〕8号	国家林业局、全国绿化委员会
2009/5/14	关于进一步推进林业安全生产"三项行动"的通知	办行字〔2009〕72号	国家林业局
2009/5/14	关于进一步做好全民义务植树工作的通知	全绿办〔2009〕3号	国家林业局
2009/5/21	关于印发《2009年林业系统法制宣传教育工作要点》的通知	林策发〔2009〕126号	国家林业局
2009/5/21	陆地生态系统定位研究网络中长期发展规划（2008-2020年）		国家林业局
2009/5/25	关于印发《育林基金征收使用管理办法》的通知	财综〔2009〕32号	财政部、国家林业局
2009/5/25	关于做好集体林权制度改革与林业发展金融服务工作的指导意见	银发〔2009〕170号	中国人民银行、财政部、中国银行业监督管理委员会、中国保险监督管理委员会、国家林业局
2009/6/2	关于印发《2009年集体林权制度改革中加强农村党风廉政建设工作的意见》的通知	办改字〔2009〕86号	国家林业局
2009/6/9	关于做好国有林场危旧房改造有关工作的通知	林计发〔2009〕135号	国家林业局、国家发展和改革委员会、住房城乡建设部

(续)

发布时间	政策名称	文号	发布主体
2009/6/12	关于贯彻《中共中央办公厅国务院办公厅关于党政机关厉行节约若干问题的通知》的实施意见	林办发〔2009〕141号	国家林业局
2009/6/12	关于印发《国家农业综合开发部门项目管理办法林业项目实施细则(试行)》的通知	办计字〔2009〕93号	国家林业局
2009/6/19	关于印发《国家林业局组织举办论坛活动管理办法》的通知	林办发〔2009〕146号	国家林业局
2009/6/19	关于印发《全国绿化评比表彰活动实施办法》的通知	全绿办〔2009〕9号	全国绿化委员会
2009/6/25	关于加强营造林工程监理员培训和管理工作的通知	林造发〔2009〕154号	国家林业局
2009/6/25	关于印发林业安全生产"三项建设"实施方案的通知	林行发〔2009〕156号	国家林业局
2009/6/29	关于开展油茶种苗质量专项检查的通知	办场字〔2009〕102号	国家林业局
2009/7/1	关于贯彻落实中央林业工作会议精神的通知	林办发〔2009〕167号	国家林业局
2009/7/6	关于认真做好2009年上半年工作总结和下半年工作安排的通知	办发字〔2009〕105号	国家林业局
2009/7/10	关于开展林业信息化示范省(区、市)建设工作的通知	办信字〔2009〕113号	林业部
2009/7/13	关于派驻地方监督管理机构合署办公的通知	林人发〔2009〕171号	国家林业局
2009/7/15	关于改革和完善集体林采伐管理的意见	林资发〔2009〕166号	国家林业局
2009/7/15	关于下达2009年度引进先进林业科学技术项目计划的通知	林科发〔2009〕165号	国家林业局
2009/7/16	关于开展可用于造林绿化土地资源摸底调查的通知	办造字〔2009〕114号	国家林业局
2009/7/21	国家林业局岩溶地区石漠化综合治理工程效益评价指标框架		国家林业局
2009/7/22	关于做好国家林业局内外网整合改造工作的通知	林信发〔2009〕175号	国家林业局
2009/7/24	关于进一步做好林业改革发展金融服务工作的通知	农银发〔2009〕291号	中国农业银行
2009/7/29	关于开展全国林业视频会议等系统扩建工作的通知	林信发〔2009〕179号	国家林业局
2009/7/29	国家林业局办公室关于加强碳汇造林管理工作的通知	办造字〔2009〕121号	国家林业局

（续）

发布时间	政策名称	文号	发布主体
2009/8/10	关于印发《种子(苗)种畜(禽)鱼种(苗)和种用野生动植物种源进口税收优惠政策暂行管理办法》的通知	财关税〔2009〕50号	财政部、国家税务总局、国家海关总署
2009/8/11	关于切实做好国有林场税费改革工作的通知	办场字〔2009〕127号	国家林业局
2009/8/12	关于下达2008年赠台大熊猫工作补助经费的通知	林计发〔2009〕186号	国家林业局
2009/8/13	关于开展扩大内需林业项目资金专项检查的通知	林计发〔2009〕187号	国家林业局
2009/8/15	关于进一步推进三北防护林体系建设的意见	国办发〔2009〕52号	国务院
2009/8/17	关于印发《国有林区棚户区改造工程项目管理办法(暂行)》的通知	林计发〔2009〕192号	国家林业局、住房城乡建设部、国家发展和改革委员会、国土资源部
2009/8/18	关于促进农民林业专业合作社发展的指导意见	林改发〔2009〕190号	国家林业局
2009/8/18	关于追授鹿文刚同志"森林卫士"荣誉称号的决定	林安发〔2009〕189号	国家林业局
2009/8/19	关于认真贯彻实施《中华人民共和国农村土地承包经营纠纷调解仲裁法》的通知	林策发〔2009〕193号	国家林业局
2009/8/20	关于举办全国林业信息化建设管理培训班的通知	办信字〔2009〕134号	国家林业局
2009/8/21	关于国家林业局湿地保护管理中心等事业单位参照公务员法管理的通知	林人发〔2009〕197号	国家林业局
2009/8/24	关于贯彻落实《国务院办公厅关于进一步推进三北防护林体系建设的意见》的通知	林办发〔2009〕199号	国家林业局
2009/8/27	中华人民共和国草原法(2009修正)		全国人民代表大会
2009/8/27	中华人民共和国森林法(2009修正)		全国人民代表大会
2009/8/27	中华人民共和国野生动物保护法(2009修正)		全国人民代表大会
2009/9/1	国家林业局关于印发《林业资源调查监测公共因子分类补充规定》的通知	林信发〔2009〕204号	国家林业局
2009/9/2	关于印发"十二五"期间年森林采伐限额编制技术规定》的通知	办资字〔2009〕146号	国家林业局
2009/9/7	关于印发《国家级森林公园监督检查办法》的通知	林策发〔2009〕206号	国家林业局
2009/9/10	关于下达2009—2010年库存穿山甲片和稀有蛇类原材料年度消耗控制量的通知	林护发〔2009〕211号	国家林业局

（续）

发布时间	政策名称	文号	发布主体
2009/9/14	关于第十届中国林业青年科技奖评选结果的通报	林人发〔2009〕212号	国家林业局
2009/9/21	关于印发《中央财政林业科技推广示范资金管理暂行办法》的通知	财农〔2009〕289号	财政部、国家林业局
2009/9/22	关于印发《林业国家级自然保护区补助资金管理暂行办法》的通知	财农〔2009〕290号	财政部、国家林业局
2009/9/23	关于加强森林资源管理系统作风建设的通知	林资发〔2009〕216号	国家林业局
2009/9/23	林业贷款中央财政贴息资金管理办法		财政部、国家林业局
2009/9/27	关于印发《国家级公益林区划界定办法》的通知	林资发〔2009〕214号	国家林业局、财政部
2009/10/13	关于做好政策性森林保险体系建设促进林业可持续发展的通知	保监发〔2009〕117号	中国保险监督管理委员会、国家林业局
2009/10/15	关于切实加强集体林权流转管理工作的意见	林改发〔2009〕232号	国家林业局
2009/10/19	关于开展国有林场危旧房改造试点工作的通知	林计发〔2009〕238号	国家林业局
2009/10/19	全国森林防火中长期发展规划		国家林业局、国家发展和改革委员会
2009/10/23	关于进一步加强退耕还林工程档案工作的通知	林退发〔2009〕250号	国家林业局
2009/10/29	林业产业振兴规划（2010-2012年）		国家林业局、国家发展和改革委员会、财政部、商务部、国家税务总局
2009/11/4	关于印发全国油茶产业发展规划（2009-2020年）的通知	发改农经〔2009〕2812号	国家发展和改革委员会、财政部、国家林业局
2009/11/6	国家林业局应对气候变化林业行动计划		国家林业局
2009/11/11	关于进一步加强木材运输管理工作的通知	林资发〔2009〕265号	国家林业局
2009/11/19	关于进一步加强国际合作项目后续管理工作的通知	林外发〔2009〕268号	国家林业局
2009/11/23	中央财政森林生态效益补偿基金管理办法（2009修订）	财农〔2009〕381号	财政部、国家林业局
2009/11/26	关于认真做好林业信息化2009年工作总结和2010年工作计划的通知	办发字〔2009〕190号	国家林业局
2009/11/30	关于公布第一批国家林木种质资源库的通知	林场发〔2009〕273号	国家林业局
2009/12/3	关于印发《国家林业生物产业基地认定办法》（试行）的通知	林科发〔2009〕275号	国家林业局
2009/12/4	关于进一步加强国有资产管理若干问题的通知	林计发〔2009〕279号	国家林业局

(续)

发布时间	政策名称	文号	发布主体
2009/12/4	关于印发《国家林业局机关会议费管理办法》的通知	林计发〔2009〕277号	国家林业局
2009/12/7	关于以农林剩余物为原料的综合利用产品增值税政策的通知	财税〔2009〕148号	财政部、国家税务总局
2009/12/15	关于做好森林保险试点工作有关事项的通知	财金〔2009〕165号	财政部、国家林业局、中国保险监督管理委员会
2009/12/16	关于结转使用2009年森林采伐限额和木材生产计划指标的通知	林资发〔2009〕285号	国家林业局
2009/12/16	关于组织开展首批全国林业信息化示范省建设工作的通知	林信发〔2009〕284号	国家林业局
2009/12/21	退耕还林工程建设年度检查验收办法	林退发〔2009〕294号	国家林业局
2009/12/22	关于集体林权制度改革宣传工作情况的通报	林宣发〔2009〕295号	国家林业局
2009/12/23	关于同意河北坝上闪电河等62处湿地开展国家湿地公园试点工作的通知	林湿发〔2009〕297号	国家林业局
2009/12/25	关于加强野生虎保护管理和严厉打击走私、非法经营虎产品等违法犯罪行为的通知	林护发〔2009〕298号	国家林业局
2009/12/31	2010年中央一号文件：关于加大统筹城乡发展力度进一步夯实农业农村发展基础的若干意见		中共中央、国务院
2009/12/31	关于推荐使用林业信息化相关标准规范的通知	林信发〔2009〕311号	国家林业局
2009/12/31	关于印发《关于开展林业科技特派员科技创业行动的意见》的通知	林科发〔2009〕309号	国家林业局、科学技术部
2009/12/31	关于印发《林业成品油价格补助专项资金管理暂行办法》的通知	财建〔2009〕1007号	国家林业局、财政部
2010/1/1	农村土地承包经营纠纷仲裁规则		农业部、国家林业局
2010/1/1	农村土地承包仲裁委员会示范章程		农业部、国家林业局
2010/1/1	森林抚育补贴试点省级实施方案编制框架意见	林规发〔2010〕27号	国家林业局
2010/1/5	关于印发《种用林木种子(苗)进口管理实施细则》的通知	林场发〔2010〕4号	国家林业局
2010/1/11	关于加强局直属单位建设工程安全质量保障措施的通知	办规字〔2010〕9号	国家林业局
2010/1/11	国家林业局荒漠化监测项目资金管理办法(试行)	林规发〔2010〕8号	国家林业局
2010/1/12	关于进一步推进中央部门预算项目支出绩效评价试点工作的通知	林规发〔2010〕9号	国家林业局

(续)

发布时间	政策名称	文号	发布主体
2010/1/14	关于做好2010年春季造林绿化工作的通知	林造发〔2010〕14号	全国绿化委员会、国家林业局
2010/1/14	苹果蠹蛾防治技术方案(2010修订)	林造发〔2010〕13号	国家林业局
2010/1/19	关于选派林业科技特派员的通知	林科发〔2010〕21号	国家林业局
2010/1/19	森林抚育补贴试点管理办法	林造发〔2010〕20号	国家林业局
2010/1/19	中幼龄林抚育补贴试点作业设计规定	林造发〔2010〕20号	国家林业局
2010/1/20	关于印发《国家林业局中央本级项目支出定额标准管理暂行办法》的通知	林规发〔2010〕24号	国家林业局
2010/1/28	关于进一步加强京津风沙源治理工程林业建设质量管理的通知	林沙发〔2010〕28号	国家林业局
2010/1/28	国家林业局关于印发《国家湿地公园管理办法(试行)》的通知	林湿发〔2010〕1号	国家林业局
2010/2/5	国家林业局关于做好2010年退耕还林工作的通知	林退发〔2010〕32号	国家林业局
2010/2/9	天然次生低产低效林改培技术规程		国家林业局
2010/2/10	关于印发《国家林业局直属事业单位国有资产管理暂行办法》的通知	林规发〔2010〕34号	国家林业局
2010/2/25	关于印发《国家林业局林业碳汇计量与监测管理暂行办法》的通知	办造字〔2010〕26号	国家林业局
2010/2/27	关于进一步做好2010年美国白蛾防治工作的通知	林造发〔2010〕37号	国家林业局
2010/3/4	国家林业局关于做好2010年春季重大沙尘暴灾害应急处置工作的通知	林沙发〔2010〕43号	国家林业局
2010/3/16	关于认真组织学习贯彻两会精神的通知	林办发〔2010〕85号	国家林业局
2010/3/16	国家林业局2010年工作要点	林办发〔2010〕83号	国家林业局
2010/3/19	关于贯彻落实中央领导重要批示精神进一步做好林改档案工作的通知	林改发〔2010〕89号	国家林业局、国家档案局
2010/3/19	关于开展全国林业知识产权试点工作的通知	办技字〔2010〕36号	国家林业局
2010/3/23	关于国家林业局2010年度种子(苗)和种用野生动植物种源免税进口计划的通知	财关税〔2010〕9号	财政部、国家税务总局
2010/3/23	关于印发2010年度面向地方林业部门业务培训班计划的通知	办人字〔2010〕39号	国家林业局
2010/3/23	关于印发2010年度直属机关干部培训计划的通知	办人字〔2010〕38号	国家林业局

(续)

发布时间	政策名称	文号	发布主体
2010/3/24	关于进一步完善和落实各级林业部门信访工作制度的通知	林办发〔2010〕90号	国家林业局
2010/3/25	国家林业局关于深入开展"安全生产年"活动的通知	林行发〔2010〕94号	国家林业局
2010/4/1	关于颁发2009年度"全国绿化奖章"的决定	全绿字〔2010〕4号	全国绿化委员会
2010/4/1	关于表彰"全国绿化模范单位"的决定	全绿字〔2010〕3号	全国绿化委员会
2010/4/9	国家林业局关于开展林业综合行政执法示范点建设的通知	林策发〔2010〕103号	国家林业局
2010/4/22	关于进一步抓好油茶种苗生产及质量管理工作的通知	林场发〔2010〕112号	国家林业局
2010/4/23	关于授予湖北省武汉市等8城市"国家森林城市"称号的决定	林宣发〔2010〕109号	全国绿化委员会、国家林业局
2010/4/29	关于贯彻落实《应对气候变化林业行动计划》的通知	办造字〔2010〕56号	国家林业局
2010/4/29	关于做好2010年全国营造林综合核查工作的通知	办资字〔2010〕55号	国家林业局
2010/5/4	关于公布第三批获得中国国家森林公园专用标志使用授权的国家级森林公园名单的通知	林场发〔2010〕118号	国家林业局
2010/5/5	国家林业局关于推进2010年三北防护林体系重点区域建设的通知	林北发〔2010〕104号	国家林业局
2010/5/6	关于禁止利用野外救护大熊猫收养个体开展有关活动的通知	林护发〔2010〕121	国家林业局
2010/5/7	关于印发《国家林业局重要工作事项督促检查办法》的通知	办发字〔2010〕69号	国家林业局
2010/5/10	关于印发《全国森林公安"五化"建设指导意见》等的通知	林安发〔2010〕125号	国家林业局
2010/5/14	关于建立森林可持续经营专家库的通知	办资字〔2010〕71号	国家林业局
2010/5/20	关于开展2010年造林补贴试点工作的意见	财农〔2010〕103号	财政部、国家林业局
2010/5/21	关于深入开展林业"十二五"规划编制工作的通知	林规发〔2010〕128号	国家林业局
2010/5/21	关于正式实行无纸化办公有关事宜的通知	办发字〔2010〕78号	国家林业局
2010/5/30	关于2010年湿地保护补助工作的实施意见	财农〔2010〕114号	财政部、国家林业局
2010/5/30	关于开展2010年森林抚育补贴试点工作的意见	财农〔2010〕113号	财政部、国家林业局
2010/6/10	国家林业局关于开展全国林业系统"文明窗口单位"创建活动的通知	林宣发〔2010〕161号	国家林业局

（续）

发布时间	政策名称	文号	发布主体
2010/6/13	碳汇造林技术规定（试行）	办造字〔2010〕84号	国家林业局
2010/6/13	碳汇造林检查验收办法（试行）	办造字〔2010〕84号	国家林业局
2010/6/17	关于印发《国家林业局履行国际公约与国际合作配套项目资金管理暂行办法》的通知	林规发〔2010〕168号	国家林业局
2010/6/21	关于进一步加强林木种子生产经营许可证管理的通知	林场发〔2010〕164号	国家林业局
2010/6/21	关于印发《国家林业局征占用林地行政许可被许可人监督检查方案》的通知	办资字〔2010〕60号	国家林业局
2010/6/28	关于印发《全国森林资源清查涉密数据成果管理办法》的通知	办资字〔2010〕99号	国家林业局
2010/6/28	国家林业局办公室关于开展碳汇造林试点工作的通知	办造字〔2010〕98号	国家林业局
2010/7/2	关于印发《国家林业局2009年政府信息公开年度报告》的通知	办发字〔2010〕48号	国家林业局
2010/7/9	关于印发《全国林业信息化工作管理办法》的通知	林办发〔2010〕187号	国家林业局
2010/7/22	关于开展森林认证情况调查的通知	办技字〔2010〕115号	国家林业局
2010/7/23	关于下达2010年"林业生态站等监测运行补助"项目的通知	林科发〔2010〕193号	国家林业局
2010/7/23	关于印发《关于支持新疆加快林业发展的意见》的通知	林规发〔2010〕191号	国家林业局
2010/7/26	关于对野生动物观赏展演单位野生动物驯养繁殖活动进行清理整顿和监督检查的通知	林护发〔2010〕195号	国家林业局
2010/8/13	关于认真学习和贯彻落实《国务院关于进一步加强企业安全生产工作的通知》的通知	林行发〔2010〕198号	国家林业局
2010/8/16	关于下达2010—2011年度实验用猴经营利用限额有关事项的通知	林护发〔2010〕199号	国家林业局
2010/8/20	关于编制省县级林地保护利用规划的通知	林规发〔2010〕203号	国家林业局
2010/8/20	全国林地保护利用规划纲要（2010-2020年）	林函规字〔2010〕181号	国家林业局
2010/9/16	国家林业局关于加快推进森林认证工作的指导意见	林技发〔2010〕213号	国家林业局
2020/9/16	关于授予河北省塞罕坝机械林场"国有林场建设标兵"称号的决定	林场发〔2010〕214号	国家林业局
2010/10/15	关于开展向杨善洲同志学习活动的通知	林人发〔2010〕232号	国家林业局

(续)

发布时间	政策名称	文号	发布主体
2010/10/26	关于印发《国有林场危旧房改造工程项目管理办法(暂行)》的通知	林规发〔2010〕266号	国家林业局、住房和城市建设部、国家发展和改革委员会
2010/10/26	关于印发《国有林区棚户区改造工程项目管理办法》的通知	林规发〔2010〕252号	国家林业局、住房城乡建设部、国家发展和改革委员会、国土资源部
2010/10/29	关于认真做好林业信息化2010年及"十一五"工作总结和2011年工作计划的通知	办发字〔2010〕157号	国家林业局
2010/11/1	全国林木种苗发展规划(2011—2020年)		国家林业局、国家发展和改革委员会、财政部
2010/11/3	关于进一步深化森林采伐管理改革试点工作的通知	林资发〔2010〕251号	国家林业局
2010/11/5	关于印发《森林抚育补贴试点检查验收管理办法(试行)》的通知	林造发〔2010〕254号	国家林业局
2010/11/10	关于印发《林业政务信息工作办法》的通知	办发字〔2010〕165号	国家林业局
2010/11/12	关于加强林业有害生物疫情信息管理的通知	办造字〔2010〕166号	国家林业局
2010/11/12	国家林业局关于印发《国家林业局部门预算执行进度管理暂行办法》的通知	林规发〔2010〕258号	国家林业局
2010/11/17	关于进一步做好雪灾和强降温灾害性天气应对准备工作的通知	办发字〔2010〕168号	国家林业局
2010/11/19	关于加强今冬明春野生动物疫源疫病监测防控工作的通知	林护发〔2010〕263号	国家林业局
2010/11/24	关于认真贯彻落实全国森林抚育经营暨北方林业棚户区改造现场会精神 切实做好森林抚育经营工作的通知	林造发〔2010〕267号	国家林业局
2010/11/24	关于印发《全国性经济林产品节(会)管理规定》的通知	林造发〔2010〕269号	国家林业局
2010/12/1	关于追授杨善洲同志"全国绿化模范"荣誉称号的决定	林人发〔2010〕277号	全国绿化委员会、国家林业局
2010/12/3	国家林业局关于进一步加快发展沙产业的意见	林沙发〔2010〕278号	国家林业局
2010/12/3	世界银行贷款林业综合发展项目财务管理办法(试行)	林贷项字〔2010〕23号	国家林业局
2010/12/3	世界银行贷款林业综合发展项目项目管理办法(试行)	林贷项字〔2010〕23号	国家林业局

(续)

发布时间	政策名称	文号	发布主体
2010/12/21	关于印发全国主体功能区规划的通知	国发〔2010〕46号	国务院
2010/12/23	关于认真做好2010年及"十一五"林业工作总结和2011年及"十二五"工作安排的通知	办发字〔2010〕170号	国家林业局
2010/12/24	关于印发《松材线虫病防治(预防)目标责任考核办法》的函	林函造字〔2010〕246号	国家林业局
2010/12/24	森林抚育补贴试点资金管理暂行办法	财农〔2010〕546号	财政部、国家林业局
2010/12/25	中华人民共和国水土保持法	中华人民共和国主席令第三十九号	全国人民代表大会
2010/12/28	关于做好自然保护区管理有关工作的通知	国办发〔2010〕63号	国务院
2010/12/29	国家林业局关于加强林业应对气候变化培训工作的通知	林人发〔2010〕303号	国家林业局
2010/12/30	关于2009年度森林采伐限额执行情况检查结果的通报	林资发〔2010〕305号	国家林业局
2010/12/30	关于2010年全国占用征用林地情况检查结果的通报	林资发〔2010〕306号	国家林业局
2010/12/31	2011年中央一号文件:关于加快水利改革发展的决定		中共中央、国务院
2011/1/4	关于组织开展创建农民林业专业合作社示范县活动的通知	林改发〔2011〕2号	国家林业局
2011/1/6	关于贯彻实施《国家知识产权战略纲要》的指导意见		国家林业局
2011/1/6	退耕还林工程退耕地还林阶段验收办法	林退发〔2011〕3号	国家林业局
2011/1/7	关于支持甘肃省生态建设的通知	办规字〔2011〕3号	国家林业局
2011/1/8	城市绿化条例(2011修订)		国务院
2011/1/8	森林采伐更新管理办法(2011年修订)		国家林业局
2011/1/8	中华人民共和国陆生野生动物保护实施条例(2011年修订)		国家林业局
2011/1/8	中华人民共和国自然保护区条例(2011年修订)		国务院
2011/1/9	国家林业局2011年工作要点	林办发〔2011〕1号	国家林业局
2011/1/10	关于切实做好2011年造林绿化工作的通知		全国绿化委员会、国家林业局
2011/1/21	国家林业局移动办公管理办法(试行)	办发字〔2011〕10号	国家林业局
2011/1/25	国家重点保护野生动物驯养繁殖许可证管理办法(2011修改)	国家林业局令第26号	国家林业局
2011/1/25	林木和林地权属登记管理办法(2011修改)		国家林业局

(续)

发布时间	政策名称	文号	发布主体
2011/1/25	林木良种推广使用管理办法(2011年修改)		国家林业局
2011/1/25	林木种子生产、经营许可证管理办法(2011修改)		国家林业局
2011/1/25	林业标准化管理办法(2011年修改)		国家林业局
2011/1/25	沿海国家特殊保护林带管理规定(2011年修改)		国家林业局
2011/1/25	植物检疫条例实施细则(林业部分)(2011修订)		国家林业局
2011/1/25	中华人民共和国植物新品种保护条例实施细则(林业部分)(2011年修改)		国家林业局
2011/1/26	关于全国"十二五"期间年森林采伐限额审核意见	国发〔2011〕3号	国家林业局
2011/1/26	中央财政林业科技推广示范资金绩效评价暂行办法	财农〔2011〕3号	财政部、国家林业局
2011/2/10	关于印发《林业生产救灾资金管理暂行办法》的通知	财农〔2011〕10号	财政部、国家林业局
2011/2/14	全国木材(林业)检查站建设规划(2011—2015年)		国家林业局
2011/2/15	能源林可持续培育指南	林造发〔2011〕33号	国家林业局
2011/2/17	小桐子原料林可持续培育指南	林造发〔2011〕33号	国家林业局
2011/3/1	关于编制长江流域防护林体系建设三期工程规划有关问题的通知	林规发〔2011〕37号	国家林业局
2011/3/2	关于举办中央组织部委托的2011年地方党政领导干部深化集体林权制度改革专题研究班的通知	林人发〔2011〕40号	国家林业局
2011/3/2	关于做好春季野生动物疫源疫病监测防控工作的通知	林护发〔2011〕38号	国家林业局
2011/3/9	全国防沙治沙综合示范区建设规划(2011—2020年)		国家林业局
2011/3/10	林木良种目录	国家林业局公告第7号	国家林业局
2011/3/11	关于整合和统筹资金支持木本油料产业发展的意见	财农〔2011〕19号	财政部
2011/3/16	(2011—2015)第十二个五年规划纲要		全国人民代表大会
2011/3/17	关于"十二五"期间进口种子(苗)种畜(禽)鱼种(苗)和种用野生动植物种源税收问题的通知	财关税〔2011〕9号	财政部、国家税务总局

（续）

发布时间	政策名称	文号	发布主体
2011/3/21	关于开展林业知识产权宣传周活动的通知	办技字〔2011〕39号	国家林业局
2011/3/22	关于印发《国家林业局2010年政府信息公开年度报告》的通知	办发字〔2011〕42号	国家林业局
2011/3/24	关于开展保护森林和野生动植物资源先进集体、先进个人、优秀组织奖评选表彰活动的通知	办发字〔2011〕19号	国家林业局
2011/3/24	关于印发《关于坎昆气候大会后进一步加强林业应对气候变化工作的意见》的通知	办造字〔2011〕45号	国家林业局
2011/3/24	关于印发2011年度面向地方林业部门业务培训班计划的通知	办人字〔2011〕43号	国家林业局
2011/3/25	关于同意河北省北戴河等45处湿地开展国家湿地公园试点工作的通知	林湿发〔2011〕61号	国家林业局
2011/3/25	全国林业信息化发展"十二五"规划（2011—2015年）		国家林业局
2011/3/28	关于贯彻落实《国务院批转林业局关于全国"十二五"期间年森林采伐限额审核意见的通知》的通知	林资发〔2011〕92号	国家林业局
2011/3/29	关于印发《2011年林业系统法制宣传教育工作要点》的通知	办策字〔2011〕47号	国家林业局
2011/4/12	关于印发《占用征收林地定额管理办法》的通知	林资发〔2011〕98号	国家林业局
2011/4/13	关于印发《林业数表管理办法》的通知	林资发〔2011〕115号	国家林业局
2011/4/13	关于印发《省级林地保护利用规划大纲审查要点》的通知	办规字〔2011〕57号	国家林业局
2011/4/15	关于印发《全国森林防火通信组织管理工作规范（试行）》的通知	国森防〔2011〕15号	国家林业局
2011/4/20	关于印发《林地保护利用规划编制审查办法（暂行）》的通知	林规发〔2011〕110号	国家林业局
2011/5/4	关于全面启动第二次陆生野生动物资源调查有关工作的通知	林护发〔2011〕111号	国家林业局
2011/5/4	关于印发《林业生物能源原料基地检查验收办法》的通知	林造发〔2011〕114号	国家林业局
2011/5/5	关于启动第二批全国林业信息化示范省建设工作的通知	林办发〔2011〕112号	国家林业局
2011/5/5	关于印发《全国林业信息化发展水平评测报告》的通知	办信字〔2011〕70号	国家林业局
2011/5/8	关于做好2011年全国营造林综合核查工作的通知	办资字〔2011〕73号	国家林业局

(续)

发布时间	政策名称	文号	发布主体
2011/5/10	关于在全国木材运输检查系统开展"执法监督年"活动的通知	林资发〔2011〕120号	国家林业局
2011/5/18	关于编制全国森林旅游发展规划有关问题的通知	林规发〔2011〕133号	国家林业局
2011/5/18	关于表扬全国林业系统"五五"普法宣传教育集体和个人的通报	林策发〔2011〕125号	国家林业局
2011/5/20	国家级森林公园管理办法	国家林业局令第27号	国家林业局
2011/5/20	履行濒危野生动植物种国际贸易公约发展规划（2011—2015年）		国家林业局
2011/5/30	关于印发《国家重点林木良种基地管理办法》的通知	林场发〔2011〕138号	国家林业局
2011/6/2	林业产业创新奖管理办法	办资字〔2011〕88号	国家林业局
2011/6/2	林业产业突出贡献奖管理办法	办资字〔2011〕88号	国家林业局
2011/6/8	关于开展2011年林木良种补贴试点工作的意见	财农〔2011〕96号	财政部、国家林业局
2011/6/8	关于开展2011年造林补贴试点工作的意见	财农〔2011〕97号	财政部、国家林业局
2011/6/15	关于取消《林木种苗检验员证》年检制度和调整《林木种苗检验员证》样式的通知		国家林业局
2011/6/16	全国造林绿化规划纲要（2011—2020年）	全绿字〔2011〕6号	全国绿化委员会、国家林业局
2011/6/21	关于下达2011年森林资源监测等指令性生产任务的通知	办资字〔2011〕96号	国家林业局
2011/6/22	关于印发《国家林业局林业行政许可审批项目资金管理办法》的通知	林规发〔2011〕156号	国家林业局
2011/6/22	天然林资源保护工程财政专项资金管理办法	财农〔2011〕138号	财政部、国家林业局
2011/6/24	关于开展2010年森林抚育补贴试点情况抽查工作的通知	林造发〔2011〕157号	国家林业局
2011/6/24	关于印发《核桃示范基地建设指南》的通知	林造发〔2011〕159号	国家林业局
2011/7/7	关于开展2010年全国林业信息化发展水平评测工作的通知	办信字〔2011〕100号	国家林业局
2011/7/8	关于下达2011年林业行业标准制修订项目计划的通知	林科发〔2011〕162号	国家林业局
2011/7/15	关于印发《林业行业标准制修订经费管理办法》的通知	林规发〔2011〕169号	国家林业局

(续)

发布时间	政策名称	文号	发布主体
2011/7/23	关于印发《国家林业局关于支持西藏自治区进一步加强生态保护和建设的意见》的通知		国家林业局
2011/7/25	大熊猫国内借展管理规定	国家林业局令第28号	国家林业局
2011/8/10	关于下达2011—2012年库存穿山甲片原材料年度消耗控制量的通知	林护发〔2011〕180号	国家林业局
2011/8/11	关于开展森林抚育重点建议办理调研工作的通知	办造字〔2011〕131号	国家林业局
2011/8/15	关于进一步加强林业有害生物防治工作的意见	林造发〔2011〕183号	国家林业局
2011/8/17	关于进一步加强林业系统自然保护区管理工作的通知	林护发〔2011〕187	国家林业局
2011/8/17	关于下达2011—2012年度实验用猴经营利用限额有关事项的通知	林护发〔2011〕186号	国家林业局
2011/8/17	关于下达2011年度华南虎人工种群优化配对繁育方案的通知	林护发〔2011〕185号	国家林业局
2011/8/26	关于进一步严格执行评比达标表彰活动规定的通知	办发字〔2011〕138号	国家林业局
2011/8/30	林业发展"十二五"规划	林规发〔2011〕194号	国家林业局
2011/9/2	关于印发《国家林业局森林抚育经营工作领导小组工作制度》的通知	办造字〔2011〕143号	国家林业局
2011/9/4	关于国家林业局森林资源监督和濒危物种进出口管理机构调整的通知	林人发〔2011〕202号	国家林业局
2011/9/9	关于进一步加强林业安全生产工作的通知	林规发〔2011〕205号	国家林业局
2011/9/13	关于认真贯彻落实胡锦涛主席在首届亚太经合组织林业部长级会议上重要讲话精神的通知	林办发〔2011〕217号	国家林业局
2011/9/14	印发《国家林业局关于进一步加强新形势下厉行节约工作的意见》的通知	办发字〔2011〕148号	国家林业局
2011/9/21	关于印发《国家林业局关于加强林业系统廉政风险防控机制建设的意见》的通知	林监发〔2011〕210号	国家林业局
2011/9/23	关于加强湿地保护坚决打击毁湿开垦等破坏湿地资源行为的通知	林湿发〔2011〕213号	国家林业局
2011/9/23	关于认定全国油茶产业重点企业和全国油茶科技示范基地的通知	林场发〔2011〕216号	国家林业局
2011/9/26	关于天然林保护工程(二期)实施企业和单位房产税、城镇土地使用税政策的通知	财税〔2011〕90号	财政部、国家税务总局

(续)

发布时间	政策名称	文号	发布主体
2011/9/30	关于印发《集体林权制度改革突发事件应急预案》的通知	办改字〔2011〕158号	国家林业局
2011/10/12	关于表彰第十一届林业青年科技奖获奖者的决定	林人发〔2011〕263号	国家林业局
2011/10/31	全国林业"十二五"利用国际金融组织贷款项目发展规划		国家林业局
2011/11/1	关于开展森林资源可持续经营管理试点的通知	林资发〔2011〕248	国家林业局
2011/11/7	关于印发《2010年全国林业信息化发展水平评测报告》的通知	办信字〔2011〕184号	国家林业局
2011/11/9	关于加快发展森林旅游的意见	林场发〔2011〕249号	国家林业局、国家旅游局
2011/11/10	中央财政湿地保护补助资金管理暂行办法	财农〔2011〕423号	财政部、国家林业局
2011/11/11	关于2011年林木种子质量抽查情况的通报	林场发〔2011〕253号	国家林业局
2011/11/11	关于印发《国有林场管理办法》的通知	林场发〔2011〕254号	国家林业局
2011/11/14	关于印发《国家林业局中央部门预算支出绩效评价管理暂行办法》的通知	林规发〔2011〕252号	国家林业局
2011/11/16	青海三江源国家生态保护综合试验区总体方案		国家发展和改革委员会
2011/11/17	关于印发《全国林业系统法制宣传教育第六个五年规划》的通知	林策发〔2011〕258号	国家林业局
2011/11/18	关于印发《油茶林抚育改造技术指南》的通知	林造发〔2011〕261号	国家林业局
2011/11/21	《关于调整完善资源综合利用产品及劳务增值税政策的通知》	财税〔2011〕115号	财政部、国家税务总局
2011/11/22	中国应对气候变化的政策与行动白皮书(2011)		国务院
2011/11/23	关于印发《商品林采伐限额结转管理办法》的通知	林资发〔2011〕267号	国家林业局
2011/12/1	关于印发"十二五"控制温室气体排放工作方案的通知	国发〔2011〕41号	国务院
2011/12/6	关于实行林业灾情快报制度的通知	林规发〔2011〕271号	国家林业局
2011/12/12	关于同意浙江杭州湾等54处湿地开展国家湿地公园试点工作的通知	林湿发〔2011〕273号	国家林业局
2011/12/22	关于印发《国家林业局工程(技术)研究中心认定办法(试行)》的通知	林科发〔2011〕290号	国家林业局
2011/12/28	关于切实做好天然林资源保护工程二期各项重点工作的通知	林天发〔2011〕315号	国家林业局

(续)

发布时间	政策名称	文号	发布主体
2011/12/28	全国林业教育培训"十二五"规划		国家林业局
2011/12/28	全国林业人才发展"十二五"规划		国家林业局
2011/12/30	关于2011年县级人民政府保护发展森林资源目标责任制检查情况的通报	林督发〔2011〕312号	国家林业局
2011/12/30	关于下达东北、内蒙古国有森工企业2012年度木材生产计划的通知	林资发〔2011〕310号	国家林业局
2011/12/31	2012年中央一号文件：关于加快推进农业科技创新持续增强农产品供给保障能力的若干意见		中共中央、国务院
2011/12/31	关于贯彻落实《国务院关于清理整顿各类交易场所切实防范金融风险的决定》的通知	林改发〔2011〕319号	国家林业局
2011/12/31	关于印发《林业应对气候变化"十二五"行动要点》的通知	办造字〔2011〕241号	国家林业局
2011/12/31	中央财政草原生态保护补助奖励资金管理暂行办法	财农〔2011〕532号	财政部、农业部
2012/1/14	关于印发《中央财政造林补贴试点检查验收管理办法（试行）》的通知	林造发〔2012〕9号	国家林业局
2012/1/19	关于2011年开展的全国林业重点工程营造林核查结果的通报	林资发〔2012〕17号	国家林业局
2012/1/19	关于印发《天然林资源保护工程档案管理办法》的通知	办天字〔2012〕8号	国家林业局
2012/2/3	关于印发《林业调查规划设计单位资格认证管理办法》的通知	林资发〔2012〕19号	国家林业局
2012/2/7	关于公布第二批国家重点林木良种基地的通知	林场发〔2012〕25号	国家林业局
2012/2/10	关于印发《主要林业有害生物成灾标准》的通知	林造发〔2012〕26号	国家林业局
2012/2/20	全国野生动植物保护与自然保护区建设"十二五"发展规划		国家林业局
2012/2/21	天然林资源保护工程森林管护管理办法	林天发〔2012〕33号	国家林业局
2012/2/23	国家林业局2012年工作要点	林办发〔2012〕1号	国家林业局
2012/3/12	关于进一步加强林地确权登记发证工作的通知	林资发〔2012〕47号	国家林业局
2012/3/12	关于进一步加强油茶种苗生产管理工作的通知	林场发〔2012〕48号	国家林业局
2012/3/14	关于印发《2012年林业系统法制宣传教育工作要点》的通知	办策字〔2012〕51号	国家林业局
2012/3/14	关于印发《国家林业局2011年政府信息公开年度报告》的通知	办发字〔2012〕50号	国家林业局
2012/3/20	关于切实加强林业植物检疫工作的通知	林造发〔2012〕55号	国家林业局

(续)

发布时间	政策名称	文号	发布主体
2012/3/20	关于印发2012年度面向地方林业部门业务培训班计划的通知	办人字〔2012〕56号	国家林业局
2012/3/21	关于加强直属机关廉政文化建设的指导意见	林发〔2012〕9号	国家林业局
2012/3/21	关于在创先争优活动中开展基层组织建设年的安排意见	林发〔2012〕8号	国家林业局
2012/3/23	林木良种名录	国家林业局公告第7号	国家林业局
2012/3/26	关于林业系统开展知识产权宣传周活动的通知	办技字〔2012〕62号	国家林业局
2012/3/29	关于举办中央组织部委托的2012年地方党政领导干部林业产业发展专题研究班的通知	林人发〔2012〕66号	国家林业局
2012/4/19	关于印发"绿盾2012"全国林业植物检疫执法检查行动总体方案的通知	办造字〔2012〕73号	国家林业局
2012/5/2	关于开展保障性安居工程建设政策措施落实情况监督检查的通知	办监字〔2012〕82号	国家林业局
2012/5/10	关于做好2012年全国营造林综合核查工作的通知	办资字〔2012〕88号	国家林业局
2012/5/11	关于严厉打击侵犯植物新品种权行为的通知	办技字〔2012〕91号	国家林业局
2012/5/14	关于公布第四批获得中国国家森林公园专用标志使用授权的国家级森林公园名单的通知	林场发〔2012〕122号	国家林业局
2012/5/14	灌木能源林培育利用指南	林造发〔2012〕129号	国家林业局
2012/5/14	无患子原料林可持续培育指南	林造发〔2012〕129号	国家林业局
2012/5/20	关于印发《森林抚育检查验收办法》的通知	林造发〔2012〕136号	国家林业局
2012/5/23	关于开展2012年林木良种补贴试点工作的意见		财政部、国家林业局
2012/5/23	关于开展2012年造林补贴试点工作的意见		财政部、国家林业局
2012/5/31	全国林业工作站"十二五"建设规划		国家林业局
2012/6/11	关于开展天保工程(一期)档案验收工作的通知	办天字〔2012〕104号	国家林业局
2012/6/13	关于印发《温室气体自愿减排交易管理暂行办法》的通知	发改气候〔2012〕1668号	国家发展和改革委员会
2012/6/14	关于认真学习贯彻落实贾庆林主席重要讲话精神的通知	林办发〔2012〕154号	国家林业局
2012/6/14	森林资源资产评估咨询人员管理办法	林规发〔2012〕153号	国家林业局
2012/6/14	森林资源资产评估咨询人员继续教育制度	林规发〔2012〕153号	国家林业局
2012/6/26	关于编制2013年中央部门预算的通知	办规字〔2012〕112号	国家林业局

(续)

发布时间	政策名称	文号	发布主体
2012/6/28	关于公布北京、河北等6省(自治区、直辖市)2011年森林资源清查主要结果的通知	林资发〔2012〕159号	国家林业局
2012/7/5	关于开展全国油茶遗传资源调查编目工作的通知	林技发〔2012〕161号	国家林业局
2012/7/5	林业科学和技术"十二五"发展规划		国家林业局
2012/7/6	关于印发《国家林业局关于加强乡镇林业工作站工作人员廉洁履行职责的若干规定》的通知	林站发〔2012〕164号	国家林业局
2012/7/17	关于国家级公益林补充区划审核结果的通知	林资发〔2012〕183号	国家林业局
2012/7/24	关于国有林场森林经营方案编制和实施工作的指导意见	林场发〔2012〕184号	国家林业局
2012/7/24	关于开展林业植物检疫追溯工作的通知	办造字〔2012〕117号	国家林业局
2012/7/27	关于开展2011年度森林抚育补贴试点抽查工作的通知	林造发〔2012〕185号	国家林业局
2012/7/27	关于开展森林抚育重点处理建议办理调研工作的通知	办造字〔2012〕118号	国家林业局
2012/7/30	关于加快林下经济发展的意见	国办发〔2012〕42号	国务院
2012/8/3	森林抚育作业设计规定	林造发〔2012〕191号	国家林业局
2012/8/23	关于贯彻落实《国务院办公厅关于加快林下经济发展的意见》的通知	林改发〔2012〕204号	国家林业局
2012/8/23	关于下达2012—2013年度实验用猴经营利用限额有关事项的通知	林护发〔2012〕205号	国家林业局
2012/8/24	关于印发《中央财政森林抚育补贴政策成效监测实施办法(试行)》的通知	林资发〔2012〕207号	国家林业局
2012/9/19	关于下达2012—2013年度库存穿山甲片原材料年度消耗控制量的通知	林护发〔2012〕227号	国家林业局
2012/9/19	京津风沙源治理二期工程规划(2013—2022年)		国务院
2012/9/20	关于在北京等12个省区市启动运行全国林木采伐管理系统的通知	林资发〔2012〕228号	国家林业局
2012/9/21	关于加快科技创新促进现代林业发展的意见	林科发〔2012〕231号	国家林业局
2012/9/27	关于印发《乡镇林业工作站站长能力测试实施办法》的通知	林站发〔2012〕234号	国家林业局
2012/10/1	关于印发天保工程二期东北、内蒙古等重点国有林区森林培育绩效考评暂行办法	林天发〔2012〕236号	国家林业局

(续)

发布时间	政策名称	文号	发布主体
2012/10/13	关于加强植物园植物物种资源迁地保护工作的指导意见	林护发〔2012〕248号	国家林业局、住房和城乡建设部、中国科学院
2012/10/16	关于2012年林木种苗质量抽查情况的通报	林场发〔2012〕243号	国家林业局
2012/10/16	关于破坏野生动物资源刑事案件中涉及的CITES附录Ⅰ和附录Ⅱ所列陆生野生动物制品价值核定问题的通知	林濒发〔2012〕239号	最高人民法院、最高人民检察院、国家林业局、公安部、国家海关总署
2012/10/16	关于印发《国家农业综合开发林业生态示范和名优经济林等示范项目管理实施细则》的通知	林规发〔2012〕245号	国家林业局
2012/10/18	关于进一步做好国家级公益林区划落界工作的通知	办资字〔2012〕160号	国家林业局
2012/10/22	关于严防乱捕滥猎候鸟等野生动物非法活动的紧急通知	林护发〔2012〕249号	国家林业局
2012/10/23	关于印发《国家林业局规范性文件制定和管理办法》的通知	林策发〔2012〕252号	国家林业局
2012/10/29	关于加强国有林场森林资源管理保障国有林场改革顺利进行的意见	林场发〔2012〕264号	国家林业局
2012/10/29	关于印发《国家林业局规划管理暂行办法》的通知	林规发〔2012〕266号	国家林业局
2012/10/31	全国湿地保护工程"十二五"实施规划		国家林业局、国家发展和改革委员会、科技部、财政部、国土资源部、环境保护部、住房城乡建设部、水利部、农业部、国家海洋局
2012/11/5	关于公布全国森林经营样板基地名单的通知	林造发〔2012〕270号	国家林业局
2012/11/19	关于印发《国家林业局林业碳汇计算与监测管理办法》的通知	办造字〔2012〕206号	国家林业局
2012/11/21	关于认真做好2012年工作总结和2013年工作计划的通知	办发字〔2012〕209号	国家林业局
2012/11/28	关于切实强化野生动物保护执法工作的紧急通知	林护发〔2012〕289号	国家林业局
2012/11/30	天然林资源保护工程二期核查办法	林天发〔2012〕290号	国家林业局
2012/12/11	关于印发《国家林业局事业单位公开招聘暂行办法》的通知	林人发〔2012〕313号	国家林业局

(续)

发布时间	政策名称	文号	发布主体
2012/12/17	国家森林火灾应急预案	国办函〔2012〕212号	国务院
2012/12/21	关于"全国无检疫对象苗圃"检查处理结果的通报	林造发〔2012〕315号	国家林业局
2012/12/25	关于印发《未成林地自然灾害受损核定办法(试行)》的通知	林造发〔2012〕323号	国家林业局
2012/12/26	关于加强林木种苗工作的意见	国办发〔2012〕58号	国务院
2012/12/31	2013年中央一号文件:关于加快发展现代农业进一步增强农村发展活力的若干意见		中共中央、国务院
2012/12/31	关于印发《国家重点林木良种基地考核办法(试行)》的通知	办场字〔2012〕230号	国家林业局
2013/1/4	关于开展森林经营样板基地建设的指导意见	林造发〔2012〕336号	国家林业局
2013/1/6	国家林业局2013年工作要点	林办发〔2013〕1号	国家林业局
2013/1/7	关于从严控制矿产资源开发等项目占用东北、内蒙古重点国有林区林地的通知	林资发〔2013〕4号	国家林业局
2013/1/9	关于进一步加强天保工程区公益林管护工作的指导意见	林天发〔2013〕7号	国家林业局
2013/1/9	关于切实加强天保工程区森林抚育工作的指导意见	林天发〔2013〕6号	国家林业局
2013/1/9	全国林业检疫性有害生物名单	国家林业局公告第4号	国家林业局
2013/1/22	《中华人民共和国植物新品种保护名录(林业部分)(第五批)》	国家林业局令第29号	国家林业局
2013/1/22	国家林业局委托实施野生动植物行政许可事项管理办法	国家林业局令第30号	国家林业局
2013/1/22	陆生野生动物疫源疫病监测防控管理办法	国家林业局令第31号	国家林业局
2013/1/28	全国林业机械发展规划(2011—2020年)		国家林业局
2013/1/29	关于印发《全国检疫性林业有害生物疫区管理办法》的通知	林造发〔2013〕17号	国家林业局
2013/1/31	关于2010年中央财政造林补贴试点国家级核查结果的通报	办造字〔2013〕3号	国家林业局
2013/1/31	关于做好2013年春季造林绿化工作的通知	全绿字〔2013〕2号	全国绿化委员会、国家林业局
2013/1/31	全国林业科技推广体系建设规划(2011—2020年)		国家林业局

(续)

发布时间	政策名称	文号	发布主体
2013/1/31	中华人民共和国植物新品种保护条例(2013年修订)	国务院令第635号	国务院
2013/2/5	关于印发《全国花卉产业发展规划(2011—2020年)》的通知	林规发〔2013〕19号	国家林业局
2013/2/5	全国木材战略储备生产基地建设规划(2013—2020年)		国家林业局
2013/2/7	关于切实做好春季野生动物疫源疫病监测防控工作的通知	办护字〔2013〕6号	国家林业局
2013/2/17	国家林业局太行山绿化三期工程规划(2011—2020年)		国家林业局
2013/2/25	关于印发《国家珍贵树种培育示范县管理办法(试行)》的通知	林造发〔2013〕27号	国家林业局
2013/3/5	关于认真做好2013年春季沙尘暴灾害应急处置工作的通知	林沙发〔2013〕29号	国家林业局
2013/3/6	关于印发《2013年全国林业宣传思想文化工作要点》的通知	办宣字〔2013〕15号	国家林业局
2013/3/8	平原绿化工程建设技术规定	林造发〔2013〕31号	国家林业局
2013/3/8	全国防沙治沙规划(2011—2020年)		国家林业局、国家发展和改革委员会、财政部、国土资源部、环境保护部、水利部
2013/3/12	国家林业局2012年政府信息公开年度报告	办发字〔2013〕19号	国家林业局
2013/3/15	关于加快推进县级林地保护利用规划审查审批工作的通知	林资发〔2013〕37号	国家林业局
2013/3/21	关于进一步加强集体林权流转管理工作的通知	林改发〔2013〕39号	国家林业局
2013/3/22	东北、内蒙古重点国有林区天然林资源保护工程二期森林培育绩效考评结果的通报	办天字〔2013〕31号	国家林业局
2013/3/28	湿地保护管理规定	国家林业局令第32号	国家林业局
2013/3/29	关于贯彻落实《国务院办公厅关于加强林木种苗工作的意见》的通知	林场发〔2013〕44号	国家林业局
2013/4/6	关于公布国家林业局高等职业教育示范性实训基地名单的通知	办人字〔2013〕38号	国家林业局
2013/4/8	林木良种名录	国家林业局公告第9号	国家林业局

（续）

发布时间	政策名称	文号	发布主体
2013/4/8	长江流域防护林体系建设三期工程规划（2011—2020年）	林规发〔2013〕50号	国家林业局
2013/4/18	关于认真贯彻实施《湿地保护管理规定》的通知	办湿字〔2013〕49号	国家林业局
2013/4/18	关于印发2013年度面向地方林业部门业务培训班计划的通知	办人字〔2013〕48号	国家林业局
2013/4/23	全国平原绿化三期工程规划（2011—2020年）	林规发〔2013〕56号	国家林业局
2013/4/27	国家级公益林管理办法（2013修订）	林资发〔2013〕71号	国家林业局、财政部
2013/4/28	国有林场基础设施建设标准	林规发〔2013〕70号	国家林业局
2013/4/28	森林生态站工程项目建设标准	林规发〔2013〕70号	国家林业局
2013/5/2	集体林权制度改革档案管理办法	国家林业局、国家档案局令第33号	国家林业局、国家档案局
2013/5/3	国家珍贵树种培育示范建设成绩考核评价办法（试行）	林造发〔2013〕72号	国家林业局
2013/5/8	关于开展2013年林产品质量安全监测工作的通知	林科发〔2013〕74号	国家林业局
2013/5/16	关于认真实施全国防沙治沙规划切实推进防沙治沙工作的通知	林沙发〔2013〕76号	国家林业局
2013/5/24	国家林业标准化示范企业认定管理办法	林科发〔2013〕85号	国家林业局、国家标准化管理委员会
2013/5/28	全国林业生物质能源发展规划（2011-2020年）		国家林业局
2013/6/3	关于引导和鼓励非公有制经济参与现代林业发展推进生态文明建设的意见	林宣发〔2013〕90号	国家林业局、全国工商联、中国光彩会
2013/6/18	关于规范木材运输检查监督管理有关问题的通知	林资发〔2013〕96号	国家林业局
2013/6/24	关于印发《国家林业局安全生产大检查工作方案》的通知	林规发〔2013〕98号	国家林业局
2013/6/29	中华人民共和国草原法（2013修正）		全国人民代表大会
2013/7/5	关于林权抵押贷款的实施意见	银监发〔2013〕32号	中国银监会、国家林业局
2013/7/12	关于进一步加强森林资源保护管理的通知		国家林业局
2013/7/26	关于公布第五批获得中国国家森林公园专用标志使用授权的国家级森林公园名单的通知	林场发〔2013〕113号	国家林业局
2013/8/2	全国竹产业发展规划（2013-2020年）		国家林业局
2013/8/7	关于进一步改进人造板检疫管理的通知	林造发〔2013〕123号	国家林业局
2013/8/12	关于进一步加快林业信息化发展的指导意见	林信发〔2013〕130号	国家林业局

(续)

发布时间	政策名称	文号	发布主体
2013/8/21	中国智慧林业发展指导意见	林信发〔2013〕131号	国家林业局
2013/8/26	关于做好沙区开发建设项目环评中防沙治沙内容评价工作的意见	林沙发〔2013〕136号	国家林业局
2013/9/6	关于印发《推进生态文明建设规划纲要》的通知	林规发〔2013〕146号	国家林业局
2013/9/6	关于做好国家沙漠公园建设试点工作的通知	林沙发〔2013〕145号	国家林业局
2013/9/10	关于开展向余锦柱同志学习的决定	林人发〔2013〕154号	国家林业局
2013/9/12	关于加快林业专业合作组织发展的通知	林改发〔2013〕153号	国家林业局
2013/9/23	关于切实加强三北防护林五期工程建设的通知	林北发〔2013〕159号	国家林业局
2013/9/23	国家林业局2013年第一批授予植物新品种权名单	国家林业局公告第13号	国家林业局
2013/9/30	关于公布首批国家林下经济示范基地名单的通知	办改字〔2013〕120号	国家林业局
2013/9/30	关于开展2013年"百千万人才工程"省部级人选推荐工作的通知	办人字〔2013〕116号	国家林业局
2013/9/30	关于印发《国家林业局中央部门预算管理工作规程》的通知	办规字〔2013〕119号	国家林业局
2013/10/29	关于开通国家林业局规范性文件检索系统的通知	办策字〔2013〕131号	国家林业局
2013/11/12	关于全面深化改革若干重大问题的决定		中共中央
2013/11/14	关于委托实施野生动植物行政许可有关事项的通知		国家林业局
2013/11/15	关于切实加强和严格规范树木采挖移植管理的通知	林资发〔2013〕186号	国家林业局
2013/11/18	国家适应气候变化战略	发改气候〔2013〕2252号	国家发展和改革委、财政部、住房城乡建设部、交通运输部、水利部、农业部、国家林业局、气象局、海洋局
2013/11/26	关于公布福建等5省(自治区)2013年森林资源清查主要结果的通知	林资发〔2013〕195号	国家林业局
2013/11/26	关于下达东北、内蒙古国有森工企业2014年度木材生产计划的通知	林资发〔2013〕197号	国家林业局
2013/11/29	关于印发《林业信息化标准体系》的通知		全国林业信息化工作领导小组办公室

(续)

发布时间	政策名称	文号	发布主体
2013/12/2	关于印发国家级自然保护区调整管理规定的通知	国函〔2013〕129号	国务院
2013/12/5	关于公布第三批全国林业知识产权试点单位的通知	办技字〔2013〕151号	国家林业局
2013/12/5	关于森林公安机关办理林业行政案件有关问题的通知	林安发〔2013〕206号	国家林业局
2013/12/13	关于印发《国家农民专业合作社示范社评定及监测暂行办法》的通知		农业部、国家发展和改革委员会、财政部、水利部、国家税务总局、国家工商行政管理总局、国家林业局、中国银行业监督管理委员会、中华全国供销合作总社
2013/12/19	关于印发《转基因林木生物安全监测管理规定》的通知	林技发〔2013〕215号	国家林业局
2013/12/24	关于印发《引进林木种子、苗木检疫审批与监管规定》的通知	林造发〔2013〕218号	国家林业局
2013/12/27	关于采集国家重点保护野生植物有关问题的通知	林护发〔2013〕224号	国家林业局
2013/12/31	2014年中央一号文件：中共中央、国务院关于全面深化农村改革加快推进农业现代化的若干意见		中共中央
2013/12/31	关于同意天津武清永定河故道等131处湿地开展国家湿地公园试点工作的通知		国家林业局
2013/12/31	关于印发《国家沙漠公园试点建设管理办法》的通知	林沙发〔2013〕232号	国家林业局
2013/12/31	林业固定资产投资建设项目管理办法	林规发〔2013〕230号	国家林业局
2013/12/31	全国林业知识产权事业发展规划（2013—2020年）		国家林业局
2014/1/2	2013年全国林业网站绩效评估报告	办信字〔2014〕1号	国家林业局
2014/1/2	2013年全国林业信息化发展水平评测报告	办信字〔2014〕1号	国家林业局
2014/1/8	关于切实做好全面停止商业性采伐试点工作的通知	林资发〔2014〕3号	国家林业局
2014/1/8	关于下达2014—2015年度实验用猴经营利用限额有关事项的通知	林护发〔2014〕139号	国家林业局

(续)

发布时间	政策名称	文号	发布主体
2014/1/15	关于印发《国家林业标准化示范企业管理办法》的通知	林科发〔2014〕5号	国家林业局、国家标准化管理委员会
2014/1/19	关于全面深化农村改革加快推进农业现代化的若干意见	国办函〔2014〕31号	中共中央、国务院
2014/1/20	国家林业局2014年工作要点	林办发〔2014〕1号	国家林业局
2014/1/24	关于积极应对人感染H7N9禽流感疫情切实做好春季陆生野生动物疫源疫病监测防控工作的紧急通知	林护发〔2014〕8号	国家林业局
2014/1/27	关于印发《松材线虫病疫区和疫木管理办法》的通知	林造发〔2014〕10号	国家林业局
2014/1/30	关于进一步规范树木移植管理的通知	全绿字〔2014〕2号	全国绿化委员会、国家林业局
2014/2/9	野生动植物进出口证书管理办法	国家林业局海关总署令第34号	国家林业局、国家海关总署
2014/2/12	关于做好2014年造林绿化工作的通知	全绿字〔2014〕4号	全国绿化委员会、国家林业局
2014/2/20	关于印发《国家林业长期科研试验示范基地管理办法(试行)》的通知	林科发〔2014〕18号	国家林业局
2014/2/25	关于加强网站建设和管理工作的通知	林信发〔2014〕21号	国家林业局
2014/2/27	关于印发《2013年林业应对气候变化政策与行动白皮书》的通知	办造字〔2014〕19号	国家林业局
2014/3/5	关于印发《林业公益性行业科研专项管理实施细则(试行)》的通知	林科发〔2014〕28号	国家林业局
2014/3/6	国家林业局国际重要湿地生态特征变化预警方案(试行)		国家林业局
2014/3/10	关于做好2014年春季沙尘暴灾害应急处置工作的通知	林沙发〔2014〕34号	国家林业局
2014/3/17	关于印发《国家林业局2013年政府信息公开年度报告》的通知	办发字〔2014〕27号	国家林业局
2014/3/21	关于印发林业行政处罚文书制作填写规范的通知	林策发〔2014〕38号	国家林业局
2014/3/31	关于贯彻落实《国务院办公厅关于深化种业体制改革提高创新能力的意见》的实施意见	林场发〔2014〕43号	国家林业局
2014/4/1	关于印发《国家林业局派驻森林资源监督机构督查督办破坏森林资源案件管理规定》的通知	办资字〔2014〕32号	国家林业局
2014/4/1	山桐子原料林可持续培育指南	林造发〔2014〕45号	国家林业局

(续)

发布时间	政策名称	文号	发布主体
2014/4/1	文冠果原料林可持续培育指南	林造发〔2014〕45号	国家林业局
2014/4/11	林木良种名录	国家林业局公告第8号	国家林业局
2014/4/24	中华人民共和国环境保护法(2014修订)		全国人民代表大会
2014/4/29	关于推进林业碳汇交易工作的指导意见	林造发〔2014〕55号	国家林业局
2014/4/30	中央财政林业补助资金管理办法	财农〔2014〕9号	财政部、国家林业局
2014/5/4	关于进一步改革和完善集体林采伐管理的意见	林资发〔2014〕61号	国家林业局
2014/5/9	认真贯彻落实《关于党员干部带头推动殡葬改革的意见》进一步做好森林防火和林地资源保护工作的通知	林防发〔2014〕65号	国家林业局
2014/5/13	关于2014年全国节能宣传周和全国低碳日活动安排的通知	发改环资〔2014〕926号	国家发展和改革委、教育部、科技部、工业和信息化部、环保部、住房城乡建设部、交通运输部、农业部、商务部、国资委、新闻出版广电总局、国管局、中华全国总工会、共青团中央
2014/5/14	关于公布首批国家林业重点龙头企业名单的通知	林规发〔2014〕67号	国家林业局
2014/5/15	关于加快推进国有林场饮水安全工程建设的通知	林规发〔2014〕71号	国家林业局
2014/5/15	关于印发2014—2015年节能减排低碳发展行动方案的通知	国办发〔2014〕23号	国务院
2014/5/26	关于进一步加强林业有害生物防治工作的意见	国办发〔2014〕26号	国家林业局
2014/5/26	关于开展林下经济(非木质林产品)认证试点工作的通知	办改字〔2014〕69号	国家林业局
2014/5/26	全国优势特色经济林发展布局规划(2013—2020年)		国家林业局、国家发展和改革委员会、财政部
2014/5/27	关于印发《国家林业局公开制售假冒伪劣商品和侵犯知识产权行政处罚案件信息工作实施细则》的通知	林场发〔2014〕76号	国家林业局
2014/5/29	关于公布国家珍贵树种培育示范县、市名单的通知	林造发〔2014〕78号	国家林业局

(续)

发布时间	政策名称	文号	发布主体
2014/6/3	关于印发《2014年国家林业局打击侵犯植物新品种权专项行动方案》的通知	林技发〔2014〕80号	国家林业局
2014/6/4	关于加强林木种苗质量管理的意见	林场发〔2014〕81号	国家林业局
2014/6/4	关于印发《2014年林业实施知识产权战略推进计划》的通知	办技字〔2014〕76号	国家林业局
2014/6/9	关于印发《中央财政农业资源及生态保护补助资金管理办法》的通知	财农〔2014〕32号	财政部、农业部
2014/6/16	关于公布全国林业知识产权试点合格单位的通知	办技字〔2014〕82号	国家林业局
2014/6/18	关于编制2015年中央部门预算的通知	林规发〔2014〕90号	国家林业局
2014/7/1	关于切实加强林权登记发证管理工作的通知	林资发〔2014〕92号	国家林业局
2014/7/7	关于贯彻落实《国务院办公厅关于进一步加强林业有害生物防治工作的意见》的通知	林造发〔2014〕94号	国家林业局
2014/7/9	关于下达2014年林业行业标准制修订计划项目的通知	林科发〔2014〕99号	国家林业局
2014/7/9	关于印发《国家陆地生态系统定位观测研究站网管理办法》的通知	林科发〔2014〕98号	国家林业局
2014/7/15	国家林业局2014年第一批授予植物新品种权名单	国家林业局公告第10号	国家林业局
2014/7/28	关于强化东北、内蒙古重点国有林区森林资源管理的通知		国家林业局
2014/8/1	关于印发《林业植物新品种保护行政执法办法》的通知	林技发〔2014〕114号	国家林业局
2014/8/1	关于印发《陆生野生动物收容救护管理规定》的通知	林护发〔2014〕102号	国家林业局
2014/8/18	关于印发《全国林木种质资源调查收集与保存利用规划（2014—2025年）》的通知	林规发〔2014〕119号	国家林业局
2014/8/20	关于印发《三北防护林体系建设工程计划和资金管理办法（试行）》的通知	林规发〔2014〕123号	国家林业局
2014/8/31	关于加强当前林木种子苗木免税进口管理工作的通知	林场发〔2014〕27号	国家林业局
2014/9/16	关于切实强化秋冬季候鸟保护和疫源疫病监测防控工作的紧急通知	林护发〔2014〕133号	国家林业局
2014/9/18	关于启动运行全国林木采伐管理系统的通知	林资发〔2014〕137号	国家林业局
2014/9/19	关于印发国家应对气候变化规划（2014—2020年）的通知	发改气候〔2014〕2347号	国家发展和改革委员会

(续)

发布时间	政策名称	文号	发布主体
2014/9/21	关于授予山东省淄博市等17城市"国家森林城市"称号的决定	全绿字〔2014〕8号	全国绿化委员会、国家林业局
2014/9/29	森林抚育检查验收办法	林造发〔2014〕140号	国家林业局
2014/9/29	森林抚育作业设计规定（2014）	林造发〔2014〕140号	国家林业局
2014/9/30	关于界定古树名木有关问题的复函	林策发〔2014〕141号	国家林业局
2014/10/30	关于开展全国核桃遗传资源调查编目工作的通知	办技字〔2014〕159号	国家林业局
2014/11/5	关于调整木材进口的非《进出口野生动植物种商品目录》物种证明核发政策的通知	濒办字〔2014〕99号	国家濒管办
2014/11/13	关于加快特色经济林产业发展的意见	林造发〔2014〕160号	国家林业局
2014/11/19	关于贯彻落实《2013—2017年全国干部教育培训规划》的通知	林人发〔2014〕163号	国家林业局
2014/12/12	关于深化三北防护林体系建设改革的意见	林北发〔2014〕171号	国家林业局
2014/12/15	关于开展2015年林木种苗质量抽查工作的通知	办场字〔2014〕199号	国家林业局
2014/12/15	关于做好东北、内蒙古重点国有林区2015年度森林采伐管理工作的通知	林资发〔2014〕176号	国家林业局
2014/12/17	国家林业局2014年第二批授予植物新品种权名单	国家林业局公告第16号	国家林业局
2014/12/23	关于取消、停征和免征一批行政事业性收费的通知		财政部、国家发展和改革委员会
2014/12/25	关于做好退化防护林改造工作的指导意见	林造发〔2014〕194号	国家林业局
2014/12/25	全国集体林地林下经济发展规划纲要（2014—2020年）		国家林业局
2014/12/26	关于加快木本油料产业发展的意见	国办发〔2014〕68号	国务院
2014/12/30	关于引导农村产权流转交易市场健康发展的意见		国务院
2014/12/31	2015年中央一号文件：中共中央、国务院关于加大改革创新力度加快农业现代化建设的若干意见		中共中央
2015/1/8	关于建设项目使用林地审核审批实行网上申报的通知	办资字〔2015〕3号	国家林业局
2015/1/9	关于加强大熊猫等珍稀濒危野生动物疫病监测防控工作的紧急通知	林护发〔2015〕6号	国家林业局
2015/1/12	关于切实加强野生植物培育利用产业发展的指导意见	林护发〔2015〕7号	国家林业局

(续)

发布时间	政策名称	文号	发布主体
2015/1/13	关于印发《全国森林经营人才培训计划（2015—2020年）》的通知	林造发〔2015〕8号	国家林业局
2015/1/16	关于印发《2014年全国林业网站绩效评估报告》的通知	办信字〔2015〕7号	国家林业局
2015/2/4	关于2014年全国营造林综合核查结果的通报	林资发〔2015〕11号	国家林业局
2015/2/5	关于切实加强对非法侵占林地案件查处问责的通知	林资发〔2015〕12号	国家林业局
2015/2/6	关于做好杨柳飞絮治理工作的通知	全绿字〔2015〕1号	全国绿化委员会、国家林业局
2015/2/8	国有林场改革方案		中共中央、国务院
2015/2/8	国有林区改革指导意见		中共中央、国务院
2015/2/15	关于贯彻落实《国务院办公厅关于加快木本油料产业发展的意见》的通知	林规发〔2015〕18号	国家林业局
2015/2/15	关于确定集体林业综合改革试验示范区的通知	林资发〔2015〕17号	国家林业局
2015/2/16	关于切实做好春季野生动物疫源疫病监测防控工作的通知	林护发〔2015〕21号	国家林业局
2015/2/25	关于扎实做好全面停止商业性采伐工作的通知	林资发〔2015〕22号	国家林业局
2015/2/25	关于做好2015年林区禁种铲毒工作的通知	林安发〔2015〕23号	国家林业局
2015/2/27	关于印发《林业植物新品种测试管理规定》的通知	林护发〔2015〕26号	国家林业局
2015/3/10	关于认真学习宣传《为了中华民族永续发展——习近平总书记关心生态文明建设纪实》的通知	林办发〔2015〕31号	国家林业局
2015/3/12	2014年中国国土绿化状况公报		全国绿化委员会
2015/3/17	关于深入学习宣传贯彻中央6号文件精神的通知	林办发〔2015〕32号	国家林业局
2015/3/20	关于扎实有效开展全民义务植树的通知	全绿字〔2015〕3号	全国绿化委员会、国家林业局
2015/3/24	关于认真学习贯彻习近平等中央领导同志重要批示精神扎实做好大熊猫保护管理工作的通知	林护发〔2015〕33号	国家林业局
2015/3/25	警惕2015年春末夏初林业有害生物发生成灾——林业有害生物警示通报	警示通报〔2015〕1号	国家林业局
2015/3/30	关于印发《新一轮退耕还林工程作业设计技术规定》的通知	林退发〔2015〕35号	国家林业局

(续)

发布时间	政策名称	文号	发布主体
2015/3/30	林业固定资产投资建设项目管理办法	国家林业局令第36号	国家林业局
2015/3/31	建设项目使用林地审核审批管理办法	国家林业局令第35号	国家林业局
2015/4/2	关于印发《退耕还林工程档案管理办法》的通知	林退发〔2015〕38号	国家林业局
2015/4/3	关于印发《标准化林业工作站建设检查验收办法(试行)》的通知	林站发〔2015〕39号	国家林业局
2015/4/9	关于印发《2015年国家林业局打击侵犯林业植物新品种权专项行动方案》的通知	办技字〔2015〕54号	国家林业局
2015/4/14	关于开展2015年林产品质量安全监测工作的通知	林科发〔2015〕45号	国家林业局
2015/4/24	关于公布第九次全国森林资源清查吉林等7省(市)主要清查结果的通知	林资发〔2015〕51号	国家林业局
2015/4/25	关于加快推进生态文明建设的意见		中共中央、国务院
2015/4/30	国家林业局产品质量检验检测机构管理办法(2015修改)	国家林业局令第37号	国家林业局
2015/4/30	国家重点保护野生动物驯养繁殖许可证管理办法(2015修改)	国家林业局令第37号	国家林业局
2015/4/30	林木种子生产、经营许可证管理办法(2015修改)	国家林业局令第37号	国家林业局
2015/4/30	引进陆生野生动物外来物种种类及数量审批管理办法(2015修改)	国家林业局令第37号修改	国家林业局
2015/5/4	关于印发《国家级森林公园总体规划审批管理办法》的通知	林规发〔2015〕57号	国家林业局
2015/5/4	关于印发《国家级自然保护区总体规划审批管理办法》的通知	林规发〔2015〕55号	国家林业局
2015/5/4	全国集体林地林药林菌发展实施方案(2015-2020年)	林规发〔2015〕56号	国家林业局
2015/5/6	2015年林业知识产权战略实施推进计划	办技字〔2015〕69号	国家林业局
2015/5/8	关于深入学习贯彻中央12号文件精神的通知	林办发〔2015〕61号	国家林业局
2015/5/18	关于严格禁止围垦占用湖泊湿地的通知	林湿发〔2015〕62号	国家林业局
2015/5/20	国家林业局关于加强集体林业综合发展工作的通知	林改发〔2015〕63号	国家林业局
2015/5/21	关于印发《国家林业局干部培训班管理办法》的通知	林人发〔2015〕64号	国家林业局

(续)

发布时间	政策名称	文号	发布主体
2015/5/26	关于2012年中央财政造林补贴试点国家级核查结果的通报	办造字〔2015〕87号	国家林业局
2015/5/28	关于印发《国家沙化土地封禁保护区管理办法》的通知	林沙发〔2015〕66号	国家林业局
2015/6/2	关于进一步深化中国(上海)自由贸易试验区野生动植物进出口行政许可改革措施的通知	濒办字〔2015〕47号	国家濒管办
2015/6/2	中华人民共和国濒危物种进出口管理办公室2015年第1号公告	中华人民共和国濒危物种进出口管理办公室2015年第1号公告	国家濒管办
2015/6/8	关于公布第六批获得中国国家森林公园专用标志使用授权的国家级森林公园名单的通知	林场发〔2015〕70号	国家林业局
2015/6/9	关于印发《关于国有林场岗位设置管理的指导意见》的通知	人社部发〔2015〕54号	人力资源社会保障部、国家林业局
2015/6/17	关于加强年度国家级公益林管理情况报告工作的通知	办资字〔2015〕98号	国家林业局
2015/6/23	关于下达2015年林业行业标准制修订项目计划的通知	林科发〔2015〕83号	国家林业局
2015/6/23	关于印发《中国林业遗传资源保护与可持续利用行动计划(2015—2025)》的通知	林技发〔2015〕82号	国家林业局
2015/6/23	关于支持上海自由贸易试验区有关林木引种检疫审批工作的通知	林造发〔2015〕81号	国家林草局
2015/6/29	关于进一步规范大熊猫国内借展管理的通知	林护发〔2015〕85号	国家林业局
2015/6/29	关于确定森林可持续经营试点单位的通知	林资发〔2015〕84号	国家林业局
2015/7/6	警惕国际重大林木害虫——小圆胸小蠹危害的警示通报	警示通报〔2015〕2号	国家林业局
2015/7/20	关于印发《国有林场改革方案》和《国有林区改革指导意见》重点工作分工的通知	发改办经体〔2015〕1911号	国家发展和改革委、国家林业局
2015/7/24	关于举办2015中国森林旅游节的通知	办场字〔2015〕127号	国家林业局
2015/7/30	关于强化林业站公共服务职能 全面推行一站式、全程代理服务的通知	林站发〔2015〕102号	国家林业局
2015/8/9	党政领导干部生态环境损害责任追究办法(试行)		中共中央、国务院
2015/8/17	关于进一步加强林业鼠(兔)害防治工作的通知	林造发〔2015〕112号	国家林业局
2015/8/17	关于印发《2014年林业应对气候变化政策与行动白皮书》的通知	办造字〔2015〕134号	国家林业局

(续)

发布时间	政策名称	文号	发布主体
2015/8/17	关于贯彻执行新修订《森林抚育规程》的通知	林造发〔2015〕113号	国家林业局
2015/8/24	关于印发直属企业负责人薪酬制度改革实施方案及经营业绩考核评价办法的通知	林人发〔2015〕118号	国家林业局
2015/8/31	关于加强临时占用林地监督管理的通知	林资发〔2015〕121号	国家林业局
2015/8/31	关于印发《国有林场备案办法》的通知	林场发〔2015〕120号	国家林业局
2015/9/2	关于印发《建设项目使用林地审核审批管理规范》和《使用林地申请表》《使用林地现场查验表》的通知	林资发〔2015〕122号	国家林业局
2015/9/17	关于进一步加强林业标准化工作的意见	林科发〔2015〕127号	国家林业局
2015/9/21	关于印发《2015年全国林业信息化发展水平评测报告》的通知	办信字〔2015〕153号	国家林业局
2015/9/30	关于组织开展创建全国林业专业合作社示范社活动的通知	办改字〔2015〕159号	国家林业局
2015/10/12	关于2015年全国林木种苗质量抽查情况的通报	林场发〔2015〕133号	国家林业局
2015/10/13	国家林业局2015年第一批授予植物新品种权名单	国家林业局公告第18号	国家林业局
2015/10/16	关于加快计划和预算执行高速使用存量生态系统定位观测事项的通知	林办发〔2015〕135号	国家林业局
2015/10/30	关于印发《林业领域主要信访投诉请求法定处理途径清单(试行)》的通知	办法字〔2015〕184号	国家林业局
2015/11/3	关于印发《国家林业局工作规则》的通知	林办发〔2015〕141号	国家林业局
2015/11/6	关于批准河北省石家庄市等21个城市"国家森林城市"称号的决定	林宣发〔2015〕144号	国家林业局
2015/11/11	关于公布吉林森工集团和长白山森工集团2014年森林资源清查主要结果的通知	林资发〔2015〕145号	国家林业局
2015/11/13	关于进一步加强乡镇林业工作站建设的意见	林站发〔2015〕146号	国家林业局
2015/11/18	关于调整森林植被恢复费征收标准引导节约集约利用林地的通知		财政部、国家林业局
2015/11/24	大熊猫国内借展管理规定(2015年修改)	国家林业局令第38号	国家林业局
2015/11/24	林业工作站管理办法	国家林业局令第39号	国家林业局
2015/11/24	突发林业有害生物事件处置办法(2015修改)	国家林业局令第38号	国家林业局
2015/11/27	关于打赢脱贫攻坚战的决定		中共中央、国务院

(续)

发布时间	政策名称	文号	发布主体
2015/11/27	关于光伏电站建设使用林地有关问题的通知	林资发〔2015〕153号	国家林业局
2015/11/30	关于发布2015年度加入国家陆地生态系统定位观测研究站网生态站名录的通知	林科发〔2015〕151号	国家林业局
2015/12/3	关于印发《国家林业局规范检查核查工作规定》的通知	林策发〔2015〕159号	国家林业局
2015/12/3	关于印发《营造林工程监理员职业资格审核监督管理办法(试行)》的通知	林造发〔2015〕160号	国家林业局
2015/12/3	生态环境损害赔偿制度改革试点方案	中办发〔2015〕57号	中共中央、国务院
2015/12/4	2016年中央一号文件：关于落实发展新理念加快农业现代化 实现全面小康目标的若干意见		中共中央、国务院
2015/12/5	关于扩大新一轮退耕还林还草规模的通知		财政部、国家发展和改革委员会、国家林业局、国土资源部、农业部、水利部、环境保护部、国务院扶贫办
2015/12/10	关于表彰保护森林和野生动植物资源先进集体、先进个人、优秀组织奖的决定	林护发〔2015〕161号	国家林业局
2015/12/12	2016年林业应对气候变化重点工作安排与分工方案		国家林业局
2015/12/14	关于贯彻落实《国务院关于进一步做好防范和处置非法集资工作的意见》的通知	林策发〔2015〕162号	国家林业局
2015/12/16	国家濒管办《非〈进出口野生动植物种商品目录〉物种证明》行政许可被许可人监督检查办法		国家濒管办
2015/12/16	国家濒管办允许进出口证明书行政许可被许可人监督检查办法		国家濒管办
2015/12/17	关于印发《国家林业局重点实验室管理办法》的通知	林科发〔2015〕165号	国家林业局
2015/12/23	关于加快重点实验室发展的指导意见	林科发〔2015〕166号	国家林业局
2015/12/27	法治政府建设实施纲要(2015—2020年)		中共中央、国务院
2015/12/30	(2016—2020)第十三个五年规划纲要		全国人民代表大会
2015/12/30	关于印发《林业植物新品种保护行政执法办法》的通知	林技发〔2015〕176号	国家林业局
2015/12/31	关于严格保护天然林的通知	林资发〔2015〕181号	国家林业局
2015/12/31	关于印发《国家储备林制度方案》的通知	林规发〔2015〕192号	国家林业局
2015/12/31	全国城郊森林公署发展规划(2016—2025年)	林规发〔2015〕182号	国家林业局

(续)

发布时间	政策名称	文号	发布主体
2015/12/31	关于实行林木种子生产经营许可制度有关事项的通知	林场发〔2015〕186号	国家林业局
2016/1/1	关于深化森林公安改革的指导意见		国家林业局、公安部
2016/1/7	关于大力推进森林体验和森林养生发展的通知	林场发〔2016〕3号	国家林业局
2016/1/8	关于印发《国家林木种质资源库管理办法》的通知	林场发〔2016〕4号	国家林业局
2016/1/13	关于学习宣传贯彻落实《种子法》的通知	林场发〔2016〕6号	国家林业局
2016/1/28	关于加强合作共同推进国家储备林等重点领域建设发展的通知	林规发〔2016〕15号	国家林业局、国家开发银行
2016/1/24	关于切实做好强降雨和汛期防灾减灾工作的紧急通知	办改字〔2016〕142号	国家林业局
2016/1/26	关于进一步加强森林资源监督工作的意见	林资发〔2016〕13号	国家林业局
2016/1/27	关于开展建档立卡贫困人口生态护林员选聘工作的通知		国家林业局、财政部、国务院扶贫办
2016/1/25	允许进出口证明书行政许可被许可人监督检查办法	濒管办公告2016年第1号	国家濒管办
2016/1/29	关于取消、停征和整合部分政府性基金项目等有关问题的通知		财政部
2016/2/1	关于加大脱贫攻坚力度支持革命老区开发建设的指导意见		中共中央、国务院
2016/2/1	国家林业局2016年工作要点	林办发〔2016〕1号	国家林业局
2016/2/2	关于进一步加强古树名木保护管理的意见	全绿字〔2016〕1号	全国绿化委员会
2016/2/4	关于加强春季鸟类禽流感等野生动物疫源疫病监测防控工作的紧急通知	林护发〔2016〕17号	国家林业局
2016/2/6	风景名胜区条例(2016修订)	国务院令第666号	国务院
2016/2/6	退耕还林条例(2016年修订)		国务院
2016/2/6	中华人民共和国陆生野生动物保护实施条例(2016年修订)		国家林业局
2016/2/26	发布2016年第22号公告,公布国家沙化土地封禁保护区名单		国家林业局
2016/2/26	关于切实加强"十三五"期间年森林采伐限额管理的通知	林资发〔2016〕24号	国家林业局
2016/3/1	关于印发《全国林业信息化工作管理办法》的通知	林信发〔2016〕25号	国家林业局

(续)

发布时间	政策名称	文号	发布主体
2016/3/4	关于开展 2016 年度退耕还林工程管理实绩核查工作的通知	林退发〔2016〕27 号	国家林业局
2016/3/7	大熊猫国家公园体制试点方案		中共中央、国务院
2016/3/7	关于深入学习贯彻习近平总书记关于森林生态安全重要讲话精神的通知	林办发〔2016〕31 号	国家林业局
2016/3/8	东北虎豹国家公园体制试点方案		中共中央、国务院
2016/3/8	关于开展国家重点林木良种基地考核工作的通知	办场字〔2016〕37 号	国家林业局
2016/3/11	2015 年中国国土绿化状况公报		全国绿化委员会
2016/3/16	关于做好 2016 年林区禁种铲毒工作的通知	林办发〔2016〕37 号	国家林业局
2016/3/17	关于进一步加强集体林地承包经营纠纷调处工作的通知	林改发〔2016〕38 号	国家林业局
2016/3/20	临时禁止进口部分象牙及其制品	国家林业局公告 2016 年第 3 号	国家林业局
2016/3/21	岩溶地区石漠化综合治理工程"十三五"建设规划	发改农经〔2016〕624 号	国家发展和改革委员会、国家林业局、农业部、水利部
2016/3/22	"互联网+"林业行动计划——全国林业信息化"十三五"发展规划		国家林业局
2016/4/2	印发《贯彻落实〈沙化土地封禁保护修复制度方案〉实施意见》的通知		国家林业局
2016/4/4	祁连山国家公园体制试点方案		中共中央、国务院
2016/4/7	关于全面推进政务公开工作的意见	林办发〔2016〕45 号	国家林业局
2016/4/19	林木种子生产经营许可证管理办法	国家林业局令第 40 号	国家林业局
2016/4/26	关于开展国有林场、国有林区管护站点用房调查摸底的通知	办规字〔2016〕81 号	国家林业局
2016/4/28	关于下达"十三五"林业有害生物防治工作"四率"指标任务的通知	林造发〔2016〕55 号	国家林业局
2016/4/28	关于健全生态保护补偿机制的意见	国办发〔2016〕31 号	国务院
2016/4/29	2018 年中央一号文件：关于实施乡村振兴战略的意见		中共中央、国务院
2016/5/4	关于印发《林地变更调查工作规则》的通知	林资发〔2016〕57 号	国家林业局
2016/5/6	林业发展"十三五"规划	林规发〔2016〕60 号	国家林业局
2016/5/20	关于印发《林业行政案件类型规定》的通知	林站发〔2016〕67 号	国家林业局

(续)

发布时间	政策名称	文号	发布主体
2016/5/30	关于印发《林木种子生产经营档案管理办法》的通知	林场发〔2016〕71号	国家林业局
2016/5/30	林业应对气候变化"十三五"行动要点	办造字〔2016〕102号	国家林业局
2016/6/8	关于印发《林木种质资源普查技术规程》的通知	林场发〔2016〕77号	国家林业局
2016/6/12	关于加强贫困地区生态保护和产业发展促进精准扶贫精准脱贫的通知	林规发〔2016〕78号	国家林业局
2016/6/16	全国造林绿化规划纲要(2016—2020年)		全国绿化委员会、国家林业局
2016/6/24	行政许可项目服务指南	国家林业局公告2016年第12号	国家林业局
2016/6/30	关于印发《国家林业局定点扶贫帮扶计划》的通知	林规发〔2016〕87号	国家林业局
2016/7/1	关于印发《国家林业产业示范园区认定命名办法》的通知	办改字〔2016〕127号	国家林业局
2016/7/1	关于印发《林业适应气候变化行动方案(2016—2020年)》的通知	办造字〔2016〕125号	国家林业局
2016/7/2	中华人民共和国野生动物保护法(2016修正)		全国人民代表大会
2016/7/4	林木良种名录	国家林业局公告第14号	国家林业局
2016/7/6	关于印发《全国森林经营规划(2016—2050年)》的通知	林规发〔2016〕88号	国家林业局
2016/7/12	关于印发《林业行业遏制重特大事故工作方案》的通知	办改字〔2016〕136号	国家林业局
2016/7/14	关于印发《林木种子包装和标签管理办法》的通知	林场发〔2016〕93号	国家林业局
2016/7/15	印发《国家林业局处置特大森林火灾事故预案(修订)》的通知	〔2001〕41号	国家林业局
2016/7/29	关于规范集体林权流转市场运行的意见	林改发〔2016〕100号	国家林业局
2016/7/29	关于进一步加强汛期林业安全生产工作的通知	林改发〔2016〕101号	国家林业局
2016/8/10	警惕夏季气候异常导致林业病害暴发成灾的警示通报		国家林业局
2016/8/18	中华人民共和国主要林木目录(第二批)	国家林业局令第41号	国家林业局
2016/8/22	关于设立统一规范的国家生态文明试验区的意见		中共中央、国务院
2016/8/22	国家生态文明试验区(福建)实施方案		中共中央、国务院

(续)

发布时间	政策名称	文号	发布主体
2016/9/9	关于着力开展森林城市建设的指导意见	林宣发〔2016〕126号	国家林业局
2016/9/14	关于授予吉林省长春市等22个城市"国家森林城市"称号的决定	林宣发〔2016〕128号	国家林业局
2016/9/14	关于印发《2016年加快建设知识产权强国林业实施计划》的通知	办技字〔2016〕172号	国家林业局
2016/9/14	关于印发《林业科技创新"十三五"规划》的通知	林规发〔2016〕129号	国家林业局
2016/9/17	关于进一步加强内部审计工作的通知		国家林业局
2016/9/18	关于印发《林业重大项目资金审议工作规程(试行)》的通知	林规发〔2016〕133号	国家林业局
2016/9/22	大熊猫国内借展管理规定(2016修改)	国家林业局令第42号	国家林业局
2016/9/22	森林公园管理办法(2016修改)	国家林业局令第42号	国家林业局
2016/9/22	普及型国外引种试种苗圃资格认定管理办法(2016修改)	国家林业局令第42号	国家林业局
2016/9/22	引进陆生野生动物外来物种种类及数量审批管理办法(2016修改)	国家林业局令第42号	国家林业局
2016/9/22	建设项目使用林地审核审批管理办法(2016修改)	国家林业局令第42号	国家林业局
2016/9/22	关于印发《全国林业系统法制宣传教育第七个五年规划》的通知	林策发〔2016〕134号	国家林业局
2016/9/22	松材线虫病疫木加工板材定点加工企业审批管理办法(2016修改)	国家林业局令第42号	国家林业局
2016/9/30	三北防护林体系建设五期工程百万亩防护林基地建设管理办法	林北发〔2016〕138号	国家林业局
2016/10/9	国家沙漠公园发展规划(2016—2025年)	林规发〔2016〕139号	国家林业局
2016/10/9	关于印发《2015年林业应对气候变化政策与行动白皮书》的通知	办造字〔2016〕219号	国家林业局
2016/10/14	中华人民共和国植物新品种保护名录(林业部分)(第六批)	国家林业局令第43号	国家林业局
2016/10/14	关于印发《甘肃宁夏等地湿地产权确权试点方案》的通知	林湿发〔2016〕144号	国家林业局
2016/10/26	关于学习贯彻汪洋副总理在全国林业科技创新大会上讲话精神的通知	林科发〔2016〕151号	国家林业局
2016/10/27	关于印发《"十三五"控制温室气体排放工作方案》的通知	国发〔2016〕61号	国务院

（续）

发布时间	政策名称	文号	发布主体
2016/10/27	中华人民共和国濒危物种进出口管理办公室行政许可事项被许可人分级管理办法	濒管办公告2016年第3号	国家濒管办
2016/10/31	全国林业工作站"十三五"发展建设规划	林规发〔2016〕154号	国家林业局
2016/11/16	关于完善集体林权制度的意见		国家林业局
2016/11/18	关于运用政府和社会资本合作模式推进林业生态建设和保护利用的指导意见	林规发〔2016〕168号	国家林业局、财政部
2016/11/22	关于印发《林业科技扶贫行动方案》的通知	林科发〔2016〕164号	国家林业局
2016/11/23	关于印发"十三五"脱贫攻坚规划的通知	国发〔2016〕64号	国务院
2016/11/24	关于印发"十三五"生态环境保护规划的通知		国务院
2016/11/30	关于进一步加强岁末年初林业安全生产工作的通知	办改字〔2016〕280号	国家林业局
2016/11/30	关于印发湿地保护修复制度方案的通知	国办发〔2016〕89号	国务院
2016/12/2	生态文明建设目标评价考核办法		中共中央、国务院
2016/12/9	关于印发《林业改革发展资金管理办法》的通知	财农〔2016〕196号	财政部、国家林业局
2016/12/9	关于印发《林业改革发展资金预算绩效管理暂行办法》的通知	财农〔2016〕197号	财政部、国家林业局
2016/12/9	关于印发《林业标准化"十三五"发展规划》的通知	林规发〔2016〕172号	国家林业局
2016/12/19	关于推进防灾减灾救灾体制机制改革的意见		中共中央、国务院
2016/12/19	全国森林防火规划（2016—2025年）	林规发〔2016〕178号	国家林业局、国家发改委、财政部
2016/12/20	关于印发《全国杜仲产业发展规划（2016—2030）》的通知	林规发〔2016〕175号	国家林业局
2016/12/26	关于贯彻实施《野生动物保护法》的通知	林护发〔2016〕181号	国家林业局
2016/12/26	关于稳步推进农村集体产权制度改革的意见		中共中央、国务院
2016/12/26	关于印发《中国落实2030年可持续发展议程国别方案——林业行动计划》的通知	办规字〔2016〕302号	国家林业局
2016/12/28	关于印发《国家林业局林木种子生产经营许可随机抽查工作细则》的通知	林场发〔2016〕185号	国家林业局
2016/12/30	关于公布北京等6省（区、市）2016年森林资源清查主要结果的通知	林资发〔2016〕191号	国家林业局
2016/12/31	2017年中央一号文件：关于深入推进农业供给侧结构性改革加快培育农业农村发展新动能的若干意见		中共中央、国务院

(续)

发布时间	政策名称	文号	发布主体
2017/1/3	关于印发全国国土规划纲要（2016—2030年）的通知	国发〔2017〕3号	国务院
2017/1/6	关于开展全国林权争议调查统计工作的通知	办站字〔2017〕4号	国家林业局
2017/1/9	关于加强耕地保护和改进占补平衡的意见	中发〔2017〕4号	中共中央、国务院
2017/1/9	省级空间规划试点方案		中共中央、国务院
2017/1/12	关于开展国有林场改革监测工作的通知	办场字〔2017〕9号	国家林业局
2017/1/23	关于2016年全国林业行政案件统计分析情况的通报	办稽字〔2017〕12号	国家林业局
2017/1/24	退化防护林修复技术规定（试行）	林造发〔2017〕7号	国家林业局
2017/1/25	关于加强鸟类等野生动物疫源疫病监测防控和强化保护管理措施的紧急通知	办护字〔2017〕15号	国家林业局
2017/2/7	关于划定并严守生态保护红线的若干意见	厅字〔2017〕2号	中共中央、国务院
2017/2/10	关于开展第三批国家级核桃示范基地认定工作的通知	办造字〔2017〕20号	国家林业局
2017/2/14	关于切实做好全国"两会"期间林业安全生产工作的通知	办改字〔2017〕24号	国家林业局
2017/2/18	国家林业局2017年工作要点		国家林业局
2017/2/24	光皮树原料林可持续培育指南	林造发〔2017〕12号	国家林业局
2017/2/24	盐肤木原料林可持续培育指南	林造发〔2017〕12号	国家林业局
2017/3/1	城市绿化条例（2017修订）		国务院
2017/3/1	关于做好2017年造林绿化工作的通知	全绿字〔2017〕1号	全国绿化委员会、国家林业局
2017/3/12	2016年中国国土绿化状况公报		全国绿化委员会
2017/3/13	关于发布2017年重点推广林业科技成果100项的通知	办科字〔2017〕37号	国家林业局
2017/3/17	关于印发《国家林业局 全国工商联 中国光彩会2017年联合工作方案》通知	办宣字〔2017〕44号	国家林业局办公室、全国工商联办公厅、中国光彩办公室
2017/3/20	分期分批停止商业性加工销售象牙及制品活动的定点加工单位和定点销售场所名录	国家林业局公告第8号	国家林业局
2017/3/21	普及型国外引种试种苗圃资格注销名单	国家林业局公告第10号	国家林业局
2017/3/21	松材线虫病疫木加工板材定点加工企业资格注销名单	国家林业局公告第9号	国家林业局
2017/3/23	关于公布第三批国家重点林木良种基地的通知		国家林业局

（续）

发布时间	政策名称	文号	发布主体
2017/3/28	全国湿地保护"十三五"实施规划	林函规字〔2017〕40号	国家林业局、国家发展和改革委员会、财政部
2017/4/7	关于印发《国家林业局2017年政务公开工作要点分工落实方案》的通知	办发字〔2017〕51号	国家林业局
2017/4/7	关于做好2017年汛期安全生产工作的通知	办改字〔2017〕50号	国家林业局
2017/4/17	关于做好全国集体林权制度改革先进集体和先进个人推荐评选工作的通知	人社部函〔2017〕48号	人力资源社会保障部、国家林业局
2017/4/20	关于高度重视和切实加强"五一"节日期间安全生产工作的通知	办改字〔2017〕56号	国家林业局
2017/4/28	关于进一步加强林业自然保护区监督管理工作的通知	办护字〔2017〕64号	国家林业局
2017/4/28	国家级公益林管理办法（2017修订）	林资发〔2017〕34号	国家林业局、财政部
2017/4/28	国家级公益林区划界定办法（2017修订）	林资发〔2017〕34号	国家林业局、财政部
2017/5/4	全国沿海防护林体系建设工程规划（2016—2025年）	林规发〔2017〕38号	国家林业局、国家发展和改革委员会
2017/5/7	国家"十三五"时期文化发展改革规划纲要		中共中央、国务院
2017/5/8	关于开展2017年林产品质量安全监测工作的通知	林科发〔2017〕36号	国家林业局
2017/5/10	关于开展向山东省淄博市原山林场学习活动的决定	林场发〔2017〕41号	全国绿化委员会、国家林业局
2017/5/11	关于印发《贯彻落实〈湿地保护修复制度方案〉的实施意见》	林函湿字〔2017〕63号	国家林业局、国家发展和改革委员会、财政部、国土资源部、环境保护部、水利部、农业部、国家海洋局
2017/5/11	关于印发《全国森林旅游示范市县申报命名管理办法》的通知	办场字〔2017〕73号	国家林业局
2017/5/12	东北、内蒙古重点国有林区森林经营方案审核认定办法（试行）	办资字〔2017〕76号	国家林业局
2017/5/16	关于开展2017年国家林业标准化示范企业申报工作的通知	办科字〔2017〕79号	国家林业局
2017/5/19	关于评选全国林业系统先进集体劳动模范和先进工作者的通知	人社部函〔2017〕74号	人力资源社会保障部、国家林业局

(续)

发布时间	政策名称	文号	发布主体
2017/5/22	关于印发《林业产业发展"十三五"规划》的通知	林规发〔2017〕43号	国家林业局、国家发展和改革委员会、科学技术部、工业和信息化部、财政部、中国人民银行、国家税务总局、国家食品药品监管总局、中国证监会、中国保监会、国务院扶贫办
2017/5/27	关于印发《〈关于全面推进政务公开工作的意见〉实施细则》贯彻落实方案的通知	办发字〔2017〕86号	国家林业局
2017/5/31	关于加快构建政策体系培育新型农业经营主体的意见		中共中央、国务院
2017/6/5	关于发布《国家储备林改培技术规程》的通知		国家林业局
2017/6/5	关于深入学习贯彻习近平总书记重要指示精神进一步深化集体林权制度改革的通知	林改发〔2017〕47号	国家林业局
2017/6/5	三北防护林退化林分修复技术规程		国家林业局
2017/6/7	关于印发《国家林业局促进科技成果转移转化行动方案》的通知	林科发〔2017〕46号	国家林业局
2017/6/9	关于加快推进城郊森林公园发展的指导意见	林场发〔2017〕51号	国家林业局
2017/6/9	境外林木引种检疫审批风险评估管理规范	林造发〔2017〕49号	国家林业局
2017/6/12	关于加强和完善城乡社区治理的意见		中共中央、国务院
2017/6/13	关于加强"十三五"期间种用林木种子(苗)免税进口管理工作的通知	林场发〔2017〕52号	国家林业局
2017/6/13	全民义务植树尽责形式管理办法(试行)	全绿字〔2017〕6号	全国绿化委员会
2017/6/15	关于2014年中央财政造林补贴国家级核查结果的通报	办造字〔2017〕100号	国家林业局
2017/6/21	关于印发《林业科技推广成果库管理办法》的通知	林科发〔2017〕59号	国家林业局
2017/6/21	关于印发《新疆南疆林果业发展科技支撑行动方案》的通知	林科发〔2017〕60号	国家林业局
2017/6/26	关于印发《国家林业局林业资金稽查工作规定》的通知	林基发〔2017〕63号	国家林业局
2017/6/27	关于印发《全国油茶主推品种目录》的通知	林场发〔2017〕64号	国家林业局
2017/6/28	关于开展"砥砺奋进的五年"林业大型宣传活动的通知	办宣字〔2017〕105号	国家林业局

(续)

发布时间	政策名称	文号	发布主体
2017/6/28	人工繁育国家重点保护陆生野生动物名录(第一批)	国家林业局公告第13号	国家林业局
2017/7/4	关于河南大别山、海南五指山国家级自然保护区总体规划的批复	林规发〔2017〕70号	国家林业局
2017/7/4	关于开展森林特色小镇建设试点工作的通知	办场字〔2017〕110号	国家林业局
2017/7/7	关于推介一批冰雪旅游典型单位的通知	办场字〔2017〕112号	国家林业局
2017/7/8	关于加快培育新型林业经营主体的指导意见	林改发〔2017〕77号	国家林业局
2017/7/11	关于印发《国际湿地城市认证提名暂行办法》的通知	办湿字〔2017〕120号	国家林业局
2017/7/17	关于印发社会资本参与林业生态建设第一批试点项目的通知	发改办农经〔2017〕1243号	国家发展和改革委、国家林业局
2017/7/19	关于表彰全国集体林权制度改革先进集体和先进个人的决定	人社部发〔2017〕56号	人力资源社会保障部、国家林业局
2017/7/20	关于印发《省级林业应对气候变化2017—2018年工作计划》的通知	办造字〔2017〕125号	国家林业局
2017/8/10	关于组织开展"中国特色农产品优势区"申报认定工作的通知	农市发〔2017〕8号	农业部、国家发展和改革委、国家林业局
2017/8/11	关于印发《国家林业局重点实验室评估工作规则》的通知	办科字〔2017〕137号	国家林业局
2017/8/21	关于下达2017年林业行业标准制修订项目计划的通知	林科发〔2017〕88号	国家林业局
2017/8/21	国家林业局公告(2017年第14号)	国家林业局公告2017年第14号	国家林业局
2017/8/22	关于开展向河北省塞罕坝机械林场学习活动的决定	林场发〔2017〕90号	国家林业局
2017/8/25	关于进一步加强国家级公益林落界工作的通知	办资字〔2017〕143号	国家林业局
2017/8/25	关于印发《联合国森林战略规划(2017—2030年)》的通知	办合字〔2017〕148号	国家林业局
2017/9/13	关于印发《2016年林业应对气候变化政策与行动白皮书》的通知	办造字〔2017〕163号	国家林业局
2017/9/19	建立国家公园体制总体方案		中共中央、国务院
2017/9/21	关于印发《国家林业局林业社会组织管理办法》的通知	林人发〔2017〕99号	国家林业局
2017/9/27	关于2017年全国林木种苗质量抽查情况的通报	林场发〔2017〕105号	国家林业局
2017/9/27	关于加强林下经济示范基地管理工作的通知	林改发〔2017〕103号	国家林业局

(续)

发布时间	政策名称	文号	发布主体
2017/9/27	关于印发《国家沙漠公园管理办法》的通知	林沙发〔2017〕104号	国家林业局
2017/9/29	关于进一步加强秋冬季候鸟等野生动物保护执法和疫源疫病监测防控工作的紧急通知	办护字〔2017〕172号	国家林业局
2017/9/29	关于授予河北省承德市等19个城市"国家森林城市"称号的决定	林宣发〔2017〕108号	国家林业局
2017/9/30	关于创新体制机制推进农业绿色发展的意见		中共中央、国务院
2017/9/30	关于实施森林生态标志产品建设工程的通知	林改发〔2017〕109号	国家林业局
2017/10/2	国家生态文明试验区(贵州)实施方案		中共中央、国务院
2017/10/2	国家生态文明试验区(江西)实施方案		中共中央、国务院
2017/10/7	中华人民共和国自然保护区条例(2017年修订)		国务院
2017/10/23	关于促进中国林业移动互联网发展的指导意见	林信发〔2017〕114号	国家林业局
2017/10/25	关于促进中国林业云发展的指导意见	林信发〔2017〕116号	国家林业局
2017/10/25	国家林业局委托实施林业行政许可事项管理办法	国家林业局第45号令	国家林业局
2017/10/25	主要林木品种审定办法(2017年修订)	国家林业局第44号令	国家林业局
2017/10/27	关于加强林业安全生产的意见	林改发〔2017〕120号	国家林业局
2017/10/27	国家林业局2017年第一批授予植物新品种权名单		国家林业局
2017/11/1	关于加快深度贫困地区生态脱贫工作的意见		国家林业局
2017/11/1	野生动物及其制品价值评估方法	国家林业局第46号令	国家林业局
2017/11/3	关于印发《中国主要栽培珍贵树种参考名录(2017年版)》的通知	林造发〔2017〕123号	国家林业局
2017/11/13	关于印发《林业生物质能源主要树种目录(第一批)》的通知	林造发〔2017〕130号	国家林业局
2017/11/17	关于切实做好东北虎豹、大熊猫、雪豹等珍稀濒危野生动物和森林资源保护工作的通知	林护发〔2017〕134号	国家林业局
2017/11/24	关于公布2017年国家林业标准化示范企业的通知	林科发〔2017〕136号	国家林业局、国家标准化管理委员会
2017/12/1	野生动物收容救护管理办法	国家林业局第47号令	国家林业局
2017/12/5	湿地保护管理规定(2017修改)	国家林业局令第48号	国家林业局
2017/12/17	生态环境损害赔偿制度改革方案		中共中央、国务院
2017/12/19	关于推进林权抵押贷款有关工作的通知	银监发〔2017〕57号	中国银监会、国家林业局、国土资源部

（续）

发布时间	政策名称	文号	发布主体
2017/12/20	关于2012、2013年度国家珍贵树种培育示范基地建设成效国家级考评结果的通报	办造字〔2017〕210号	国家林业局
2017/12/22	关于印发《国家林业局生产安全事故应急预案（试行）》的通知		国家林业局
2017/12/26	关于开展向韦华同志学习活动的决定	办护字〔2017〕213号	国家林业局
2017/12/27	关于公布第三批国家林业重点龙头企业名单的通知	林改发〔2017〕149号	国家林业局
2017/12/27	关于印发《国家湿地公园管理办法》的通知	林湿发〔2017〕150号	国家林业局
2017/12/28	关于同意建设山西偏关林湖等33个国家沙漠（石漠）公园的通知	林沙发〔2017〕153号	国家林业局
2017/12/28	关于印发《国家林业局行政许可随机抽查检查办法》的通知	林策发〔2017〕152号	国家林业局
2017/12/29	关于加强林业品牌建设的指导意见	林科发〔2017〕157号	国家林业局
2017/12/29	关于印发《林业品牌建设与保护行动计划（2017—2020年）》的通知	林科发〔2017〕158号	国家林业局
2018/1/4	关于在湖泊实施湖长制的指导意见		中共中央、国务院
2018/1/11	关于2017年度全国标准化林业工作站建设核查情况的通报	办站字〔2018〕4号	国家林业局
2018/1/12	关于进一步加强国家级森林公园管理的通知	林场发〔2018〕4号	国家林业局
2018/1/17	国家林业局2018年工作要点		国家林业局
2018/1/29	开展林木转基因工程活动审批管理办法	国家林业局第49号令	国家林业局
2018/2/5	农村人居环境整治三年行动方案		中共中央、国务院
2018/2/6	关于延期上报国家级公益林落界成果的通知	办资字〔2018〕15号	国家林业局
2018/2/8	关于规范森林认证工作健康有序开展的通知	林技发〔2018〕19号	国家林业局
2018/2/23	关于全面实行永久基本农田特殊保护的通知	国土资规〔2018〕1号	国土资源部
2018/3/2	关于认真做好2018年春季沙尘暴灾害应急处置工作的通知	林沙发〔2018〕28号	国家林业局
2018/3/5	在国家级自然保护区修筑设施审批管理暂行办法	国家林业局第50号令	国家林业局
2018/3/8	标准化林业工作站建设检查验收办法	林站发〔2018〕32号	国家林业局
2018/3/11	2017年中国国土绿化状况公报		全国绿化委员会
2018/3/13	关于授予云南省楚雄市"国家森林城市"称号的决定	林宣发〔2018〕34号	国家林业局

(续)

发布时间	政策名称	文号	发布主体
2018/3/15	关于开展"全国林木种苗行政执法年"活动的通知	办场字〔2018〕29号	国家林业局
2018/3/15	关于开展第九次全国森林资源清查2018年工作的通知	办资字〔2018〕28号	国家林业局
2018/3/23	林木良种名录	国家林业局公告第6号	国家林业局
2018/4/12	关于认定第三批国家级核桃示范基地的通知	林造发〔2018〕42号	国家林业和草原局
2018/4/23	欧李原料林可持续培育指南	林造发〔2018〕45号	国家林业和草原局
2018/4/23	元宝枫原料林可持续培育指南	林造发〔2018〕45号	国家林业和草原局
2018/4/28	关于做好汛期安全生产工作的通知	办改字〔2018〕59号	国家林业和草原局
2018/5/8	关于进一步放活集体林经营权的意见	林改发〔2018〕47号	国家林业和草原局
2018/5/11	关于印发《中国森林旅游节管理办法》的通知	林场发〔2018〕50号	国家林业和草原局
2018/5/17	关于加强和改进政务公开工作的通知	办发字〔2018〕75号	国家林业和草原局
2018/5/17	关于组织推荐国家林业和草原科技创新联盟的通知	办科字〔2018〕74号	国家林业和草原局
2018/5/21	关于发布2018年重点推广林业科技成果100项的通知	办科字〔2018〕80号	国家林业和草原局
2018/5/30	关于印发《国家林业和草原局林业有害生物防治检疫行政许可事项随机抽查工作细则》的通知	林造发〔2018〕53号	国家林业和草原局
2018/5/30	新一轮退耕地还林检查验收办法	林退发〔2018〕54号	国家林业和草原局
2018/5/31	关于印发《国家林业和草原局建设项目使用林地及在国家级自然保护区 建设行政许可随机抽查工作细则》的通知	林资发〔2018〕56号	国家林业和草原局
2018/6/1	关于加快推进森林经营方案编制工作的通知	林资发〔2018〕57号	国家林业和草原局
2018/6/5	关于在国家级自然保护区加挂国家级野生动物疫源疫病监测站牌子的通知	办护字〔2018〕93号	国家林业和草原局
2018/6/6	关于开展2018年度新一轮退耕地还林国家级检查验收工作的通知	林退发〔2018〕59号	国家林业和草原局
2018/6/15	关于打赢脱贫攻坚战三年行动的指导意见		中共中央、国务院
2018/6/16	关于全面加强生态环境保护 坚决打好污染防治攻坚战的意见		中共中央、国务院
2018/6/16	关于全面加强生态环境保护,坚决打好污染防治攻坚战的意见		中共中央、国务院

（续）

发布时间	政策名称	文号	发布主体
2018/6/25	关于印发《林业生态保护恢复资金管理办法》的通知	财农〔2018〕66号	财政部、国家林业和草原局
2018/6/25	林业生态保护恢复资金管理办法	财农〔2018〕66号	财政部、国家林业和草原局
2018/6/28	关于开展2018年国家林业标准化示范企业申报工作的通知	办科字〔2018〕106号	国家林业和草原局
2018/6/28	关于下达2018年林业行业标准制修订项目计划的通知	林科发〔2018〕63号	国家林业和草原局
2018/7/3	关于印发《国家林业和草原局公开制售假冒伪劣商品和侵犯知识产权行政处罚案件信息工作实施细则》的通知	林场发〔2018〕65号	国家林业和草原局
2018/7/3	关于印发《全国检疫性林业有害生物疫区管理办法》的通知	林造发〔2018〕64号	国家林业和草原局
2018/7/5	2018年第一批授予植物新品种权名单	国家林业和草原局公告第11号	国家林业和草原局
2018/7/6	全国森林城市发展规划（2018—2025年）		国家林业和草原局
2018/7/13	关于从严控制矿产资源开发等项目使用东北、内蒙古重点国有林区林地的通知	林资发〔2018〕67号	国家林业和草原局
2018/7/24	关于公布2018年认定命名国家林业产业示范园区名单的通知	林改发〔2018〕71号	国家林业和草原局
2018/8/2	关于组织推荐国家林业和草原长期科研基地的通知	办科字〔2018〕120号	国家林业和草原局
2018/8/6	关于进一步加强汛期林业安全生产工作的紧急通知	办改字〔2018〕122号	国家林业和草原局
2018/8/9	关于印发《林业和草原领域主要信访投诉请求法定处理途径清单（试行）》的通知	办发字〔2018〕125号	国家林业和草原局
2018/9/3	关于进一步加强网络安全和信息化工作的意见	林信发〔2018〕89号	国家林业和草原局
2018/9/4	关于开展2018年度建档立卡贫困人口生态护林员选聘工作的通知	办规字〔2018〕130号	国家林业和草原局、财政部、国务院扶贫办
2018/9/13	关于2018年全国林木种苗质量抽查情况的通报	林场发〔2018〕95号	国家林业和草原局
2018/9/13	关于印发《国家级林业有害生物中心测报点管理规定》的通知	林造发〔2018〕94号	国家林业和草原局
2018/9/25	关于加快推进长江两岸造林绿化的指导意见	发改农经〔2018〕1391号	国家发展和改革委、水利部、自然资源部、国家林业和草原局

附录　1949—2020 年政策文件清单

（续）

发布时间	政策名称	文号	发布主体
2018/9/26	乡村振兴战略规划（2018—2022 年）		中共中央、国务院
2018/9/30	关于授予北京市平谷区等 27 个城市"国家森林城市"称号的决定	林宣发〔2018〕103 号	国家林业和草原局
2018/10/12	关于加快主动公开基本目录编制工作的通知	办发字〔2018〕148 号	国家林业和草原局
2018/10/22	关于《国（境）外引进农业种苗检疫审批单》等 3 种监管证件实施联网核查的公告	2018 年第 141 号	国家海关总署、农业农村部、国家林草局
2018/10/26	中华人民共和国防沙治沙法（2018 修正）	主席令第 16 号	全国人民代表大会
2018/10/26	中华人民共和国野生动物保护法（2018 修正）		全国人民代表大会
2018/11/12	关于印发新修订的《松材线虫病防治技术方案》的通知	林生发〔2018〕110 号	国家林业和草原局
2018/11/13	关于积极推进大规模国土绿化行动的意见	全绿字〔2018〕5 号	全国绿化委员会、国家林业和草原局
2018/11/13	关于进一步加强当前林业安全生产工作的紧急通知	办安字〔2018〕171 号	国家林业和草原局
2018/11/13	关于推广扶贫造林（种草）专业合作社脱贫模式的通知	办规字〔2018〕170 号	国家林草局、国家发展和改革委员会、国务院扶贫办
2018/11/15	关于开展林业安全生产大检查督查的通知	办安字〔2018〕176 号	国家林业和草原局
2018/11/15	关于印发《关于促进乡村旅游可持续发展的指导意见》的通知	文旅资源发〔2018〕98 号	文化和旅游部、国家发展和改革委员会、工业和信息化部、财政部、人力资源社会保障部、自然资源部、生态环境部、住房城乡建设部、交通运输部、农业农村部、国家卫生健康委、中国人民银行、国家体育总局、中国银行保险监督管理委员会、国家林业和草原局、国家文物局、国务院扶贫办
2018/11/21	关于印发《2017 年林业和草原应对气候变化政策与行动白皮书》的通知	办生字〔2018〕186 号	国家林业和草原局
2018/11/26	松材线虫病疫区和疫木管理办法（2018 修订）	林生发〔2018〕117 号	国家林业和草原局
2018/12/13	关于授予湘潭市"国家森林城市"称号的决定	林宣发〔2018〕123 号	国家林业和草原局

(续)

发布时间	政策名称	文号	发布主体
2018/12/24	关于加强食用林产品质量安全监管工作的通知	林科发〔2018〕129号	国家林业和草原局
2018/12/28	国家标准化管理委员会关于公布2018年国家林业标准化示范企业的通知	林科发〔2018〕134号	国家林业和草原局
2019/1/3	2019年中央一号文件：关于坚持农业农村优先发展做好"三农"工作的若干意见		中共中央、国务院
2019/1/4	关于同意建设河北沽源九连城等17个国家沙漠（石漠）公园的通知	林沙发〔2019〕5号	国家林业和草原局
2019/1/15	关于印发《国家林业和草原局2019年工作要点》的通知	林办发〔2019〕1号	国家林业和草原局
2019/1/17	关于印发《国家林业和草原局专业标准化技术委员会管理办法》的通知	林科发〔2019〕6号	国家林业和草原局
2019/1/23	国家沙化土地封禁保护区名单	国家林业和草原局公告第3号	国家林业和草原局
2019/1/28	关于开展保护森林和野生动植物资源先进集体、先进个人、优秀组织奖评选表彰活动的通知	办人字〔2019〕25号	国家林业和草原局
2019/2/13	国家林业和草原长期科研基地管理办法	林科发〔2019〕13号	国家林业和草原局
2019/2/14	关于促进林草产业高质量发展的指导意见	林改发〔2019〕14号	国家林业和草原局
2019/2/21	关于促进小农户和现代农业发展有机衔接的意见		中共中央、国务院
2019/2/26	关于规范风电场项目建设使用林地的通知	林资发〔2019〕17号	国家林业和草原局
2019/3/6	关于促进森林康养产业发展的意见	林改发〔2019〕20号	国家林业和草原局、民政部、国家卫生健康委员会、国家中医药管理局
2019/3/6	关于开展纪念植树节40周年暨2019年全民义务植树系列宣传工作的通知	全绿办〔2019〕5号	全国绿化委员会
2019/3/7	关于切实做好2019年国土绿化工作的通知	全绿字〔2019〕3号	全国绿化委员会、国家林业和草原局
2019/3/8	关于加强野生动物保护管理及打击非法猎杀和经营利用野生动物违法犯罪活动的紧急通知	林护发〔2019〕21号	国家林业和草原局
2019/3/11	2018年中国国土绿化状况公报		全国绿化委员会
2019/3/19	关于印发《贯彻落实〈国家林业和草原局关于促进林草产业高质量发展的指导意见〉任务分工方案》的通知	办改字〔2019〕64号	国家林业和草原局
2019/3/20	关于开展2019年林产品质量监测工作的通知	林科发〔2019〕29号	国家林业和草原局
2019/3/25	关于印发《乡村绿化美化行动方案》的通知	林生发〔2019〕33号	国家林业和草原局

(续)

发布时间	政策名称	文号	发布主体
2019/4/8	关于印发《国家林业和草原局行政规范性文件管理办法》的通知	林办发〔2019〕35号	国家林业和草原局
2019/4/14	关于统筹推进自然资源资产产权制度改革的指导意见		中共中央、国务院
2019/4/15	关于建立健全城乡融合发展体制机制和政策体系的意见		中共中央、国务院
2019/4/17	关于实施激励科技创新人才若干措施的通知	林发〔2019〕22号	国家林业和草原局
2019/4/25	河北省张家口市及承德市坝上地区植树造林实施方案	发改办农经〔2019〕505号	国家发展和改革委、国家林业和草原局
2019/5/5	林木良种名录	国家林业和草原局公告第11号	国家林业和草原局
2019/5/8	国家级自然公园评审委员会评审工作规则	办保字〔2019〕98号	国家林业和草原局
2019/5/8	国家自然保护地专家委员会工作规则	办保字〔2019〕98号	国家林业和草原局
2019/5/12	国家生态文明试验区(海南)实施方案		中共中央、国务院
2019/5/24	关于联合开展野生动物保护专项整治行动的通知	国市监网监〔2019〕107号	国家市场监管总局、国家林业和草原局
2019/6/3	国家林草局重点学科建设管理暂行办法	办人字〔2019〕110号	国家林业和草原局
2019/6/17	关于促进乡村产业振兴的指导意见	国发〔2019〕12号	国务院
2019/6/17	中央生态环境保护督察工作规定		中共中央、国务院
2019/6/23	关于加强和改进乡村治理的指导意见		中共中央、国务院
2019/6/26	关于建立以国家公园为主体的自然保护地体系的指导意见		中共中央、国务院
2019/7/11	关于印发《自然资源统一确权登记暂行办法》的通知	自然资发〔2019〕116号	自然资源部、财政部、生态环境部、水利部、国家林业和草原局
2019/7/13	天然林保护修复制度方案	厅字〔2019〕39号	中共中央、国务院
2019/7/15	关于开展国家森林康养基地建设工作的通知	办改字〔2019〕121号	国家林业和草原局、民政部、国家卫生健康委员会、国家中医药管理局
2019/7/16	关于印发修订后的《国家级森林公园总体规划审批管理办法》的通知	林场规〔2019〕1号	国家林业和草原局
2019/7/22	关于公布《国家林业局关于全面推进林业法治建设的实施意见》修改情况的通知	办发字〔2019〕126号	国家林业和草原局

(续)

发布时间	政策名称	文号	发布主体
2019/7/23	关于公布首届"扎根基层工作,献身林草事业"优秀毕业生遴选结果的通知	办人字〔2019〕128号	国家林业和草原局
2019/8/5	关于表彰保护森林和野生动植物资源先进集体、先进个人、优秀组织奖的决定	林人发〔2019〕76号	国家林业和草原局
2019/8/5	关于公布第三批国家森林步道名单的通知	林场发〔2019〕78号	国家林业和草原局
2019/8/5	关于举办2019中国森林旅游节的通知	办场字〔2019〕136号	国家林业和草原局
2019/8/19	部门规章设定的证明事项取消目录	国家林业和草原局公告第12号	国家林业和草原局
2019/8/20	关于推进种苗事业高质量发展的意见	林场发〔2019〕82号	国家林业和草原局
2019/8/26	中华人民共和国土地管理法(2019修订)		全国人民代表大会
2019/9/5	关于组织申报2019年度国家林业和草原长期科研基地的通知	便函科〔2019〕225号	国家林业和草原局
2019/9/10	在国家沙化土地封禁保护区范围内进行修建铁路、公路等建设活动监督管理办法	林沙规〔2019〕2号	国家林业和草原局
2019/9/26	关于印发《国家林业和草原局新闻发布工作管理办法》的通知	办宣字〔2019〕147号	国家林业和草原局
2019/9/27	关于切实加强秋冬季候鸟保护的通知	林护发〔2019〕92号	国家林业和草原局
2019/9/29	关于开展第九批国家地质公园申报审批工作的通知	便函保〔2019〕256号	国家林业和草原局
2019/10/11	关于公布全国职业院校林草类重点专业及培育点名单的通知	林人发〔2019〕94号	国家林业和草原局
2019/10/31	关于坚持和完善中国特色社会主义制度,推进国家治理体系和治理能力现代化若干重大问题的决定		中共中央
2019/11/7	关于印发《2018年林业和草原应对气候变化政策与行动白皮书》的通知	办生字〔2019〕158号	国家林业和草原局
2019/11/7	关于做好第十一批世界地质公园推荐工作的通知	便函保〔2019〕314号	国家林业和草原局
2019/11/8	关于促进林业和草原人工智能发展的指导意见	林信发〔2019〕105号	国家林业和草原局
2019/11/8	关于全面加强森林经营工作的意见	林资发〔2019〕104号	国家林业和草原局
2019/11/8	关于深入推进林木采伐"放管服"改革工作的通知	林资规〔2019〕3号	国家林业和草原局
2019/11/19	关于表彰第四届"中国林业产业突出贡献奖、创新奖"获得者的决定	林改发〔2019〕108号	国家林业和草原局、中国农林水利气象工会全国委员会

(续)

发布时间	政策名称	文号	发布主体
2019/11/19	关于进一步改进人造板检疫管理的通知	林生规〔2019〕4号	国家林业和草原局
2019/11/25	关于公布第四批国家林业重点龙头企业名单的通知	林改发〔2019〕111号	国家林业和草原局
2019/11/28	国家林业和草原局"证照分离"改革试点工作实施方案	国家林业和草原局公告第19号	国家林业和草原局
2019/12/1	长江三角洲区域一体化发展规划纲要		中共中央、国务院
2019/12/2	关于印发《境外林草引种检疫审批风险评估管理规范》的通知	林生规〔2019〕6号	国家林业和草原局
2019/12/2	关于印发《引进林草种子、苗木检疫审批与监管办法》的通知	林生发〔2019〕113号	国家林业和草原局
2019/12/16	关于印发《国家林业草原工程技术研究中心管理办法》的通知	林科规〔2019〕7号	国家林业和草原局
2019/12/25	关于2019年试点国家湿地公园验收情况的通知	林湿发〔2019〕119号	国家林业和草原局
2019/12/28	中华人民共和国森林法（2019修正）		全国人民代表大会
2020/1/19	关于公布第一批国家草品种区域试验站名单的通知	林场发〔2020〕10号	全国人民代表大会
2020/1/21	关于加强野生动物市场监管 积极做好疫情防控工作的紧急通知	国市监明电〔2020〕2号	市场监管总局、农业农村部、国家林业和草原局
2020/1/22	关于切实加强鸟类保护的通知	林护发〔2020〕13号	国家林业和草原局
2020/1/26	关于禁止野生动物交易的公告（2020年第4号）	国家林业和草原局公告2020年第4号	市场监管总局、农业农村部、国家林草局
2020/2/3	关于暂停我局行政许可受理中心、群众来访接待场所接待服务的通告		国家林业和草原局
2020/2/17	关于进一步加强当前森林草原防灭火工作的通知		国家森防指办公室、应急管理部、国家林业和草原局
2020/2/18	关于严厉打击破坏鸟类资源违法犯罪活动压实监督管理责任确保候鸟迁飞安全的紧急通知	林护发〔2020〕18号	国家林业和草原局
2020/2/20	关于贯彻实施新修订森林法的通知	林办发〔2020〕19号	国家林业和草原局
2020/2/24	关于贯彻落实《全国人民代表大会常务委员会关于全面禁止非法野生动物交易、革除滥食野生动物陋习、切实保障人民群众生命健康安全的决定》的通知		全国人大常委会
2020/2/24	国家林业和草原局公告（2020年第1号）		
2020/2/24	国家林业和草原局公告（2020年第2号）		

(续)

发布时间	政策名称	文号	发布主体
2020/2/24	国家林业和草原局公告(2020年第3号)		
2020/2/25	关于认真做好2020年春季沙尘暴灾害应急处置工作的通知	林沙发〔2020〕20号	国家林业和草原局
2020/2/26	关于切实做好2020年沙漠蝗相关防控工作的紧急通知	林草发〔2020〕21号	国家林业和草原局
2020/2/27	关于抗击新冠肺炎疫情促进经济林和林下经济产品产销对接解决产品卖难问题的通知		国家林业和草原局
2020/2/28	关于积极应对新冠肺炎疫情有序推进2020年国土绿化工作的通知	林生发〔2020〕25号	国家林业和草原局
2020/2/28	关于统筹推进新冠肺炎疫情防控和经济社会发展做好建设项目使用林地工作的通知	林资规〔2020〕1号	国家林业和草原局
2020/3/9	关于印发《国有林场职工绩效考核办法》的通知	林场发〔2020〕31号	国家林业和草原局、人力资源和社会保障部
2020/3/11	2019年中国国土绿化状况公报		全国绿化委员会办公室
2020/3/13	关于印发《沙漠蝗及国内蝗虫监测防控预案》的通知		
2020/3/18	关于同意江苏盐城大纵湖国家湿地公园等40处国家级自然公园新建和范围调整的通知	林保发〔2020〕32号	国家林业和草原局
2020/3/23	国家林业和草原局公告(2020年第5号)		
2020/3/27	关于开展2020年林产品质量监测工作的通知	闽林函〔2020〕44号	福建省林业局
2020/3/30	国家林业和草原局公告(2020年第6号)		
2020/4/2	关于进一步加强草原禁牧休牧工作的通知	林草发〔2020〕40号	国家林业和草原局
2020/4/8	关于稳妥做好禁食野生动物后续工作的通知	林护发〔2020〕42号	国家林业和草原局
2020/4/9	关于加强林业和草原科普工作的意见		安徽省林业局
2020/4/10	关于做好林草行政执法与生态环境保护综合行政执法衔接的通知	办发字〔2020〕26号	国家林业和草原局
2020/4/15	国家林业和草原局公告(2020年第7号)		
2020/4/20	关于成立国家林业和草原局院校教材建设专家委员会和专家库的通知	办人字〔2020〕30号	国家林业和草原局
2020/4/21	国家林业和草原局农业农村部公告(2020年第8号)	国家林业和草原局农业农村部公告2020年第8号	国家林业和草原局农业农村部
2020/4/24	关于推荐全国森林经营试点示范单位的通知	便函资〔2020〕143号	国家林业和草原局

(续)

发布时间	政策名称	文号	发布主体
2020/4/24	关于印发《林业草原生态保护恢复资金管理办法》的通知	财资环〔2020〕22号	财政部、国家林业和草原局
2020/4/26	关于做好2020年全国防灾减灾日有关工作的通知	办防字〔2020〕36号	国家林业和草原局
2020/4/27	关于内蒙古旺业甸等12个国家级森林公园总体规划的批复	林场发〔2020〕45号	国家林业和草原局
2020/5/7	关于印发集体林地承包合同和集体林权流转合同示范文本的通知	林改发〔2020〕47号	国家林业和草原局、国家市场监督管理总局
2020/5/8	国家林业和草原局公告（2020年第9号）		
2020/5/11	关于开展第二届"扎根基层工作、献身林草事业"林草学科优秀毕业生遴选工作的通知	便函人〔2020〕166号	国家林业和草原局
2020/5/12	国家林业和草原局公告（2020年第10号）		
2020/5/18	国家林业和草原局公告（2020年第11号）		
2020/5/22	关于2020年重点推广林草科技成果100项的通知	办科字〔2020〕47号	国家林业和草原局
2020/5/27	关于组织实施《妥善处置在养野生动物技术指南》的函	林函护字〔2020〕50号	国家林业和草原局
2020/5/28	关于进一步规范蛙类保护管理的通知	农渔发〔2020〕15号	农业农村部、国家林业和草原局
2020/6/2	关于印发《林业改革发展资金管理办法》的通知	财资环〔2020〕36号	财政部、国家林业和草原局
2020/6/3	关于进一步规范林权类不动产登记做好林权登记与林业管理衔接的通知	自然资办发〔2020〕31号	自然资源部、国家林业和草原局
2020/6/3	国家林业和草原局公告（2020年第12号）		
2020/6/5	关于公布国家森林康养基地（第一批）名单的通知		
2020/6/19	关于印发《草原征占用审核审批管理规范》的通知	林草规〔2020〕2号	国家林业和草原局
2020/6/25	关于印发《国家农业科技园区管理办法》的通知	国科发农〔2020〕173号	科学技术部、农业农村部、水利部、国家林业和草原局、中国科学院、中国农业银行

（续）

发布时间	政策名称	文号	发布主体
2020/7/17	关于印发《公共资源交易平台系统林权交易数据规范》的通知	发改办法规〔2020〕550号	国家发展和改革委员会[含原国家发展计划委员会、原国家计划委员会]、国家林业和草原局
2020/7/21	关于印发《中国特色农产品优势区管理办法（试行）》的通知		
2020/8/4	濒危物种进出口管理办公室公告（2020年第14号）		国家林草局、国家濒管办
2020/8/6	关于做好当前农民工就业创业工作的意见	人社部发〔2020〕61号	人力资源和社会保障部、国家发展和改革委员会[含原国家发展计划委员会、原国家计划委员会]、工业和信息化部、民政部、财政部、自然资源部、住房和城乡建设部、交通运输部、水利部、农业农村部、商务部、文化和旅游部、国家统计局、国家林业和草原局、国务院扶贫办
2020/9/4	国家林业和草原局公告（2020年第15号）		
2020/9/8	关于印发《红树林保护修复专项行动计划（2020—2025年）》的通知		
2020/9/14	关于设立林草植物新品种测试机构的通知	办技字〔2020〕80号	国家林业和草原局
2020/9/14	关于印发《2020年加快建设知识产权强国林草推进计划》的通知	办技字〔2020〕81号	国家林业和草原局
2020/9/17	关于公布首批国家草原自然公园试点建设名单的通知	林草发〔2020〕85号	国家林业和草原局
2020/9/22	关于开展"全国采摘果园一张图"工作的通知	便函改〔2020〕460号	国家林业和草原局
2020/9/24	国家林业和草原局公告（2020年第16号）		
2020/9/27	国家林业和草原局公告（2020年第17号）		
2020/9/29	关于印发《国家林业和草原局立法工作规定》的通知	林办发〔2020〕88号	国家林业和草原局
2020/9/29	国家林业和草原局公告（2020年第18号）		

(续)

发布时间	政策名称	文号	发布主体
2020/9/29	国家林业和草原局公告（2020 年第 19 号）		
2020/9/30	关于切实加强秋冬季鸟类等野生动物保护工作的通知	林护发〔2020〕89 号	国家林业和草原局
2020/9/30	关于规范禁食野生动物分类管理范围的通知	林护发〔2020〕90 号	国家林业和草原局
2020/10/13	关于发布油茶、仁用杏、榛子产业发展指南的通知	便函改〔2020〕496 号	国家林业和草原局
2020/10/15	国家林业和草原局公告（2020 年第 20 号）		
2020/10/21	仁用杏产业发展指南		
2020/10/21	油茶产业发展指南		
2020/10/21	榛子产业发展指南		
2020/10/23	关于开展践行习近平生态文明思想先进事迹学习宣传活动的通知	林宣发〔2020〕93 号	国家林业和草原局
2020/10/27	关于制定恢复植被和林业生产条件、树木补种标准的指导意见	林办发〔2020〕94 号	国家林业和草原局
2020/10/28	关于开展 2020 年度全国森林资源调查工作的通知	自然资办函〔2020〕1923 号	自然资源部、国家林业和草原局
2020/10/29	关于开展 2020 年度林草乡土专家遴选工作的通知	便函科〔2020〕522 号	国家林业和草原局
2020/10/30	国家林业和草原局公告（2020 年第 21 号）		
2020/11/3	关于在农业农村基础设施建设领域积极推广以工代赈方式的意见	发改振兴〔2020〕1675 号	国家发展和改革委员会[含原国家发展计划委员会、原国家计划委员会]、中央农村工作领导小组办公室、财政部、交通运输部、水利部、农业农村部、文化和旅游部、国家林业和草原局、国务院扶贫办
2020/11/3	退耕还林还草档案管理办法	林退发〔2020〕98 号	国家林业和草原局
2020/11/3	退耕还林还草作业设计技术规定	林退发〔2020〕98 号	国家林业和草原局
2020/11/3	关于印发《集体林业综合改革试验典型案例》（第一批）的通知		

（续）

发布时间	政策名称	文号	发布主体
2020/11/18	关于科学利用林地资源促进木本粮油和林下经济高质量发展的意见	发改农经〔2020〕1753号	国家发展和改革委员会[含原国家发展计划委员会、原国家计划委员会]、国家林业和草原局、科学技术部、财政部、自然资源部、农业农村部、中国人民银行、国家市场监督管理总局、中国银行保险监督管理委员会、中国证券监督管理委员会
2020/11/24	关于印发《2019年林业和草原应对气候变化政策与行动》白皮书的通知	办生字〔2020〕98号	国家林业和草原局
2020/11/24	关于公布第二届"扎根基层工作、献身林草事业"林草学科优秀毕业生名单的通知	办人字〔2020〕97号	国家林业和草原局
2020/11/24	关于开展2020年度工程系列专业技术资格评审工作的通知	林技评办〔2020〕8号	国家林业和草原局
2020/12/3	创建全国防沙治沙综合示范区实施方案	林沙发〔2020〕107号	国家林业和草原局
2020/12/3	全国防沙治沙综合示范区考核验收办法	林沙发〔2020〕107号	国家林业和草原局
2020/12/8	国家林业和草原局公告（2020年第22号）		
2020/12/9	关于聘任第二批林草乡土专家的通知	办科字〔2020〕106号	国家林业和草原局
2020/12/9	关于做好野生动物疫源疫病监测防控工作的通知	办护字〔2020〕107号	国家林业和草原局
2020/12/11	关于认定中国特色农产品优势区（第四批）的通知		
2020/12/15	关于新建内蒙古锡林郭勒草原生态系统定位观测研究站等8个国家陆地生态系统定位观测研究站的通知	林科发〔2020〕110号	国家林业和草原局
2020/12/21	国家林业和草原局公告（2020年第23号）		
2020/12/22	国家林业和草原局公告（2020年第24号）		
2020/12/24	关于同意内蒙古阿拉善右旗九棵树国家沙漠公园等10处国家级自然公园新建和范围调整的通知	林保发〔2020〕117号	国家林业和草原局
2020/12/25	关于印发修订后的《林业和草原行政案件类型规定》的通知	林稽发〔2020〕118号	国家林业和草原局
2020/12/29	国家林业和草原局公告（2020年第25号）		

中国林业政策演进
（1949—2020）

Forestry Policy
Evolution in China
1949—2020

定价：88.00元

中等职业学校创新示范教材

于红立 向星政 主编

园林种植工程施工

YUANLIN ZHONGZHI GONGCHENG SHIGONG

中国林业出版社
China Forestry Publishing House